本书受国家自然科学基金资助（NSFC－云南联合基金，No.U1202235）

中国基础研究前沿　　总主编　杨　卫

Biogeochemistry of Dissolved Organic Nitrogen in the Plateau Lakes of China

A Case Study of Erhai Lake

高原湖泊溶解性有机氮生物地球化学

——以洱海为例

王圣瑞　张　莉　李　大　倪兆奎　著

ZHEJIANG UNIVERSITY PRESS
浙江大学出版社

图书在版编目(CIP)数据

高原湖泊溶解性有机氮生物地球化学：以洱海为例 / 王圣瑞等著. — 杭州：浙江大学出版社，2019.3
ISBN 978-7-308-18795-4

Ⅰ.①高… Ⅱ.①王… Ⅲ.①洱海—有机氮—生物地球化学—研究 Ⅳ.①P942.743.78②P593

中国版本图书馆CIP数据核字(2018)第287927号

高原湖泊溶解性有机氮生物地球化学：以洱海为例

王圣瑞 张 莉 李 大 倪兆奎 著

丛书统筹 国家自然科学基金委员会科学传播中心
策划编辑 徐有智 许佳颖
责任编辑 伍秀芳
责任校对 张凌静
封面设计 程 晨
出版发行 浙江大学出版社
（杭州市天目山路148号 邮政编码310007）
（网址：http://www.zjupress.com）
排 版 杭州中大图文设计有限公司
印 刷 浙江海虹彩色印务有限公司
开 本 710mm×1000mm 1/16
印 张 21.25
字 数 316千
版 印 次 2019年3月第1版 2019年3月第1次印刷
书 号 ISBN 978-7-308-18795-4
定 价 158.00元

“中国基础研究前沿”
编辑委员会

总　序

合抱之木生于毫末，九层之台起于垒土。基础研究是实现创新驱动发展的根本途径，其发展水平是衡量一个国家科学技术总体水平和综合国力的重要标志。步入新世纪以来，我国基础研究整体实力持续增强。在投入产出方面，全社会基础研究投入从 2001 年的 52.2 亿元增长到 2016 年的 822.9 亿元，增长了 14.8 倍，年均增幅 20.2%；同期，SCI 收录的中国科技论文从不足 4 万篇增加到 32.4 万篇，论文发表数量全球排名从第六位跃升至第二位。在产出质量方面，我国在 2016 年有 9 个学科的论文被引用次数跻身世界前两位，其中材料科学领域论文被引用次数排在世界首位；近两年，处于世界前 1% 的高被引国际论文数量和进入本学科前 1‰的国际热点论文数量双双位居世界排名第三位，其中国际热点论文占全球总量的 25.1%。在人才培养方面，2016 年我国共 175 人（内地 136 人）入选汤森路透集团全球“高被引科学家”名单，入选人数位列全球第四，成为亚洲国家中入选人数最多的国家。

与此同时，也必须清醒认识到，我国基础研究还面临着诸多挑战。一是基础研究投入与发达国家相比还有较大差距——在我国的科学研究与试验发展 (R&D) 经费中，用于基础研究的仅占 5% 左右，与发达国家 15%~20% 的投入占比相去甚远。二是源头创新动力不足，具有世界影响力的重大原创成果较少——大多数的科研项目都属于跟踪式、模仿式的研究，缺少真正开创性、引领性的研究工作。三是学科发展不均衡，部分学科同国际水平差距明显——我国各学科领域加权的影响力指数 (FWCI 值) 在 2016 年刚达到 0.94，仍低于 1.0 的世界平均值。

中国政府对基础研究高度重视，在“十三五”规划中，确立了科技创新在全面创新中的引领地位，提出了加强基础研究的战略部署。习近平总书记在 2016 年全国科技创新大会上提出建设世界科技强国的宏伟蓝图，并在 2017 年 10 月 18 日中国共产党第十九次全国代表大会上强调“要瞄准世界科技前沿，强化基础研究，实现前瞻性基础研究、引领性原创成果重大突破”。国家自然科学基金委员会作为我国支持基础研究的主渠道之一，经过 30 多年的探索，逐步建立了包括研究、人才、工具、融合四个系列的资助格局，着力推进基础前沿研究，促进科研人才成长，加强创新研究团队建设，加深区域合作交流，推动学科交叉融合。2016 年，中国发表的科学论文近七成受到国家自然科学基金资助，全球发表的科学论文中每 9 篇就有 1 篇得到国家自然科学基金资助。进入新时代，面向建设世界科技强国的战略目标，国家自然科学基金委员会将着力加强前瞻部署，提升资助效率，力争到 2050 年，循序实现与主要创新型国家总量并行、贡献并行以至源头并行的战略目标。

“中国基础研究前沿”和“中国基础研究报告”两套丛书正是在这样的背景下应运而生的。这两套丛书以“科学、基础、前沿”为定位，以“共享基础研究创新成果，传播科学基金资助绩效，引领关键领域前沿突破”为宗旨，紧密围绕我国基础研究动态，把握科技前沿脉搏，以科学基金各类资助项目的研究成果为基础，选取优秀创新成果汇总整理后出版。其中“中国基础研究前沿”丛书主要展示基金资助项目产生的重要原创成果，体现科学前沿突破和前瞻引领；“中国基础研究报告”丛书主要展示重大资助项目结题报告的核心内容，体现对科学基金优先资助领域资助成果的系统梳理和战略展望。通过该系列丛书的出版，我们不仅期望能全面系统地展示基金资助项目的立项背景、科学意义、学科布局、前沿突破以及对后续研究工作的战略展望，更期望能够提炼创新思路，促进学科融合，引领相关学科研究领域的持续发展，推动原创发现。

积土成山，风雨兴焉；积水成渊，蛟龙生焉。希望“中国基础研究前沿”和“中国基础研究报告”两套丛书能够成为我国基础研究的“史书”记载，为今后的研究者提供丰富的科研素材和创新源泉，对推动我国基础研究发展和世界科技强国建设起到积极的促进作用。

第七届国家自然科学基金委员会党组书记、主任

中国科学院院士

2017 年 12 月于北京

前　言

溶解性有机氮 (dissolved organic nitrogen，DON) 是湖泊有机氮和溶解性有机质的活跃组分，其含量、结构组分、生物有效性及生态环境效应，特别是在湖泊氮循环过程中的作用及对水污染和富营养化的影响，逐步受到关注和重视，并已成为研究热点。湖泊环境复杂，各介质 DON 来源、化学组成、结构及影响因素等各异。目前国际上针对湖泊 DON 的研究重点涉及研究方法、过程机制与环境效应等方面，但相关工作并不系统，尚未建立 DON 特征及变化与环境效应之间的关联关系。

就湖泊 DON 的研究方法而言，主要集中在含量测定、结构和生物有效性表征等方面。DON 结构组分因来源和化学特征等不同而差异显著，来源和化学特征也可在一定程度上表征 DON 生物有效性，进而分析和判定其对水环境的影响。DON 结构组分的表征方法，包括气相色谱分析法、高效液相色谱法、凝胶电泳法、质谱分析法、三维荧光光谱法、红外光谱法、紫外—可见光谱法、核磁共振波谱法、X 射线光谱法和酶解法等。其中，三维荧光光谱技术近年来得到快速发展，已被广泛应用于区分湖泊 DON 结构、组成和来源等方面的研究。而伴随高分辨率质谱等先进分析技术方法的发展及应用，DON 组分及结构研究进入了分子水平。

针对湖泊 DON 过程机制与环境效应等方面，围绕上覆水、沉积物、悬浮颗粒物等不同介质和水—陆、水—气、沉积物—水等不同界面系统，以 DON 迁移转化、降解、释放、分配、生物有效性、水环境影响及与流域间的响应关系等为重点，开展了大量研究，深入认识了 DON 环境行为。湖泊DON结构组分等特征导致其具有高水溶性和高生物活性等环境特性，显著影响环境氮磷、重金属、有机污染物等的迁移、转化、降解等化学生物学行为。

洱海是云南省第二大高原淡水湖泊，属澜沧江—湄公河水系，是苍山洱海国家级自然保护区和风景名胜区的核心区，也是大理市主要饮用水源地，是大理人民赖以生存和发展的“母亲湖”。根据最新测量数据，洱海流域面积 2565 平方公里，湖面面积 252 平方公里，蓄水量 29.59 亿立方米，平均水深 10.8 米。该流域农业发达，坝区经济特征明显，具有典型高原湖泊特征。流域丰沛的降雨及特殊的地形等因素导致入湖河流汇集速度较快，湖泊营养盐累积特征明显；充足的光照和适宜的温度等气候条件，使湖泊营养盐周转效率较高；不同介质及来源 DON 含量变化较大，占总氮比例不容忽视，其在湖泊氮循环、氮供给及富营养化过程中可能发挥着较为独特的作用。

基于此，本书针对高原湖泊 DON 结构组分表征及环境影响问题，围绕湖泊 DON 生物地球化学研究主线，以洱海为重点，分别针对上覆水、表层和柱状沉积物及湿沉降等介质与不同输入来源，从结构组分表征、指示意义、过程机制及与流域响应关系等方面，系统梳理了湖泊 DON 研究概况与研究方法及进展，并应用多手段联合表征和高分辨率质谱技术等深入解析了洱海 DON 结构组分及分子特征，研究了高原湖泊上覆水和沉积物 DON 结构组分特征及指示意义，探究了沉积物 DON 结构组分差异、生物有效性及演变问题，深入剖析了高原湖泊 DON 生物地球化学过程。本研究推动了湖泊 DON 研究从结构组分表征延伸至环境行为与影响因素等方面，并试图从 DON 生物地球化学视角进一步揭示高原湖泊富营养化机制。

具体来讲，本书共分为 9 章，总体设计了三方面的内容。其中，第一方面介绍湖泊 DON 研究概况及进展，包括第 1 章湖泊 DON 研究概述和第 2 章湖泊 DON 研究方法；第二方面以洱海为重点，介绍高原湖泊 DON 结构组分特征及指示意义，包括第 3 章高原湖泊 DON 结构组分表征及分子特征，第 4 章高原湖泊上覆水 DON 结构组分特征及指示意义，第 5 章高原湖泊沉积物 DON 结构组分特征及指示意义；第三方面以洱海为重点，介绍高原湖泊溶解性有机氮过程机制及环境效应，包括第 6 章高原湖泊沉积物溶解性有机氮结构组分差异及生物有效性，第 7 章高原湖泊溶解性有机氮界面过程及机制，第 8 章高原湖泊柱状沉积物溶解性有机氮演变及对流域响应。最后第 9 章是对高原湖泊溶解性有机氮的研究展望。

王圣瑞负责本书的总体设计，组织编写了第 1 章、第 4 章、第 6 章和第 8 章，并梳理和加工了相关章节，完成了最后的统稿与校对等工作。张莉负责编写了第 2 章和第 3 章，参与编写了其他章节；李大负责编写了第 5 章；倪兆奎负责编写了第 7 章；张莉、倪兆奎等也参与了本书的最后统稿。本书的出版得到了北京师范大学、中国环境科学研究院等单位的支持和帮助。团队研究生承担了部分试验研究和数据资料整理等工作。

本书是国家自然科学基金项目“高原湖泊有机氮磷界面过程与藻类水华发生风险研究”(NSFC- 云南联合基金，No.U1202235) 等项目课题的成果总结，其他成果还在进一步整理。项目研究期间和本书成稿过程中得到了很多专家学者的指导和帮助，在此一并表示感谢。

由于时间仓促，本书难免存在不足，恳请批评指正。

目 录

第 1 章　湖泊溶解性有机氮研究概述

湖泊富营养化是指湖泊水体接纳过量氮、磷等营养物质，导致藻类异常繁殖，使原本以大型水生植物为主导的清水态向以浮游植物为主导的浊水态转变 (Xu *et al.*，2015)。湖泊富营养化会引起水质恶化、水体功能受损及水生态系统加速退化等问题 (Dodds *et al.*，2009)，严重影响流域民众生产生活，是我国乃至世界最严重的水环境问题之一。

针对湖泊富营养化的研究已有百年历史，已经由关注总氮总磷和无机氮磷转向关注有机氮磷，特别是溶解性有机氮 (dissolved organic nitrogen，DON) 和溶解性有机磷 (dissolved organic phosphorus，DOP) 的组分、结构、生物有效性及其对水污染和富营养化影响等方面的研究，日益成为湖泊富营养化研究的新热点。其中，DON 是湖泊有机氮和溶解性有机质的重要组分，是湖泊氮循环的主要参与者，对湖泊水环境具有重要影响。伴随研究工作的逐步深入，DON 对湖泊水污染及富营养化影响逐渐被认知。研究 DON 含量、结构组分及其在氮循环过程与机制中的作用，有助于深入揭示湖泊生态系统氮循环和富营养化机理。基于此，本研究在综述国内外湖泊 DON 生物地球化学研究基础上，重点从研究方法、过程机制及环境效应等方面梳理研究进展及需要解决的难点，旨在为深入理解湖泊水环境演变规律和揭示富营养化机制提供新的信息和理论支撑。

1.1 湖泊溶解性有机氮生物地球化学研究

作为生命组成物质氨基酸的基本组成单元之一，溶解性有机氮 (DON) 广泛存在于自然界，是湖泊有机氮和溶解性有机质 (dissolved organic matter，DOM) 的活跃组分 (Bachmann，1996；王苏民，1998)。沉积物 DON 是指能够被水、盐溶液或用电超滤法 (EUF) 提取的有机态氮 (Murphy and MacDonald，2000)。沉积物 DON 一般来源于微生物代谢中间产物、沉积物矿化释放、残留于沉积物表面的有机氮组分及人类直接排放等，包括氨基酸、尿素等小分子，也包含蛋白质、长链脂肪酸等大分子，其含量、结构、生物有效性及生态环境效应等已引起诸多学者关注 (Bechmann and Berge，2005；Malmaeus and Håkanson，2004；刘鸿亮，1987)。

DON 会严重影响水质，且大部分湖泊 DON 能够直接被微生物利用，即 DON 含量及组成特征在一定程度上能反映湖泊水质状况 (Watanabe *et al.*，2014)。而沉积物 DON 释放是湖泊水体 DON 的重要来源之一，也是引起湖泊藻类水华的重要氮源之一。

湖泊 DON 含量及组成特征受多因素影响，不同来源 DON 入湖均会发生代谢和沉降等过程，并在沉积物中累积。研究沉积物水界面 DON 分布及氮释放等可在一定程度上揭示沉积物有机氮矿化及 DON 释放等规律；环境因素，包括光照、pH、DO 及氧化还原电位等，也可较大程度影响湖泊颗粒态和溶解态有机氮间的相互作用及转化。因此，就湖泊 DON 生物地球化学研究而言，可概括为研究方法、过程机制及环境效应等方面。

1.1.1 湖泊溶解性有机氮特征及研究意义

1. 溶解性有机氮的重要性逐步被认识

早在 20 世纪中期以前，就已经有针对 DON 的研究报道，但由于不能直接测定 DON，且其能否被直接吸收利用及生态学意义如何等问题没有得到回答，对 DON 的关注度大大低于溶解性无机氮 (dissolved inorganic nitrogen，DIN)。直到 21 世纪初，随着对湖泊沉积物研究的深入，针对 DON 的研究才逐渐得到重视，关注重点集中在环境行为与资源利用等方面，包括组分分析、形态转化、迁移利用规律及影响因素等方面。

早在 30 年前，Antia(1989) 就强烈呼吁海洋地理学家和海洋生物学家不能忽视水生态系统 (如湖泊、河流、河口和海水等)DON 对初级生产力的重要作用。水生态系统 DON 并不是传统观念中难以进行生物降解和利用的氮组分，如南加利福尼亚海岸水体总可溶性有机氮和易分解有机氮的更新周期分别只有 21d 和 17d(Jackson and Williams，1985)。DON 是水生态系统氮库的重要组分，某些淡水系统 DON 占可溶性总氮 (total dissolved nitrogen，TDN) 含量超过了 50%，是颗粒态有机氮 (particulate organic nitrogen，PON) 的 5~10 倍 (Berman and Bronk，2003；Wheeler and Kirchman，1986)；浅水湖泊生态系统、河口及海岸带沉积物被认为是上覆水 DON 的主要来源 (Berman and Bronk，2003；Burdige and Zheng，1998；Zehr *et al.*，1988)；研究还发现沉积物向上覆水释放 DON 是 DIN 的两倍 (Lomstein *et al.*，1998)。因此，沉积物 DON 研究显得尤为重要，且随着对上覆水 DON 研究的不断深入，需要进一步加强沉积物有机氮形态及转化等方面的研究，才能真正完善湖泊氮循环理论。

2. 湖泊溶解性有机氮特征

DON 是水体 DOM 重要组分 (Chang *et al.*，2013)，也是水生态系统 TDN 重要组分 (20%~90%)(Worsfold *et al.*, 2008)。DON 由含氮官能团组成，且容易与其他物质结合形成衍生物，进而影响水环境质量 (Zhang *et al.*, 2016a)。研究表明 DON 是湖泊微生物和浮游植物等的重要氮源之一 (Zhang *et al.*，2016b；Bronk *et al.*，2007)，湖泊水华爆发时，DON 可直接或间接成为水华藻类繁殖的主要氮源；富营养化水体 DON 含量及占总氮比例较高，且在水华爆发前会大幅增加 (Bronk *et al.*，2007)。

研究表明 10%~70% 的 DON 能直接被微生物利用 (Watanabe *et al.*，2014)，即 DON 含量及组成特征能在一定程度上反映湖泊水质状况。目前，对于湖泊 DIN 的研究较广泛，而针对 DON 的研究则相对较少，且 DIN 和 DON 的利用及作用机制尚不明确，要解决这一难题必须充分认识湖泊氮组分；同时，环境因子 (如温度、光照、pH 等) 对湖泊 DON 生物地球化学过程影响及作用机制是研究关键之一，特别是在时间和空间尺度阐明 DON 生物地球化学过程对揭示湖泊富营养化机制具有重要科学价值。

3. 湖泊溶解性有机氮研究意义

DON 是湖泊上覆水及沉积物氮最活跃组分之一，其生物有效性和迁移转化在湖泊氮矿化、固持、吸附释放及生物吸收转化等动态过程中均发挥着重要作用，是湖泊生态系统氮循环的重要环节 (Murphy and MacDonald，2000)。湖泊上覆水及沉积物 DON 生物地球化学研究必然对理解湖泊生态系统氮循环和揭示富营养化机制具有重要作用。

具体来讲，湖泊生态系统 DON 联接颗粒态氮库与无机氮库，并与无机氮库保持快速动态平衡，对富营养化影响尤其重要。一般来讲，湖泊沉积物—水界面 0~2cm 深度范围氮迁移转化较为活跃，包含一系列复杂的生物地球化学反应，如氨化 (矿化)、硝化、反硝化、厌氧氨氧化及铵盐同化等作用及过程。沉积物中有部分有机氮通过微生物转化，分解成氨基酸、氨基糖、胺和尿素等低分子量 DON，能很快被氨化细菌等降解生成氨氮与有机酸等，可进一步被生物吸收同化为有机氮；沉积物中还有部分有机氮可被释放进入间隙水，再进一步扩散进入上覆水，主要为溶解性含氮有机物，可被硝化细菌 (有氧条件下) 迅速氧化成亚硝酸盐和硝酸盐，反向扩散进入沉积物厌氧层，再被反硝化细菌及厌氧氨氧化细菌还原，生成 N_2O、NO、N_2 等物质，散逸进入大气，退出湖泊生态系统氮循环 (图 1-1)。

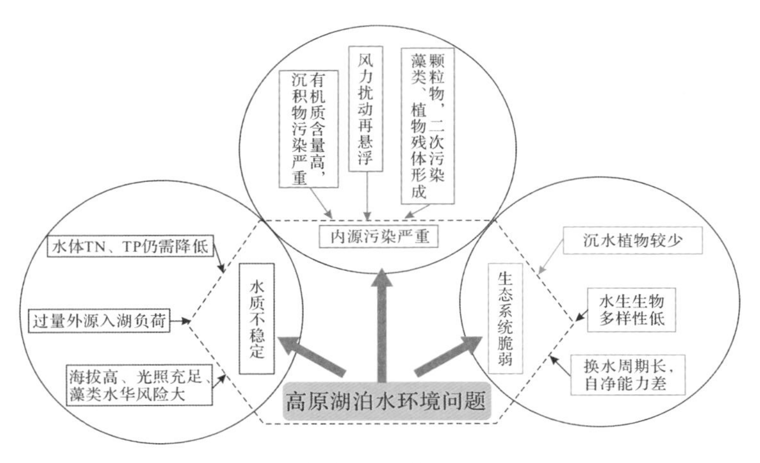

图 1-1　高原湖泊生态系统 DON 研究概况

1.1.2　湖泊溶解性有机氮研究内容及关注重点

1. 湖泊界面 DON 研究成为新热点

对比国内外湖泊界面相关研究可见(表 1-1)，近年来(2007—2017 年)报道了大量涉及湖泊沉积物—水界面与颗粒物—水界面的研究成果。我国湖泊沉积物—水界面与颗粒物—水界面研究主要集中在界面过程方面，而关于湖泊生态系统不同界面 DON 变化特征、过程和机制等方面的研究报道较少。河流湖泊沉积相硝化与反硝化作用在氮代谢过程中占有重要地位，且湖泊沉积物—水界面硝化反应速度较水体快。

针对沙粒、活性炭和沸石等生物膜有机氮转化规律研究表明，沙粒的反应速率最小，而沸石相对最大；有关水体颗粒物对氨氮硝化作用影响研究表明，水体颗粒物促进了氨氮硝化作用。研究认为天然水体颗粒物对有机氮转化有明显促进作用，但目前有关天然水体氮循环的研究大多只考虑上覆水无机氮，而有关 DON 界面特征的研究则较少。

表 1-1　国内外湖泊界面过程研究概况 (2007—2017 年)

排序	关键词	文献总条数	2007—2017 年文献条数	2007—2017 年文献占比
1	沉积物	36042	26101	72.4%
2	湖泊沉积物	1456	1086	74.6%
3	湖 (库) 沉积物—水界面	721	552	76.6%
4	悬浮物	8787	6550	74.5%
5	湖泊悬浮颗粒物	502	375	74.7%
6	颗粒物—水界面	288	219	76.0%
7	Sediment	107496	68962	64.2%
8	Lake sediment	12273	7791	63.5%
9	Lake sediment—water interface	486	279	57.4%
10	Suspended matter	8539	5245	61.4%
11	Lake suspended matter	541	305	56.4%
12	Lake suspended matter—water interface	34	14	41.2%

2. 研究方法、过程机制与环境效益等是湖泊 DON 研究重点

国内外关于湖泊 DON 生物地球化学方面的研究进展可概况为三方面 (图 1-2)：①研究方法，主要包括 DON 含量测定、结构组分表征及生物有效性等研究方法；②过程及机制，主要涉及源汇转化、界面过程及来源和营养水平影响等；③环境效益，主要包括环境因素影响、水质影响及流域演变指示等内容。具体来讲，湖泊沉积物能够有效记录 DON 沉积过程及演变特征，通过沉积物柱样测年及 DON 含量与组分分析，在一定程度上能够显示流域发展演变趋势。湖泊 DON 可能的来源包括土壤或沉积物有机质、有机肥料、微生物、生物残体、代谢产物及分泌物等，而沉积物 DON 是上覆水 DON 的重要来源之一 (Hugh *et al.*，2007)。

早在 1881 年，Lawes 和 Gilbert 就在洛桑实验站发现，土壤淋出液中

含有一定量的有机氮 (Murphy and MacDonald，2000)，但由于土壤溶解性有机氮测定方法烦琐，测定结果重现性差，相关研究并没有得到很好发展。直到 20 世纪 80 年代，周建斌和李生秀 (1998) 及周建斌等 (2005) 提出了过硫酸钾氧化间接测定土壤 DON 含量的方法，才极大地推动了 DON 研究。

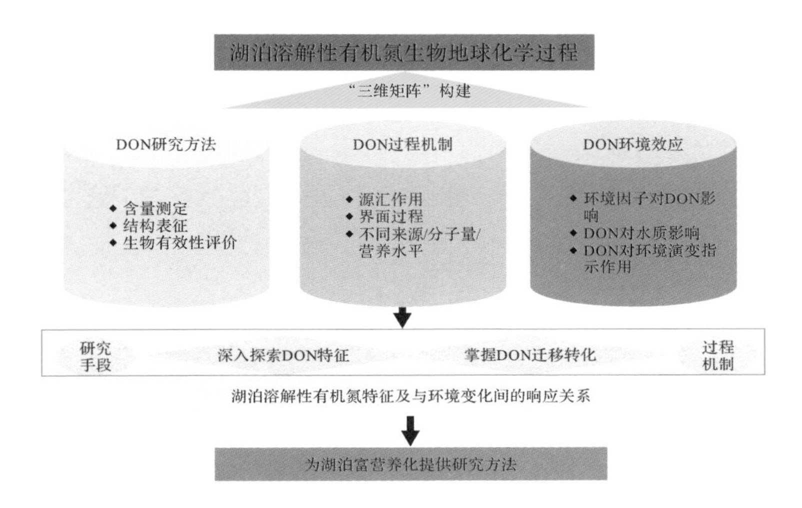

图 1-2　湖泊 DON 生物地球化学研究主要内容

国内外关于土壤 DON 的研究主要集中在森林土壤方面，DON 是土壤氮素重要组分，森林土壤 DON 是氨氮和硝氮含量的几十到上百倍，占 TN 的 90% 以上；农业土壤 DON 一般占 TDN 的 10%~50%；河流 80% 的 TDN 是有机形态 (Perakis and Hedin，2001)，湖泊上覆水 DON 含量可占 TDN 的 70% 以上，是微生物和水生植物等的潜在氮源。

综上分析可见，DON 作为湖泊氮组分及生命组成物质氨基酸的基本单元之一，广泛存在，其含量、生物有效性及生态环境效应等已引起关注 (Bechmann and Berge，2005；Malmaeus and Håkanson，2004；刘鸿亮，1987)。DON 来源复杂，且易受各种生物和环境因素影响，其含量及各组分变化是湖泊水环境及流域演变的重要指标。

1.2 湖泊溶解性有机氮研究方法及进展

初步总结国际上关于 DON 的研究可见 (表 1-2)，近 30 年相关研究主要集中在含量测定、结构组分表征和生物有效性等方面。其中国际上含量测定通用差减法，主要难点在于提取剂的选择，因为提取剂的离子强度显著影响提取效果，通常用 KCl、K_2SO_4 和 $CaCl_2$ 等盐溶液提取 DON。DON 结构组分因其来源和化学特征不同而差异显著，同时其来源和化学特征也可在一定程度上表征生物有效性，进而可推断其对水质的影响程度。目前，研究者多采用接种微生物和淡水绿藻的方法来评价 DON 生物有效性。

表 1-2 国际 DON 研究进展

研究者	发表时间	主要结果
Antia *et al.*	1980	DON 对水体初级生产力具有重要作用，会促进生物生长
Zehr *et al.*	1988	湖泊沉积物释放是上覆水 DON 主要来源
Antia *et al.*	1991	DON 中的游离氨基酸能够直接被藻类利用
Berman *et al.*	1999	DON 可作为氮源被藻类和细菌利用
Stepanauskas *et al.*	1999	12%~72% 的 DON 可迅速被生物利用
Carlsson *et al.*	1999	细菌在天然水体中可将氨基酸矿化，进而促进藻类利用 DON
Wetzel and Uchman	2001	淡水生态系统中，DON 浓度比 DIN 的更高
Petrone *et al.*	2009	DON 生物可利用性 (4%~44%) 高于 DOC(1%~17%)
Liu *et al.*	2012	亲水性 DON 生物可利用率高，疏水性 DON 生物有效率较低

1.2.1 湖泊溶解性有机氮分组方法及进展

可根据 DON 相对分子量大小、亲水性或疏水性、电荷特性等进行分组，以便研究其不同组分特征 (Xia *et al.*，2009；He *et al.*，2011a)。超滤是常用的 DON 组分分组方法之一，它根据所选超滤膜的截留分子量把 DON 分离成分子量不同的组分。低分子量 DON 为易矿化氮库，转化速率快，如小分子氨基酸、氨基糖类等物质，大多能直接被矿化为无机氮，是氮矿化的直接途径，而高分子量 DON 多为难降解有机氮库，转化速率慢，大部分为难溶、难降解有机质，由于其组成复杂、结构难以表征，对其变化机制等仍存在很多不解之谜 (Altieri *et al.*，2009b)。

也可根据 DON 极性分组，如利用 XAD-8 树脂可将 DON 分为亲水性和疏水性组分，其中亲水性组分包括易分解物质，如蛋白质、氨基糖和氨基酸等，且能活化重金属等物质；疏水性组分则含腐殖酸和富里酸等高分子物质较多。张军政等 (2008) 等改进了 Leenheer 分组方法后，根据 DON 极性和电荷特性等，经 XAD-8 树脂并辅以超纯水和一定浓度酸、碱溶液吸附洗脱，可将 DON 分为疏水酸性组分 (hydrophobic acidic fraction，HOA)、疏水碱性组分 (hydrophobic basic fraction，HOB)、疏水中性组分 (hydrophobic neutral fraction，HON) 和亲水性组分 (hydrophilic matter fraction，HIM)。特别是近年来，伴随技术方法的进步，针对 DON 的研究已逐步深入到游离氨基酸构型 (左旋、右旋) 等微观结构水平，其中尤以氨基酸态氮及结构研究发展较快，依托土壤学及生物化学等理论方法的发展，使 DON 的组分及结构研究进入了分子水平。

1.2.2　湖泊溶解性有机氮表征方法及进展

目前针对 DON 结构组分的表征方法主要包括气相色谱分析法 (gas chromatography，GC)、高效液相色谱法 (high-performance liquid chromatography，HPLC)、凝胶电泳法、质谱分析法 (mass spectrometry，MS)、三维荧光光谱法、红外光谱法、紫外—可见光谱法、核磁共振波谱法及 X 射线光谱法和酶解法等 (表 1-3)。其中 GC 法适用于表征易挥发的 DON 类物质或衍生物等，如脂肪族和芳族胺 (Gibb *et al.*，1995)，但其易被玻璃和固体材料等吸附，导致结果的重现性较差。也可用微量扩散法或 GC-NPD 填充塔 (Abdul-Rashid *et al.*，1991) 等来改善表征效果，该法建立在两步循环扩散法 (Worsfold *et al.*，2008) 基础上，检测限为 2~12nmol。

HPLC 可用于挥发性和非挥发性 DON 的分离和检测，使用荧光探测器可比其他探测器灵敏至少一个数量级，应用较多的是测定溶解游离氨基酸 (dissolved free amino acid，DFAA)，检测前需要选择合适的试剂衍生 (Worsfold *et al.*，2008)。高分子量 DON 中的肽和蛋白质表征可用凝胶电泳法，如钠聚丙烯酰胺凝胶电泳 (sodium dodecyl-polyacrylamide gel electrophoresis，SDPGE) 和二维聚丙烯酰胺凝胶电泳 (two-dimensional polyacrylamide gel electrophoresis，2-DE) 已用于海洋和近海水体蛋白质表征 (Worsfold *et al.*，2008)。质谱分析法可与 GC 法结合 (gas chromatography–mass spectrometry，GC-MS) 用于分析有机分子结构，但大部分 DON 分子的低挥发性限制了 GC-MS 法的应用。

表 1-3　DON 表征方法

方法	优点	缺点	应用	已有研究
气相色谱分析法	可高效、快速分离低分子化合物	易被吸附，导致再现性较低	易挥发的 DON 或其衍生物，如脂肪族和芳族胺	Gibb *et al.*, 1995
高效液相色谱法	较灵敏	需选择合适试剂衍生	挥发性和非挥发性 DON，如溶解游离氨基酸应用最多	Lindroth *et al.*, 1979
凝胶电泳法	检测蛋白质分子	易受污染染色干扰	高分子量 DON，如蛋白质和多肽	Worsfold *et al.*, 2008
电喷雾质谱法	可检测到分子水平	非挥发性样品难以气化	极性和非极性 DON	Kujawinski, 2004
三维荧光光谱法	理论成熟，方便简便	只能检测荧光物质	类蛋白（类色氨酸和类酪氨酸）与类富里酸等物质	Zhang *et al.*, 2010
红外光谱法	理论成熟	灵敏度不高	分析 DON 结构	吴景贵等，1998
紫外一可见光谱法	操作简便，分析速率快	仅对 DON 定性提供有限信息	判断有机质腐殖化程度，可在一定程度上指示其结构特征	Maie *et al.*, 2006
核磁共振波谱法	可检测天然复杂有机结构物质	混合物的应用较受限制	芳族胺或苯胺以及脂肪族中氨基、氨基糖和氨基酸类物质，肽、内酰胺和咔哇	Knicker *et al.*, 2001
酶解法	方法成熟	适用范围较小	尿素	Glibert *et al.*, 2006

电喷雾离子源(ESI)允许完整的分子转化为气相，以便MS法从分子水平或准分子水平获取结构信息，适用于极性、非极性化合物表征。DON的蛋白质组分因为分子量较大(一般大于10kDa)，而不能直接被分析检测，可用酶使其先分裂成小的氨基酸序列，以便探讨其种类及来源信息。目前该法已成功用于测定氨基酸和小分子肽，且已有20种蛋白质及氨基酸类物质用此法鉴定到较低的含量水平(fmol到pmol)。

近年来得到快速发展的三维荧光光谱技术也已广泛应用于区分湖泊DON结构、组成和来源等信息。天然DON主要荧光物质为类蛋白和类腐殖质，其中类蛋白主要为具有芳香结构的氨基酸类物质，如色氨酸和酪氨酸等，且以内源产生为主；类腐殖质则为分子结构较复杂的腐殖酸和富里酸类物质等，以外源输入为主。除此之外，红外光谱法也是常用的光谱技术，可通过分析天然DON主要官能团组成来判断其稳定性。

紫外—可见光谱法也可用于DON定性及结构分析，且操作简便，分析速率较快。Maie *et al*.(2006)利用超滤技术分离出佛罗里达海湾湿地上覆水DON大分子组分，利用isN交叉极化核磁共振和X射线光电子能谱技术确定了其组成主要为氨基态化合物，根据紫外—可见光谱和碳氮同位素技术确定了水生植物和藻类为其主要来源。

1.2.3　湖泊溶解性有机氮生物有效性研究方法及进展

DON生物有效性是指生物对DON的利用程度，是影响其在水生态系统中发挥作用的重要因素，一般用可被生物利用DON量占总量的百分比表示。湖泊水体DON生物有效性受矿化和固定化这两个过程影响，其中矿化指DON可降解组分经微生物等分解成NH_4^+-N和NO_3^--N等无机氮的过程，而固定化是指形成颗粒态有机氮(PON)的过程。湖泊水体能被生物迅速利用的DON占总量的12%~72%，具体的生物可利用性很大程度取决于其化学特性及结构(如C和N比等)。因此，科学认识和评价DON生物有效性是深入揭示湖泊氮循环过程与富营养化机理的重要内容。

确定DON来源也可认为是表征其生物有效性的手段之一。湖泊水体不同来源DON，其生物有效性存在明显差异。短期生物实验表明，来自牧场和混合阔叶林径流的可溶性有机氮，分别大约有25%和20%可被生物利用，而来源于城市暴雨径流的可溶性有机氮的生物有效性超过50%。因此，利用碳氮稳定同位素示踪技术揭示可溶性有机氮来源，可在一定程度上指示其生物有效性。同时，表征DON的化学特征也是评价其生物有效性的常用方法之一。湖泊水体多数低分子量有机氮组分(如游离氨基酸、尿素和缩氨酸等)具有较高的生物有效性，而绝大部分高分子量有机氮组分(如蛋白质、核酸和腐殖酸氮等)在自然条件下可稳定存在数月甚至数百年，部分难降解的有机氮化合物也可能是浮游生物的有效氮源。因此，通过仪器分析表征DON化学组成和结构，有助于深入理解其生物有效性。

生物培养是评价DON生物有效性较为直接的方法，目前多采用接种微生物和淡水藻类法评价DON生物有效性，即便是无机氮存在的情况下，细菌仍可利用部分DON。在无菌条件下，羊角月牙藻对DON的利用率约为10%，而在有菌条件下，其利用率可达到60%。另外，同位素示踪技术通常与生物培养法结合使用可以更方便有效地评价DON生物有效性。

综上分析可见，鉴于湖泊DON的复杂性，且其生物有效性受多种因素影响，需要综合应用多种技术手段，揭示湖泊不同来源溶解性有机氮的生物有效性及环境因子影响。结合来源、结构及对氮矿化影响等因素，从分子量、组分特征和生物利用等方面研究湖泊水体DON生物有效性，定量评估其对富营养化影响，揭示环境因子影响机理，进而深入认识湖氮循环机理及环境效应，可为进一步阐明湖泊富营养化机理提供理论支撑。

1.2.4　湖泊溶解性有机氮研究方法难点

1. 湖泊溶解性有机氮含量测定方法难点

DON含量测定的主要难点在于缺少灵敏度高且可直接测定含量的技术方法。目前国际上普遍采取差减法(黎文等，2006)，利用溶解性总氮值差减溶解性无机氮值(NH_4^+、NO_3^-和NO_2^-含量之和)获得DON含

量 (Bronk *et al.*，2000；Badr *et al.*，2003；Cornell and Jickells，1999)，即 DON=TDN−DIN=TDN−[NH_4^+-N]−[NO_3^--N]−[NO_2^--N]；该法易使 DON 测定结果产出较大误差，即 TDN、NH_4^+、NO_3^- 和 NO_2^- 测定误差较大。

较高的无机氮含量通常会导致 DON 测定出现负值，为克服直接测定水样时 DON 含量出现负值的问题，以便提高 DON 测定的准确性和精确度，国内外学者提出了对水样进行预处理的办法，即去除大部分无机氮，同时对 DON 进行浓缩，从而降低 DIN/TDN 的比值，提高 DON/TDN 的比值，进而提高 DON 测定精确度。常用预处理方法包括透析袋法和纳滤膜法。Lee *et al.*(2005) 利用透析袋法对地表水进行预处理 24h 后，发现地表水 DON 的回收率超过 95%，同时 70% 的 DIN 被去除。虽然透析袋法可对待测水样进行预处理，但耗时较长，且成本较高，在一定程度上限制了该方法的实际应用。纳滤膜法预处理的目的是让 DIN 类物质透过纳滤膜，同时富集 DON 类物质，降低 DIN/TDN 的比值，从而提高 DON 值测定的准确性；其分离过程与超滤 (UF) 和反渗透 (RO) 类似，均属于压力驱动的膜过程，具有不可逆性，传质机理介于孔流机理和溶解—扩散之间的过渡态 (Lee and Westerhoff，2005)。

凯氏定氮法也可测定 DON 含量，凯氏总氮 (TKN) 是 DON 和氨氮的总和，可利用湿氧化法将 DON 转化为氨氮，再利用差减法得出 DON 含量。但该方法操作烦琐，重现性差，且会产生有害废物污染环境，当样品硝酸盐浓度超过 10mg/L 时，测定受干扰较严重，且部分含氮化合物不能完全被氧化，导致 DON 测定值偏低，精确度较低 (Lee and Westerhoff，2005)。

2. 湖泊溶解性有机氮表征方法难点

湖泊 DON 是溶解性有机质的重要组成部分，是有机氮中最活跃的组分，其结构组分十分复杂，需借助各种表征手段深入揭示其结构组分特征。常用的表征手段有光谱手段 (包括荧光光谱、紫外光谱和红外光谱等)、色谱手段 (高效液相色谱等) 和质谱手段 (同位素质谱和高分辨质谱等)，可从不同层次解析 DON 结构组分，但以上表征手段各有特色，尚未协调统一。

因此，综合相关 DON 表征方法，研究建立一套表征方法，从不同角度深入揭示 DON 结构组分特征，是亟待解决的表征难题之一。

3. 湖泊溶解性有机氮生物有效性研究难点

湖泊 DON 不仅对水体氮素有贡献，且具有较高的生物可利用性。因此，研究 DON 生物可利用性是评估湖泊营养状况的重要内容之一。生物有效性是表征营养物质可被生物利用的程度，能够从一定程度上反映水质状况及潜在风险。目前评估 DON 生物有效性的方法主要有菌藻对比培养和光谱表征法等。其中，菌藻培养实验难以控制环境条件，结果也受到时间、空间等影响，加之培养实验为某一特定的单一藻种，不能保证结果符合实际情况。加入细菌对其影响时，则受实验室条件限制，水华藻种不再为优势藻种，培养实验较为困难。采用光谱手段间接表征 DON 生物有效性，其优点为能够在不破坏样品情况下，快速得出 DON 生物有效性，结果有一定的依据，但不同样品可比性较差。因此，有必要建立统一的研究方法，从而更加符合实情，准确揭示 DON 生物有效性。

1.3 湖泊溶解性有机氮过程机制研究及进展

有机氮过程是湖泊营养物质循环和生命过程的重要环节之一。在一定条件下，浮游植物吸收氮的 25%~41% 可以 DON 的形式释放进入环境，并影响生态系统 (Bronk and Glibert，1994)。DOM 的碳元素可为微生物代谢提供能量而使微生物利用 1mol DON 生成等量 DIN 五倍的产物，即生物活性高的 DON 比 DIN 更易于为微生物新陈代谢所利用 (Wiegner *et al.*, 2006)。DON 可通过微生物活动转化成生物可利用营养盐，对湖泊富营养化的贡献不可忽视。近年来，国内外在湖泊 DON 过程机制等方面开展了大量研究工作 (图 1-3)，其中在 DON 与不同形态氮间的源汇转化、氮循环过程机制和 DON 生物有效性等方面进展较大。

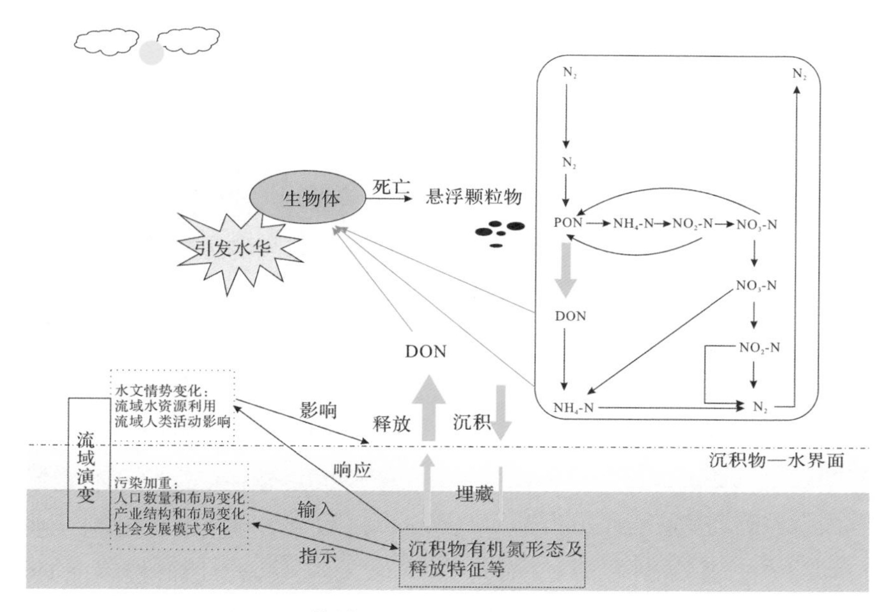

图 1-3　湖泊 DON 界面过程及机制研究示意

1.3.1　湖泊溶解性有机氮循环研究及进展

已有人采用微宇宙方法研究有机氮在黄河泥沙上的吸附和生物降解规律，表明天然水体颗粒物对有机氮的转化有明显促进作用。美国国家大气沉降计划 (The National Atmospheric Deposition Program，NADP) 在一些研究点位的监测数据表明，雨水有机氮占总氮比例可达 30%，甚至更高，可见有机氮是大气干湿沉降氮的重要组成成分。通过大气沉降输入生态系统的可溶性有机氮化合物作为外来营养源可被浮游植物利用，从而增加系统的初级生产力及生物量，进而加速陆地生态系统氮流失和水体富营养化。进入水体的有机氮在微生物作用下，经过一系列复杂反应 (矿化、硝化、反硝化作用等)，一部分氮又被还原为 N_2O 和 N_2 进入大气，使有机氮在大气和水界面不断发生循环，另外一部分则对水生态系统的生产力和稳定性造成重要影响。无细菌影响下，河流中约 10% 的 DON 可被藻类利用；而在细菌作用下，河流 DON 被藻类的利用率高达 60%。另外，亲疏水性也是 DON 化合物的重要化学特征。程杰等 (2014) 研究洱海沉积物 DON 分子量分布特征表明，分子量大于 1kDa 的组分占比为 79.1%~93.0%，且腐殖化程度较高；但藻类对不同分子量 DON 利用情况的报道较少，尤其是针对淡水水体的研究更少。故有必要开展不同分子量 DON 和极性组分生物有效性及差异研究，深入理解藻类对 DON 的利用特性。

DON 是湖泊水体浮游植物和微生物的重要潜在氮源，且对水生生物群落结构有重要影响。湖泊上覆水 DON 在溶解性总氮中占有一定比例，其占比在部分湖泊的部分时段可达 70% 以上，甚至达到 90% 左右。沉积物是湖泊上覆水 DON 的重要来源，对浅水湖泊沉积物—水界面氮迁移和形态转化有重要影响。虽然针对湖泊沉积物 DON 来源、组成与化学特征等方面的研究还鲜见报道，但湖泊沉积物，特别是表层沉积物，是有机质降解最强烈的场所，也是沉积物与上覆水进行物质交换的重要介质。因此，针对湖泊沉积物 DON 含量、来源、组成及化学特征等开展研究，必然对理解湖泊生态系统氮循环和揭示富营养化机理具有重要意义。

作为湖泊水体氮的重要来源，沉积物氮在很大程度上影响水体富营养化进程，尤其是在外源负荷得到有效削减情况下，来自沉积物的氮磷等营养物释放已成为控制水体富营养化必须要解决的关键问题。DON 虽作为湖泊氮的重要组成部分，但相关研究较为薄弱，如监测数据较少，吸附、释放、固持及转化等过程及机制等方面的研究也较少 (图 1-4)。因此，针对湖泊沉积物—水界面 DON 环境行为及水污染机制等研究也亟待加强。

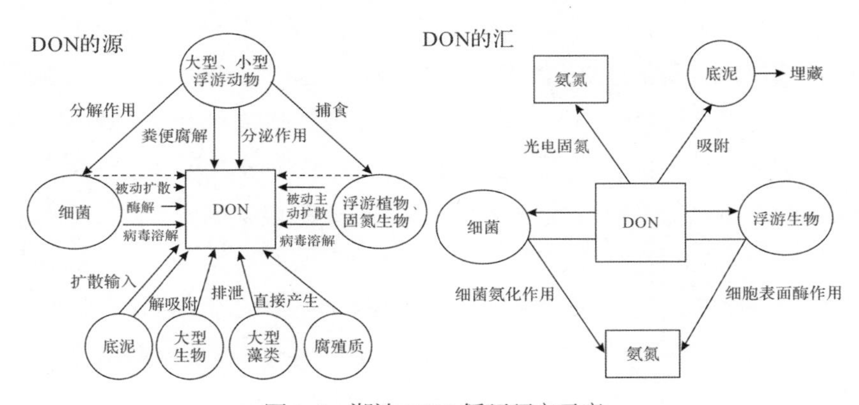

图 1-4　湖泊 DON 循环研究示意

1.3.2 湖泊溶解性有机氮生物有效性研究及进展

关于水体 DON 生物有效性的研究已有大量报道，如针对挪威云杉林降水与穿透雨 20cm 和 90cm 深土壤溶液及径流全氮、氨态氮、硝态氮、DON 和 DOC 流量的研究结果表明，穿透雨 DON 年输入量为 3kg/hm^2，枯枝落叶层 DON 年流量为 3~7kg/hm^2(Michalzik and Matzner，1999)。土壤低分子量 DON 不仅可通过提供氨基和硝基直接控制氨氮和硝氮的产生效率，而且能为植物提供大量氮营养，在森林氮循环过程中发挥着重要的生态作用。DON 容易流失，且对环境产生较大影响，如土壤溶液 DON 不仅生物有效性较高，且流失 DON 在一定程度上减少了陆地系统氮储量。DON 也是河流生态系统主要的氮存在形式，能引起表层水污染，且其流动性受矿质土壤吸附等作用影响，流失 DON 的生物有效性差异也较大。

针对沉积物 DON 生物有效性研究尚处于起步阶段，我国长江中下游浅水湖泊沉积物 DON 来源和化学特征等因沉积物类型不同而差异显著 (林素梅等，2009)。尽管 DON 在可溶性总氮中占有优势，但部分高分子量 DON 组分却很难被生物直接利用，其循环周期甚至可以达到几年 (Koopmans and Bronk，2002；Bronk *et al*，2007)，即不能笼统地根据 DON 含量表征其对湖泊富营养化的贡献。考虑到不同类型湖泊沉积物差异较大，需要从不同角度综合评价 DON 生物有效性；其中来源是表征 DON 生物有效性的手段之一，不同来源的 DON，其生物有效性存在明显差异 (Bronk *et al.*，2007)。生物培养是评价 DON 生物有效性较为直接的方法，该方法也常与同位素示踪技术结合使用。光化学反应可将难降解 DON 转化成活性有机氮或无机氮，从而增加其生物有效性，促进 DON 被微生物直接利用 (Koopmans and Bronk，2002)。除此之外，盐度、温度、光照和 pH 值等非生物因素和水生植物等生物因素也对 DON 生物有效性有重要影响。

因此，应在湖泊沉积物 DON 来源、结构及对氮矿化影响等研究基础上，进一步研究解决不同类型湖泊沉积物 DON 测定与生物有效性评价等技术方法问题，阐明湖泊沉积物 DON 衰减变化机理，比较不同类型湖泊沉积物溶解性有机氮动力学差异，从分子量、组分特征和生物可利用性等层面，研究不同类型湖泊沉积物 DON 生物有效性及差异，定量评估其对湖泊富营养化贡献，并揭示环境因子影响机理等关键科学问题。

1.3.3 湖泊溶解性有机氮过程机制研究难点

目前针对湖泊生态系统 DON 迁移转化过程及机制方面的研究尚缺乏基于过程的直接证据，还应该更加关注湖泊 DON 来源、赋存等环境行为研究，通过更加先进的技术手段，预测分析潜在的转化量和消耗量，为揭示湖泊溶解性有机氮过程及机制提供更加可靠的依据，其中 DON 含量测定方法及结构组分表征手段等均是现阶段急需突破的技术难题。

目前 DON 结构组分表征的常用方法，包括紫外—可见光谱法、扫描电镜法、红外光谱法、核磁共振波谱法、三维荧光光谱法等，其中红外光谱法和核磁共振波谱法是近些年广泛运用于腐殖质化学结构表征的手段。新的技术方法，如高分辨率质谱技术等的快速发展，使湖泊 DON 表征技术又提升到了一个新的高度。紫外—可见光谱法是研究有机质较快捷、简单和直观的方法，具有很高的灵敏度。有研究人员把紫外—可见光谱法和核磁共振手段联用，解析北爱尔兰 Galway 海岸沉积物 DON 来源特征。三维荧光光谱技术是一种利用有机质的荧光特性来解析有机氮来源、分布及示踪的方法，其操作简单且灵敏度高，可直接根据荧光强度值、等高线图和三维荧光图等信息表征 DON 特性。

1.4 湖泊溶解性有机氮环境效应研究及进展

DON 在湖泊生态系统营养循环和物质交换过程中具有非常重要的作用，因其高水溶性和生物活性，不仅影响重金属、有机污染物和氮磷等营养元素含量，还影响迁移、降解及生物毒性等化学和生物学行为。环境因子与 DON 间相互作用等研究日益受到关注，湖泊生态系统 DON 环境行为一直是环境科学领域的研究热点，但由于湖泊环境复杂，DON 来源、化学组成、结构及影响因素等各异，目前国际上针对 DON 环境效应还没有开展系统研究，缺乏针对多环境因素综合分析的方法手段，仅根据 DON 特征变化指示环境效应，对湖泊环境 DON 源与汇转换等过程的认识还不够深入，该方面的系统研究对湖泊保护治理有不可替代的作用。

1.4.1 环境因素对湖泊溶解性有机氮影响研究及进展

DON 是湖泊有机氮最为活跃的组分，也是反映沉积物矿化能力的重要指标 (高悦文等，2012)。20 世纪 90 年代以来，对湖泊 DON 的研究已从自身结构特征变化逐渐延伸至 DON 特征变化及环境影响因素等方面，其中 DON 的光化学特性研究日益引起重视，尤其是光照对 DON 生物有效性和组分转化影响更受关注。相关研究对比了不同类型污水处理厂污水可生物降解和可光降解 DON 的交叠作用，发现光照是评估废水有机氮 (EON) 生物利用率的关键因素之一，认为光与生物对 DON 影响同样重要，光照可通过光合作用和营养元素的光化学产物加速水体富营养化。

此外，通过光照处理对比研究了具有高腐殖质组分的 DOM 及单独高腐殖质物质，发现 DON 与 DIN 之间存在相互转化关系；模拟光照研究了芬兰湾水体 DON 变化也得出了相似的结论。然而，另一些报道对于 DON 的转化有着不一样的论述，如对美国东南部大陆架 DON 的研究发现，光化学过程对 DON 转化为 NH_4^+ 会增加 20% 的陆生氮源，而光对其他湖水、地下水、农业灌溉用水及林业排水 DON 转化研究却有不一样的效果，即 DON 来源及组分等差异导致 DON 的光化学特性差异较大。

研究还发现，气候变暖会使 DON 浓度显著降低，即光照与温度对 DON 含量、结构组分变化等的影响程度不同。另外，DON 是复杂混合物，其中尿素、溶解性游离氨基酸、蛋白质、核酸、氨基糖及腐殖质类物质等在水体中常会被发现 (Antia *et al.*，1991)，一般通过配位基团 (如酚羟基和羧基等) 与湖泊水体及沉积物相互作用。配位基团容易受环境影响，如温度、pH 及溶解氧含量等，特别是 pH 值改变可能会影响 DON 在沉积物及上覆水间的交换作用，进而改变沉积物 DON 组成结构及化学特征等。

研究琵琶湖水体 pH 值与 DON 荧光强度之间的关系发现，类富里酸荧光强度随着 pH 值降低而降低。研究还发现，溶液 pH 值 (2~12) 对腐殖酸三维荧光光谱特性影响显著，荧光强度一般随 pH 值的升高而增大。研究 pH 对地表水 DON 富里酸荧光峰的影响发现，荧光强度随 pH 值从 2 到 12 的增加而增强，不同 pH 值对基态分子或激发态分子的酸碱性质有较大影响。研究也发现，pH 值接近 7.0 时的荧光强度最大；与 pH=7.0 相比，荧光强度随 pH 值的增大或减小而逐渐减弱。同时，pH 值条件改变均不同程度影响了水体 DON 结构组成及光谱特征。目前研究主要集中在湖泊水体，沉积物也参与了多种生物化学及氧化降解过程，是水环境有机污染物的“源”与“汇”，其在不同环境因子的调节作用下发生的迁移转化过程及生物有效性变化等对湖泊水污染与富营养化研究均具有重要意义。

1.4.2　湖泊溶解性有机氮对水污染贡献研究及进展

自 Antia *et al.* (1980) 呼吁海洋研究应重视 DON 对初级生产力影响及作用后，海洋和淡水生态系统 DON 的研究逐渐受到重视，被认为是海洋和淡水环境碳氮循环的重要组成部分。传统观点认为，DON 主要由一类难降解的化合物组成，不能被浮游植物或者细菌利用，因而不能构成有效氮库。然而，最新研究发现，总 DON 有着相对较高的通量速率，如加利福尼亚南部沿海水域 DON 和易分解 DON 的周转时间分别为 21d 和 17d；Castle 湖夏季早期 DON 增长速率快，达到 0.31μmol/d。研究还发现，日本 Kizaki 湖透光层 DON 分解速率达到 8.6%，周转时间约为 12d。另外的研究也发现 Kizaki 湖 DON 的停留时间为 1.4~21d，相对应的浓度为 3.5~10.4μmol/L。以上研究均表明，DON 并不是完全由难降解物质组成，即 DON 的相当部分组分可被生物有效利用。

DON 生物有效性研究主要集中在河口、海洋等水体，针对的是不同来源 DON 对细菌、浮游植物等的可利用性方面，而对湖泊的相关研究却较少。Seitzinger and Sanders (1997) 评估了不同来源 DON 生物有效性及季节差异，表明 DON 利用率为 0~73%，城市和郊区径流 DON 生物有效性较牧场输入源高，且 DON 生物有效性随季节变化明显，但不同来源 DON 差异较大。Wiegner *et al.* (2006) 研究美国东海岸 9 条河流 DON 生物有效性，发现水体 DON 含量为 1~35μmol/L，占 TDN 含量的 8%~94%；除两条河流 DON 未发现减少外，其余河流平均有 23% 的 DON 可被生物有效利用。

1.4.3　湖泊溶解性有机氮环境效应研究难点

1. 溶解性有机氮的光反应机制尚不明确

光照对 DON 的影响较为复杂，其他因素如 pH、温度、金属离子、微生物等对 DON 光解效果影响也较为关键。从实验与表征手段上来讲，模拟光照实验过程中，控制其他环境因子的干扰是一种比较难以突破的技术，单一化衡量方法有待进一步创新。荧光、紫外等方法对结构组分变化的表征需更加深入地消除光照干扰。此外，从机制来讲，DON 属复杂结构体，含多种烃类、酯类等物质，以前光照对 DON 的影响研究仅仅是从量上进行表象分析，而研究光照对 DON 结构及组成影响则是一大难点。

2. 溶解性有机氮受环境因子影响定量难度大

湖泊 DON 环境效应不但会因 pH 值条件改变，而且还受温度、溶氧及重金属离子等影响，如大多数荧光物质均随其所在溶液温度升高而荧光强度降低，但不同来源湖泊 DON 荧光物质对温度的敏感性各有差异。如何确定不同环境因子对同一类型湖泊 DON 影响范围，甚至是阈值，对湖泊污染控制将起到至关重要的作用。当前，DON 生物有效性估算方法还不成熟，没有确切统一的标准。现在主要采用两种方法，即化学物质代理法和细菌再生长测试方法，其中化学物质代理法较简单，通常用物质的化学计量比来表示，从总体上表征 DON 生物有效性；细菌再生长测试方法比较复杂，需要接种细菌培养，而且该方法要求条件比较苛刻，即培养必须是氮限制。一般采用三种方法测定活性，即测定氧气消耗量、DON 含量随时间推移降低量及细菌生物量变化，然而以上方法都有一定局限性。

1.5 本章小结

水生态系统 DON 并不是传统认识中的、难以进行生物降解和利用的氮组分，因而不能忽视其对水生态系统初级生产力的重要作用，即 DON 作为湖泊有机氮和溶解性有机质 (DOM) 活跃组分的重要性逐步被认识，其含量、结构、生物有效性及生态环境效应等已引起广泛关注。

湖泊 DON 生物地球化学研究具有重要科学价值。具体来讲，湖泊生态系统不同界面 DON 均受多种因素影响，不同来源 DON 输入湖泊都会发生代谢和沉降等过程；环境因素，包括光照、pH、DO 及氧化还原电位等，也可较大程度影响湖泊颗粒态和溶解态有机氮等不同形态氮间的作用及转化；特别是湖泊界面 DON 研究已成为新热点，而研究方法、过程机制与环境效益等是湖泊 DON 的研究重点。就研究方法而言，近 30 年相关研究主要集中在含量测定、结构表征和生物有效性等方面。其中国际上含量测定通用差减法，主要难点在于提取剂，不同提取剂的离子强度不同，显著影响提取效果。DON 结构组分差异因来源和化学特征不同而差异显著，来源和化学特征也可在一定程度上表征其生物有效性，进而推断其对水质影响程度。目前评价 DON 生物有效性多采用接种微生物和淡水绿藻等方法。

可根据 DON 相对分子量大小、亲疏水性和电荷特性等进行分组，以便研究其不同组分特征，其中超滤是常用的 DON 分组方法之一。也可根据 DON 极性分组，XAD-8 树脂可将 DON 分为亲水性和疏水性组分。近年来，针对 DON 的研究已逐步深入到游离氨基酸构型 (左旋、右旋) 等微观结构水平，即 DON 的组分及结构研究进入了分子水平。

目前针对 DON 结构组分的表征方法，主要包括气相色谱分析法 (GC)、高效液相色谱法 (HPLC)、凝胶电泳法、质谱分析法、三维荧光光谱法、红外光谱法、紫外—可见光谱法、核磁共振波谱法、X 射线光谱法和酶解法等。近年来得到快速发展的三维荧光光谱技术已广泛应用于区分湖泊DON结构、组成和来源等。除此之外，红外光谱法也是常用的光谱技术，可通过分析天然DON主要官能团组成而探讨其稳定性；紫外—可见光谱法也可用于DON定性及结构分析，且操作简便，分析速率较快。

湖泊水体能被生物迅速利用的DON占比为12%~72%，生物可利用性很大程度上取决于化学特性。确定DON来源也可被认为是表征其生物有效性的手段之一，利用碳、氮稳定同位素示踪技术揭示可溶性有机氮来源，可在一定程度上指示其生物有效性。同时，表征DON的化学特征也是评价其生物有效性的常用方法之一，通过仪器分析来表征DON的化学组成和结构，有助于深入理解其生物有效性。生物培养是评价DON生物有效性较为直接的方法，目前多采用接种微生物和淡水藻类法评价DON生物有效性。鉴于湖泊DON的复杂性，且生物有效性受多种因素影响，需要综合应用多种技术手段，揭示湖泊DON生物有效性及环境影响。结合来源、结构及对氮矿化影响等因素，从分子量、组分特征和生物利用程度等方面研究湖泊水体DON生物有效性，定量评估其对富营养化影响，揭示环境因子影响机理，可为进一步阐明湖泊富营养化机理提供理论支撑。

目前针对湖泊生态系统DON迁移转化等过程及机制方面的研究尚缺乏直接证据，应该更加关注湖泊DON来源、赋存等环境行为研究，通过更加先进的技术手段预测分析潜在的转化量和消耗量，为揭示湖泊溶解性有机氮过程及机制提供更加可靠的依据。DON在湖泊生态系统营养循环和物质交换过程中具有非常重要的作用，因其高水溶性和生物活性不仅影响环境中重金属、有机污染物和氮磷等营养元素含量，还影响其迁移、降解及生物毒性等化学和生物学行为。环境因子与湖泊DON组成结构及相互作用等日益受到关注，但由于湖泊环境复杂，DON来源、化学组成、结构及影响因素各异，目前国际上针对DON尚未开展系统性的环境效应研究。因此，应研究DON特征变化并指示其环境效应，更加深刻地认识湖泊环境DON源与汇转换等过程，这对湖泊保护治理有不可替代的作用。

针对湖泊DON环境效应的研究已经从其自身结构变化逐渐延伸至DON特征变化及环境影响因素等方面，DON有着相对较高的通量速率，且相当部分的组分可被生物有效利用；DON 生物有效性随季节变化明显，不同来源 DON 差异较大；特别是 DON 的光化学特性已经引起了广泛重视，其中光照对 DON 生物有效性和组分转化影响更受关注。其他环境因素，如温度、pH 及溶解氧含量等的改变均可能影响 DON 在沉积物与上覆水间的交换作用，进而改变沉积物 DON 组成结构及化学特征；同时，pH 值的改变还可不同程度影响水体 DON 结构组成及光谱特征等。

第 2 章　湖泊溶解性有机氮研究方法

直到 21 世纪初，才逐步认识到湖泊 DON 并不全是难以被生物降解和利用的氮组分，而是湖泊上覆水及沉积物最活跃氮组分之一。DON 在湖泊氮矿化、固持、吸附释放及生物吸收转化等过程中发挥着重要作用，是湖泊生态系统氮循环的重要环节 (Murphy *et al.*，2000)。目前针对湖泊 DON 的研究相对滞后，一方面是由于有机氮组成复杂，种类甄别和分子水平鉴别有机氮组成的技术难度较大；另一方面是理论方面尚无法准确界定有机氮生物有效性。虽然研究者试图建立一种有机氮化学分级方法，以期将其与生物有效性相联系，但目前所用的有机氮化学提取方法与生物可利用性之间并没有明确的内在联系。因而，急需从技术层面突破不同有机氮组分的分离与测定等方法，从理论层面揭示有机氮生物有效性及内涵，从生态环境效应角度对有机氮进行科学分类，进一步完善湖泊氮生物地球化学循环理论。解决这一问题的前提是深入认识湖泊 DON 结构、组分及环境行为等特征，首先需要解决方法问题。就目前的认识水平，湖泊 DON 研究方法主要包括提取及测定、组分分离与富集、结构组分表征及生物有效性评价等方面。本研究系统总结国内外相关研究进展，重点探讨湖泊 DON 分离与富集、结构组分表征、有机氮测定及生物有效性表征等方法。

2.1　湖泊溶解性有机氮分离与富集方法

DON 由含氮官能团组成，容易与其他物质结合形成衍生物，进而影响水环境质量。目前对于湖泊 DIN 的研究较为广泛，而针对 DON 的研究则较少，且 DIN 和 DON 对湖泊氮利用及作用机制的生态环境影响及差异尚不明确，而解决这一难题，首先需要深入认识 DON 结构组分特征。因此，针对湖泊 DON 组分分离与富集方法的研究就显得尤为重要。近年来，针对 DON 组分从不同层次、不同角度开展的研究已较多，并取得了较大进展，已逐步深入到分子水平等微观结构。本研究重点探讨 DON 在水亲和性和分子量以及离子交换层析及仪器分组等分离方法方面的进展。

2.1.1 树脂分离方法

1. 概述

树脂分离方法是利用树脂的交换特性，选择合适的交换剂，使其与溶液中被分离物质发生交换而实现分离目标的方法。针对 DON 组分的分离，树脂分离方法多是根据其对水分子的亲和力实现分离目的。

具体来讲，亲水性和疏水性是表征对水分子亲和性能的重要指标，其中疏水性分子偏向于非极性，一般溶解在中性和非极性溶液(如有机溶剂)，而在水里通常会聚成一团。水在疏水性溶液表面通常会形成较大接触角而呈水滴状。由于水是极性物质，可以在内部形成氢键，而疏水性物质不具有电子极化性，无法形成氢键，所以水会对疏水性物质产生排斥，而使水本身可以互相作用形成氢键，即导致疏水效应。两个不相溶的相态(亲水性对疏水性)将会使其界面的面积最小。亲水性是指带有极性基团的分子对水有较大的亲和能力，可吸引水分子，或易溶解于水。因为热力学特性，亲水性分子不只可以溶解在水里，也可溶解在其他极性溶液内。亲水性分子或分子的亲水性部分有能力极化从而形成氢键，并使其对油或其他疏水性溶液而言更容易溶解于水。

基于 DON 组分的亲水性差异，可选择合适的树脂，以实现对 DON 不同组分的分离。具体分离组分不同，树脂选择及操作要点等差异较大。

2. 树脂分离法操作要点

应用树脂能将样品分离为亲水性和疏水性组分，具体分组方法参考张军政等 (2008) 对 Leenheer 分组的改进方法，选用了 XAD-8 树脂，原材料为丙烯酸酯，有轻微极性，其粒径为 250Å，比表面积为 $140m^2/g$。

采用魏群山等 (2006) 的方法对树脂进行完全清洗，即先用 0.1mol/L 的 NaOH 溶液浸泡 24h，期间更换碱液 5 次；进行甲醇索氏抽提 24h，并用甲醇浸泡，而后以超纯水清洗甲醇，来回振荡，并倾倒不低于 10 遍；将浸在超纯水中的树脂装入树脂柱，该过程液面须高于树脂面 2cm 以上 (以防止引入气泡)；以 0.1mol/L 的优级纯 NaOH 溶液 (体积须大于 6 倍树脂液体积，流速小于 30 倍树脂液体积 /h) 淋洗树脂柱；以超纯水清洗树脂，至中性为止，然后以 0.1mol/L 的优级纯盐酸溶液 (2 倍树脂液体积) 洗柱，最后用超纯水淋洗过柱，至中性为止。

操作步骤参考代静玉等 (2004a，b) 所用的方法 (图 2-1)：

(1) 提取 DON 样品，以 1mL/min 流速过 XAD-8 树脂柱，用 1~2 倍树脂液体积超纯水洗净，收集过树脂柱部分即为非吸附成分 (DON ①)；

(2) 用 0.25 倍树脂柱 0.1mol/L HCl 反洗，2 倍柱体积 0.01mol/L HCl 反洗，收集反洗液，定容，得疏水碱性组分 (hydrophobic bases，HOB)；

(3) 将 DON ①用 6mol/L HCl 调 pH 值至 2，离心，将沉淀物用 0.1mol/L NaOH 溶解，定容，得到酸不溶性组分 (acid-insoluble matter，AIM)；将上清液部分 (DON ②) 过 XAD-8 树脂柱，用 1 倍柱体积 0.01mol/L HCl 淋洗，非吸附成分即为亲水性组分 (hydrophilic matter，HIM)；

(4) 用 0.25 倍柱体积 0.1mol/L NaOH 反洗，后用 1.5 倍柱体积超纯水反洗，收集反洗液，定容，得疏水酸性组分 (hydrophobic acids，HOA)；

(5) 将 XAD-8 树脂柱用泵抽干、倒出，室温风干 15h，用无水甲醇在索氏抽提器洗净，溶于甲醇的有机物为疏水中性组分 (hydrophobic neutrals，HON)；旋转蒸发仪去除甲醇，溶于超纯水定容，测 DON 含量。

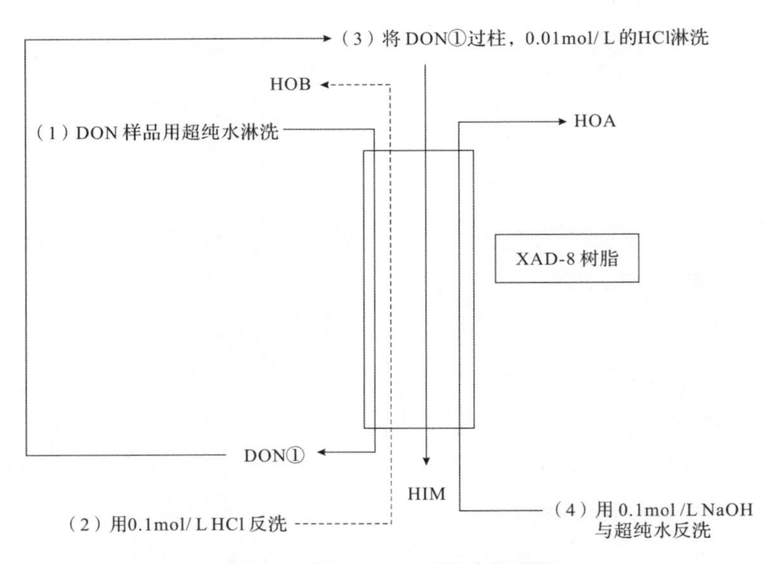

图 2-1　湖泊 DON 树脂分组流程

2.1.2　基于分子量的组分分离方法

1. 概述

根据 DON 分子量进行组分分离的常用方法，包括超滤、体积排除色谱法与凝胶过滤法等，其中超滤是介于纳滤与微滤之间的一种膜分离技术，是基于分子量分离的常用方法之一。湖泊 DON 超滤是将一系列已知截留分子量的超滤膜置于超滤装置，在压力推动作用下，根据所选超滤膜截留分子量把 DON 分离成分子量分布范围不同的组分，溶液中分子量小于膜截留分子量的 DON 透过膜，出现在渗透液中，而分子量大于膜截留分子量的 DON 被膜截留在滞留液中，达到根据分子量分离组分的目的。

体积排除色谱法 (SES)，也称凝胶渗透色谱法 (GPC)，其原理为：当高分子溶液通过填充有特种多孔性填料的柱子时，溶液中的高分子因其分子量不同而呈现不同流体力学特征。柱子的填充料表面和内部存在着各种大小不同的孔洞和通道，当被检测的高分子溶液随淋洗液引入柱子后，高分子溶质向填料内部孔洞渗透，其渗透程度和高分子体积大小有关，大于填料孔洞直径的高分子只能穿行于填料的颗粒之间，会首先被淋洗液带出柱子，而其他分子体积小于填料孔洞的高分子则可在填料孔洞内滞留，分子体积越小，则填料内可滞留的孔洞越多，因此被淋洗出来的时间越长。按此原理，用相关凝胶渗透色谱仪可得到聚合物中分子量分布曲线。配合不同组分分子质谱分析，可得到不同组分分子的绝对分子量。用已知分子量的分子组分对上述分子量分布曲线进行分子量标定，可得到各组分的相对分子量。由于溶剂中不同分子组分的溶解温度不同，有时需在较高温度下才能制成高分子组分溶液，此时 GPC 柱子需在较高温度下工作。

凝胶过滤法也是根据分子量进行分离的常用方法之一。凝胶作为一种层析介质，经过适当的溶剂平衡后，装入层析柱，构成层析床。当含有分子大小不一的混合物样品加在层析床表面时，样品随大量溶剂下行，此时分子较大的物质 (阻滞作用小) 就沿凝胶颗粒间孔隙随溶剂流动，流程短而移动速率快的部分则先流出层析床；而分子较小的物质 (阻滞作用大)，其颗粒直径小于凝胶颗粒网状结构的孔径，可渗入凝胶颗粒，流程长而移动速率慢，比分子大的物质较晚流出层析床 (图 2-2)。

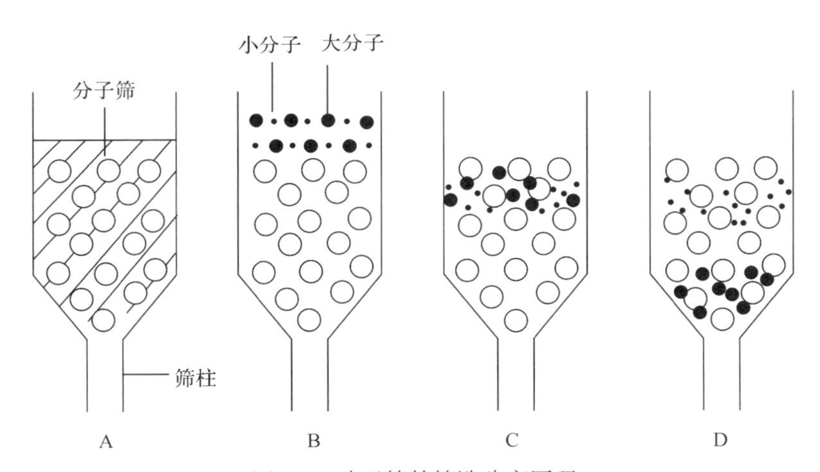

图 2-2　分子筛的筛选分离原理

A. 分子筛装入柱内；B. 加入含大小分子的溶液；
C. 小分子被吸附，大分子从分子筛空隙下移；D. 不同物质分离

凝胶过滤法的特点如下：

(1) 此种凝胶过滤一般不变换洗脱液，一次装柱后，可反复使用多次，每次洗脱过程也就是再生过程，不必进行回收处理就可以连续使用，因此操作简单、快速而且经济。

(2) 实验具有高度的可重复性，样品回收几乎可达 100%，如果按比例扩大柱的体积和高度，可进行大量样品的分离纯化。

(3) 该方法较温和，不易引起生物样品变性失活。其不足在于必须保证样品和洗脱剂的黏度很低，以利于溶剂有效移动和层析床溶质分子的自由扩散；同时，由于凝胶颗粒网络孔径有限，可被纯化物质的相对分子质量范围受到限制；再次是凝胶结构对某些溶质分子 (如芳香族物质及脂蛋白等) 具有吸附作用而使其应用受限。

目前，凝胶层析中常用凝胶包括四个主要类型，即葡聚糖凝胶、聚丙烯酰胺凝胶、琼脂糖凝胶和由琼脂糖及葡聚糖组成的复合凝胶。

凝胶的分离范围从相对分子质量数百 (10^2) 到近亿 (10^9)。现将常用的凝胶分离的范围列入表 2-1。

表 2-1　凝胶分离的范围

凝胶	型号	分离范围
琼脂糖凝胶 sepharose	2B 4B 6B	4×10^7 2×10^7 4×10^6
葡聚糖凝胶 sephadex	G 200 G 100 G 50	6×10^5 1.5×10^5 3×10^4
聚丙烯酰胺凝胶 biogel	G 25 P 300 P 150	5×10^3 5×10^5 1.5×10^5

天然和人工合成的凝胶种类较多，但是能用于凝胶层析的种类则较少。一般来讲，可用于层析的凝胶必须具备下列条件：

(1) 凝胶必须具备化学惰性。凝胶颗粒本身和待分离物质之间不能发生化学反应，否则会引起待分离物质物理化学性质的改变。在具体的研究工作中要特别注意蛋白质和核酸可能在凝胶上引起的变性作用。

(2) 凝胶的化学性质必须稳定。层析用的凝胶应能长期反复使用且保持化学的稳定性，应能在较大的 pH 和温度范围内使用。

(3) 凝胶应没有或只有极少量离子交换基团。凝胶离子交换基团的存在将会吸附带电荷物质，产生离子交换效应，即使在低离子浓度下，也会导致洗脱曲线拖尾，而使待分离物质的回收率降低。

(4) 凝胶必须具有足够的机械强度。具有一定机械强度的层析凝胶在液流作用下才不会变形，否则将会造成凝胶颗粒可逆或不可逆的压缩，增加柱床对液流的阻力，使流速逐渐降低。增加凝胶的机械强度，可使层析在较高操作压下进行，从而缩短层析分离的时间。

凝胶过滤法广泛用于生物大分子 (如蛋白质、酶、核酸等) 分离和提纯 (包括脱盐、浓缩等)，也可用于微量放射性物质分离。目前商品凝胶 (如琼脂糖凝胶) 可分离相对分子量最大可达 10^7，可用于分离相对分子量大的核酸与蛋白质，还可测定蛋白质相对分子量。

2. 超滤法操作要点

本研究所用超滤装置为美国 Millipore 8400 型搅拌式超滤杯，有效容积 400mL，有效过滤面积 $4.18 \times 10^{-3}m^2$，过滤压力为 0.10~0.35MPa，驱动力为高纯氮气，内置磁力搅拌装置，搅拌速度为 180r/min。

采用截留分子量为 10kDa、3kDa、1kDa 的再生纤维素膜 (Millipore，YM，Φ=76mm) 对 DON 进行分子量分级。超滤样品前先对膜进行预处理，去掉膜表面的甘油和防腐剂。具体操作是先将膜片放入 5% NaCl 溶液浸泡 30min，以去除紫外干扰；然后将膜片光滑的一面朝下，放入超纯水，浸泡至少 1h，换水并重复三次；最后将膜片置于超纯水中 4℃冰箱保存待用。超滤过程采用逐级过滤：10kDa → 3kDa → 1kDa，以减小高分子 DON 浓差极化对后续超滤影响。DON 溶液经过三种不同截留分子量超滤膜后按分子量分成四种不同组分，即 >10kDa、3～10kDa、1～3kDa 和 <1kDa 的组分。具体操作步骤为：

(1) 超滤装置组装完毕后，先过滤 200mL 左右超纯水，以去除可能残留的有机物；

(2) 将一定体积 DON 溶液加入超滤装置中进行加压过滤，收集渗透液样品待测定；

(3) 超滤完成后，将超滤膜置于 0.1mol/L NaOH 溶液中，在 25℃下漂洗 30min，冲洗干净后置于超纯水中保存并冷藏。

根据 Lee and Westerhoff (2006) 方法计算不同分子量 DON 含量：

$$\omega(>10\text{kDa}) = \omega(\text{Raw}) - \omega(<10\text{kDa})$$

$$\omega(3\sim10\text{kDa}) = \omega(<10\text{kDa}) - \omega(<3\text{kDa})$$

$$\omega(1\sim3\text{kDa}) = \omega(<3\text{kDa}) - \omega(<1\text{kDa})$$

其中，$\omega(<10\text{kDa})$、$\omega(<3\text{kDa})$、$\omega(<1\text{kDa})$ 分别表征截留分子量为 10kDa、3kDa 与 1kDa 渗透液中的 DON 含量。

2.1.3 离子交换层析组分分离方法

1. 概述

离子交换层析 (ion exchange chromatography，IEC) 是根据离子交换剂对需要分离的各种离子有不同的亲和力，使离子在层析柱中移行速度不同，从而达到分离目的。离子交换剂具有酸性或碱性基团，能分别与水溶液中阴离子或阳离子进行交换。交换过程由五个步骤组成：①离子扩散到树脂表面，在均匀溶液中，该过程非常快。②离子通过树脂扩散到交换位置，该过程由树脂的交联度和溶液浓度所决定，是控制离子反应的关键。③在交换位置上进行离子交换，该过程被认为是瞬间发生且为动态平衡过程，被交换离子所带电荷越多，其与树脂的结合越紧密，被其他离子取代就越困难。④被交换离子扩散到表面。⑤用洗脱液脱附，被交换离子扩散到外部溶液并实现分离 (图 2-3)。

因此，测定交换下来的离子量可知样品原有离子含量，也可将交换剂上的样品用另一洗脱液洗脱再定量。如有两种以上成分被离子交换剂交换，再用另一洗脱剂洗脱，亲和力 (即静电引力) 强的离子移动较慢，而亲和力弱的离子先被洗脱，由此可将各成分分开。

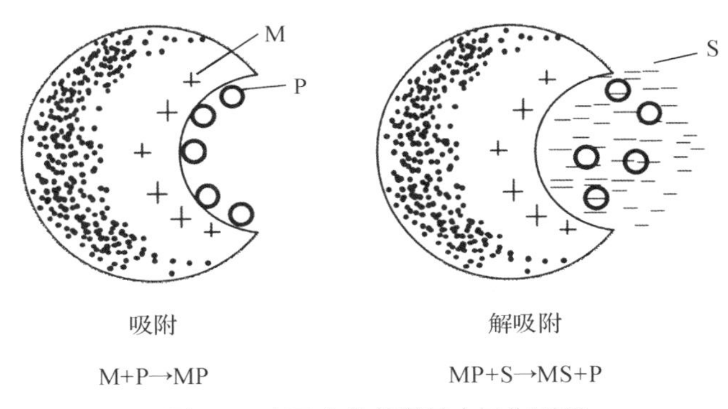

图 2-3　离子交换色谱基本工作原理
M：离子交换的电荷位置；P：样品蛋白质；S：竞争盐

2. 离子交换剂及交换反应

目前采用的大多是合成离子交换剂，即离子交换树脂。离子交换树脂是人工合成的高分子化合物，一般呈球状或无定形颗粒状。离子交换树脂分为两大类：分子中具有酸性基团、能交换阳离子的称为阳离子交换树脂；分子中具有碱性基团、能交换阴离子的称为阴离子交换树脂。

按其解离性大小，离子交换树脂又可分为强弱两种。

交换反应举例如下：

$$RH+K^{+} \rightleftharpoons RK+H^{+}$$
$$ROH+Cl^{-} \rightleftharpoons RCl+OH^{-}$$

虽然交换反应都是平衡反应，但在层析柱上进行时，由于连续添加新的交换溶剂，平衡不断按正反应方向进行，直至完成交换过程。

离子交换层析多采用柱层析方式，即层析柱装上处理好的离子交换树脂，以分离混合物各样品或对其组成进行定性定量测定。离子交换层析广泛用于蛋白质、核酸及氨基酸、核苷酸、生物碱等可解离代谢物的分离纯化。以离子交换层析为主体，结合光谱分析技术制成的氨基酸自动分析记录仪和核酸组分自动分析仪已成为实验室常用工具。

2.1.4　仪器分组分离方法

1. 概述

利用仪器直接进行 DON 分组及分析的研究也是常用的湖泊 DON 组分分离方法，主要包括高效液相色谱法和氨基酸分析仪法等。其中高效液相色谱 (high performance liquid chromatography，HPLC)，又称作高压液相色谱 (high pressure liquid chromatography)，按其固定相的性质可分为高效凝胶色谱、疏水性高效液相色谱、反相高效液相色谱、高效离子交换液相色谱、高效亲和液相色谱以及高效聚焦液相色谱等类型。用不同类型的高效液相色谱分离或分析化合物的原理与相对应的普通液相层析原理基本相似。高效液相色谱仪一般由溶剂槽、高压泵、分析柱、进样器、检测器、部分收集器、记录仪、数据处理机等单元组成，有的还有梯度仪和流量测量装置 (图 2-4)。

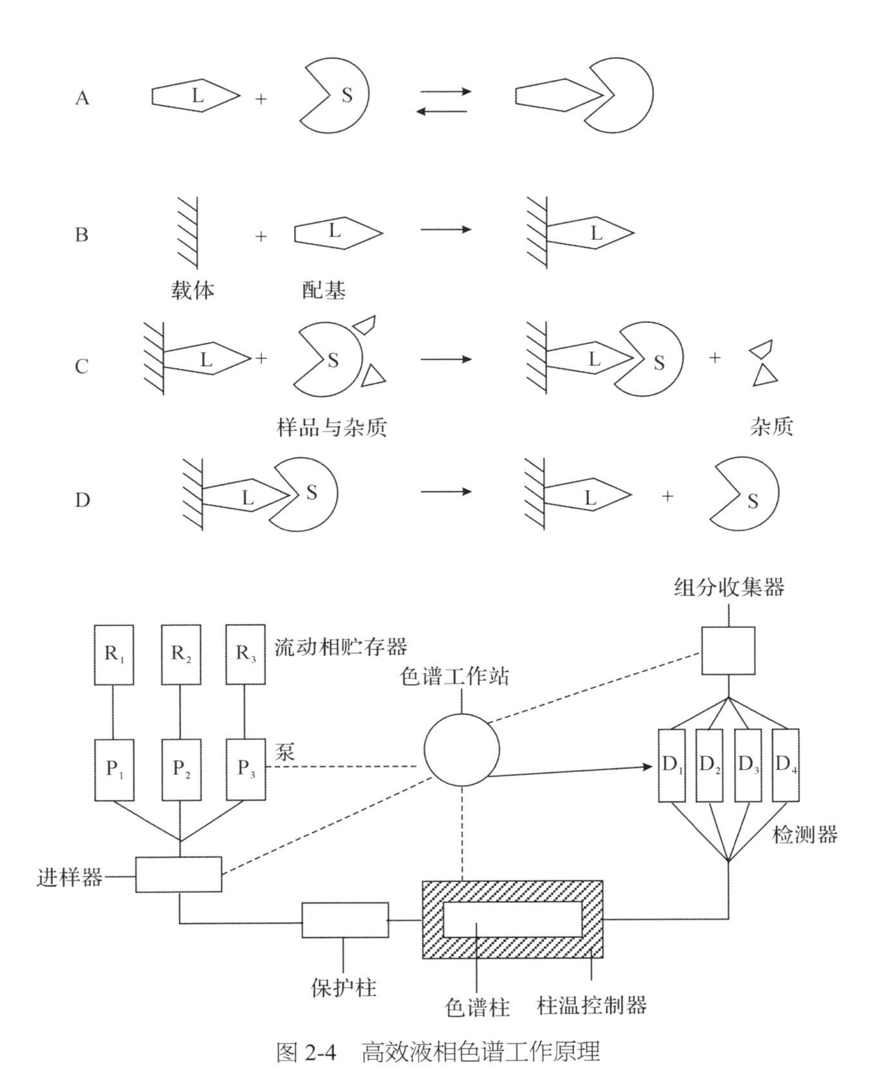

图 2-4　高效液相色谱工作原理

氨基酸分析仪是用离子交换层析法分析氨基酸组分及含量的专用液相色谱仪。在酸性条件下，氨基酸多元混合物首先与树脂上的阳离子（一般为钠离子）发生交换结合，然后用不同 pH 洗脱液分段洗脱。当用 pH=3.28 的缓冲液洗脱时，酸性氨基酸与柱子结合最不牢固，首先顺次流出；之后用 pH=3.90 的缓冲液洗脱，洗下中性氨基酸；最后换用 pH=4.95 的缓冲液，洗下碱性氨基酸。固定条件下，每种氨基酸的洗脱时间相对固定。流出的氨基酸在混合室内与茚三酮混合，流经加热反应螺旋管充分反应显色，再流经分光光度计比色，由记录仪出各种氨基酸出峰图谱，最后由积分仪打印分析结果。为了提高灵敏度，选用 570nm 和 440nm 两个波长对氨基酸显色液进行比色测定，其中在 440nm 波长可测定脯氨酸。

2. 高效液相色谱法操作要点

高效液相色谱是吸收了普通液相层析和气相色谱的优点，经过适当改进而成的，其既有普通液相层析的功能 (可在常温下分离制备水溶性物质)，又有气相色谱的特点 (即高压、高速、高分辨率和高灵敏度)；不仅适用于很多不易挥发与难热分解物质 (如金属离子、蛋白质、肽类、氨基酸及其衍生物、核苷、核苷酸、核酸、单糖、寡糖和激素等) 的定性和定量分析，而且也适用于上述物质的制备和分离。特别是近年来，出现了一种与 HPLC 相近的快速蛋白液相色谱 (fast protein liquid chromatography，FPLC)，能在惰性条件下，以极快速度把复杂的混合物通过成百上千次层析实现高效分离；如连续进样，一天即可制备大量纯化物质。

HPLC 已在生化研究中得到广泛应用，主要表现在以下几方面：

(1) 对脂肪族低级醇、醛和酮，可用高效液相色谱法获得较好分离；对于芳香族醇、醛和酮，或者含有芳香环、杂环等可吸收紫外光的醇、醛和酮，则用高效液相色谱法分离较为合适。

(2) 气相色谱法虽能分离烃类化合物，但在分析相对分子质量大和挥发性低的烃类化合物时受到限制，而高效液相色谱法却可弥补其不足，适用于芳香烃及其衍生物的分离及分析。

(3) 维生素是一类重要的药物，用高效液相色谱分离脂溶性和水溶性维生素的效果均较好。

(4) 各种类型的甾族化合物均可用高效液相色谱成功分离，吸附色谱、液—液分配色谱和反相色谱都可用来分离甾族化合物。

(5) 高效液相色谱法分离糖通常不需要衍生化，多数情况下也不需要样品预处理。分离糖可以使用吸附色谱，如硅胶柱用甲酸乙酯 : 甲醇 : 水 (6 ∶ 2 ∶ 1) 为移动相，可有效分离果糖、蔗糖、山梨糖和乳糖。

(6) 高效液相色谱仪也可进行氨基酸和肽的分离。

(7) 近年来，高效液相色谱在分析脂肪酸方面也取得了较大进展。

(8) 生物碱是从植物中提取得到的含氮类碱性化合物，其种类繁多，如吗啡、可待因、海洛因、蒂巴因等，也可用液—液分配色谱分离。

2.2　湖泊溶解性有机氮结构组分表征方法

结构组分是影响湖泊水生态系统 DON 发挥作用的重要因素，湖泊水体 DON 能否被生物迅速利用，在很大程度上取决于其化学特性及结构组成 (如 C 和 N 比等)。不同分子量湖泊 DON 对细菌生长影响不同 (Huo *et al.*，2013)，淡水生态系统氨基酸和蛋白质分子量一般低于 5kDa，而大多数溶解性蛋白质为高分子量物质 (Berman and Bronk，2003)；类腐殖酸组分分子量较高，具有芳香性结构和疏水性质，而类富里酸物质分子量较低，是生物分解副产物 (Ishii and Boyer，2012)。因此，如何科学认识湖泊生态系统 DON 结构组分特征是深入揭示湖泊 DON 生物地球化学机制及氮循环过程的重要内容。

国内外针对湖泊 DON 结构组分表征所用的技术方法较多，本研究重点分析讨论紫外吸收光谱、三维荧光光谱、高分辨率质谱、气相色谱—质谱、液相色谱—质谱及傅里叶红外光谱等方法。

2.2.1　紫外吸收光谱表征方法

紫外光谱法能在不破坏样品情况下表征样品的有机组分。在室温 (22℃) 下，利用 Hach DR5000 紫外 / 可见光谱分析仪测定湖泊 DON 组分，以去离子水为空白、1cm 石英比色皿在 200~700nm 范围测定。样品在紫外波长为 254nm 处吸光度与其对应的 DOC 浓度间比值，记为 $SUVA_{254}$；$SUVA_{254}$ 指数可作为反映溶解性有机质 (DOM) 的指标 (Weishaar *et al.*，2003)，已被广泛运用。A_{253}/A_{203} 指数值 (紫外波长 253nm 与 203nm 处吸光度比值) 可作为反映取代基含量的指标，该值较高说明芳香环中所含羟基、羰基、羧基和酯基等比例较高 (Li *et al.*，2014)。A_{253}/A_{203} 值较低，表明取代基主要成分为脂肪链 (Wang *et al.*，2009)。

2.2.2　三维荧光光谱表征方法

紫外和荧光光谱能有效表征有机物结构组分 (Birdwell and Engel，2010)，尤其是三维荧光光谱能够鉴别痕量有机组分。该技术方法已经广泛运用于湖泊、河流和海洋等不同水体溶解性有机物的监测评价。寻峰法是常见的光谱分析方法，是根据荧光光谱在激发和发射波长处出现波峰的位置进行分类，通过判断荧光峰出现的位置分析 DON 荧光组分 (Hudson *et al.*，2007)。寻峰法只考虑了荧光图谱的几个峰值点，部分荧光峰可能会由于叠加作用而导致对荧光基团的识别不准确，不能反映荧光光谱的完整信息 (郭卫东等，2010)。研究表明，荧光光谱区域积分法 (fluorescence regional integration，FRI) 能够最大限度地表达荧光光谱信息，从而可更准确地定量荧光组分特性。

本研究采用日立 F-7000 荧光光谱分析仪 (日立，日本) 测定 3D 荧光光谱，光电倍增管电压设定在 700V。激发和发射波长同时以 5nm 的间隔扫描，扫描范围分别为 200~450nm 和 250~600nm。激发和发射光单色器狭缝宽度均为 10nm，扫描速度为 2400nm/min。荧光区域分析一体化技术能定量分析荧光图谱，判断 DOM 的结构组分特征 (He *et al.*，2011a)。DON 是 DOM 的重要组分，因为部分 DON 是腐殖质的组成物质，荧光图谱能够鉴别部分未知 DON(Pehlivanoglu and Sedlak，2004)。

运用荧光光谱区域积分法可将荧光图谱分为 5 个区域，一般来说，峰值在较短的激发波长 (<250nm) 和较短的发射波长 (<380nm) 处，表示含有简单的芳香族蛋白质，例如酪氨酸、类色氨酸化合物 (区域Ⅰ和Ⅱ)(Ahmad and Reynolds，1999)。峰值在较短激发波长 (<250nm) 和较长发射波长 (>380nm) 处，表示含有类富里酸物质 (区域Ⅲ)。峰值在中间激发波长 (250~280nm) 和较短发射波长 (<380nm) 处，表示可能含有溶解性微生物副产物 (区域Ⅳ)。峰值在较长激发波长 (>250nm) 和较长发射波长 (>380nm) 处，代表含有类腐殖酸有机组分 (区域Ⅴ)(Artinger *et al.*，2000)。

各荧光指数也能较好地反映 DON 的结构组分特征。$f_{450/500}$ 值被称为荧光指数 (FI)，可用来区别有机物来源，其中陆源和微生物来源 DON 的两个端源 FI 值分别为 1.4 和 1.9(McKnight *et al.*，2001b)。自生源指数 (BIX) 大于 1 时，间接表明 DON 主要来自内源代谢，而 BIX 介于 0.6~0.7 时，表明主要为陆源输入，即受入湖河流水质和人类活动等影响较大 (Huguet *et al.*，2009)。腐殖化指数 HIX 能够反映 DON 荧光物质的腐殖化程度，如洱海沉积物 DON 的 HIX 值为 1.78~2.60，表明其 DON 荧光物质主要由生物活动产生，腐殖化程度较低，体现出较强的内源性；同时南部湖区沉积物 DON 荧光物质腐殖化程度高于中部及北部湖区，与紫外—可见光谱特征值 E_2/E_3 结果相吻合，也与南部湖区植物残体沉积时间长、腐殖化程度高的实际情况相符 (程杰等，2014)。

2.2.3　高分辨率质谱表征方法

1. 高分辨质谱表征水体 DON 方法及应用

将采集湿沉降样品过 0.45μm 聚四氟乙烯 (PTFE) 滤膜 (Pall Corporation) 检测。本研究所用仪器来自中国石油大学化学工程学院重质油重点实验室，型号为 9.4T Apex-ultra FT-ICR MS，配置电喷雾电离源 (ESI)。湿沉降样品等体积比溶解在甲醇 (色谱纯) 中，并以甲醇溶液作为空白，确保实验样品未受污染。样品稀释至 2.0mL，由注射泵以 180μL/h 的速度注射入仪器。ESI 设定在负离子模式，喷雾保护电压为 3.0kV；毛细管电压设置为 3.5kV，毛细管柱结束电压为 −320V。六极

杆直流电压 (DC) 为 −3.2V，射频 (RF) 振幅为 500Vp-p；离子在六极杆中的累计时间为 0.001s。优化质量数为 170Da。碰撞池填充气为氩气，并加以 5MHz 和 200Vp-p RF，离子累积时间为 0.002s。离子从六极杆到回旋池的提取时间为 1.0ms。射频激励衰减值为 15dB，用于激发离子检测质量数为 150～800Da 的物质。仪器扫描次数达 128 次，极大地增加了信噪比和数据动态范围，信噪比大于 6 的数据均被用以计算分子式。

质谱采用高相对丰度重油混合物的同源烷基系列 (芳烃和噻吩的分子离子) 进行内部校准，质量范围设定 150～500Da；利用精确质量差异分析，将实验数据转化为元素组成，进行质量数变换及质量亏损计算。

2. 高分辨质谱表征湖泊沉积物 DON 方法及应用

(1) 前处理

分别选取不同质量 (20mg、1g、10g) 沉积物样品进行前处理，对比不同样品量对物质检测影响差异。将过 100 目筛后的沉积物表层样品置于 100mL 离心管中，加入 50mL 超纯水，在恒温震荡仪下 (220r/min，20℃) 震荡 16h，取出后立即放入离心机，在 8000r/min 的转速下离心 10min，提取上清液过 0.45μm 聚四氟乙烯 (PTFE) 滤膜备用。

(2) 脱盐处理

采取 HLB Oasis 萃取柱、Cleanert IC-Ag/H(Agela) 两种萃取柱进行脱盐处理。脱盐处理是基于之前的湿沉降样品来检测响应效果。

(3) 高分辨率图谱分析

选取沉积物作为研究对象，分别称取 20mg、1g、10g 沉积物样品进行处理，检测图谱如图 2-5 所示。

经分析图谱可直观看出，10g 沉积物样品响应效果最差，主要表现在以下几方面：基线过高，物质组分响应强度低 (0.4×10^8)，分峰不明显。

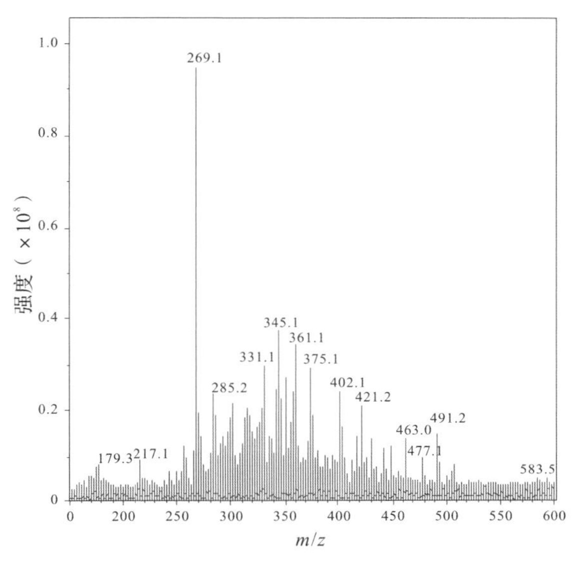

图 2-5　10g 沉积物高分辨率质谱响应图谱

由 20mg 沉积物图谱 (图 2-6) 可知，其响应效果优于 10g 沉积物检测效果，但基线不稳定，略高；响应强度虽高于 10g 沉积物样品检测强度，但仍偏低(4×10^8)；分峰较明显，但存在有效物质检出较少、效果较差等问题。

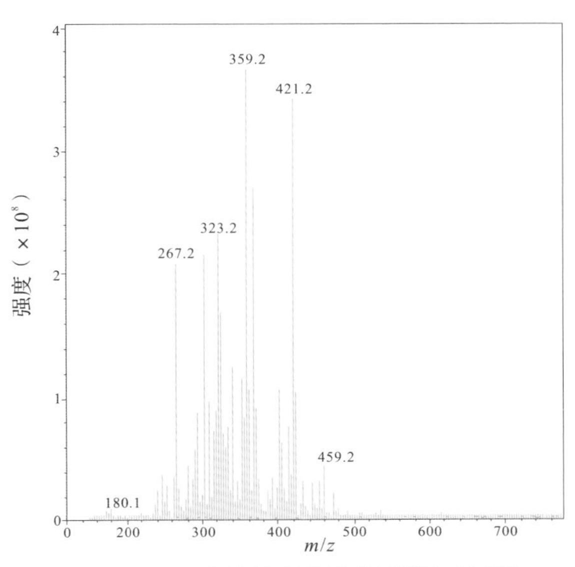

图 2-6　20mg 沉积物高分辨率质谱响应图谱

1g 沉积物响应效果优于 20mg 与 10g 样品的 (图 2-7)，其基线平稳，效果好; 物质组分响应强度高 (最高达 2×10^9); 分峰明显，且分辨率最高。

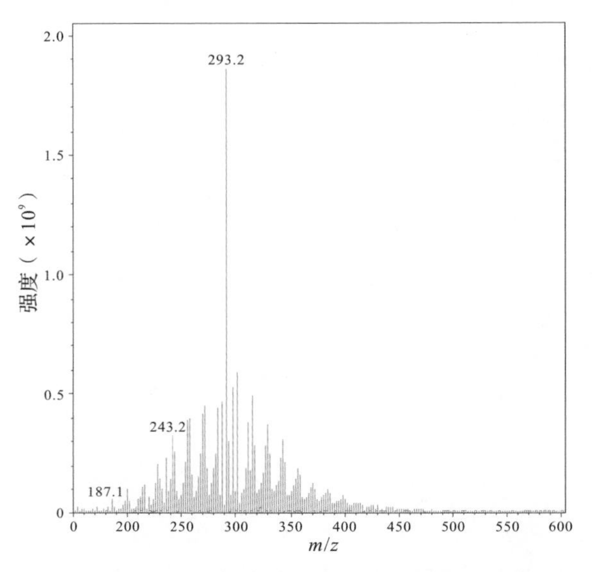

图 2-7　1g 沉积物高分辨率质谱响应图谱

综合来看，相比于不同沉积物样品质量，1g 沉积物响应效果最好，不仅物质组分响应强度高，且分辨率高，基线稳定，有效物质检出率高。

(4) 不同除盐条件影响

通过对湿沉降检测结果 (见湿沉降部分) 分析发现，样品虽然可以不经处理而直接检测，有助于最大程度还原物质组成，但受限于检测效果的影响，物质检出率不高，且分辨率低，误差偏大。

综合仪器响应效果影响因素，选取质谱检测有机物常用的两种固相萃取柱进行脱盐处理，分别采用 HLB 萃取柱与 Ag/H 柱对沉积物进行脱盐，检测得到的响应效果存在差异 (图 2-8 和 2-9)。

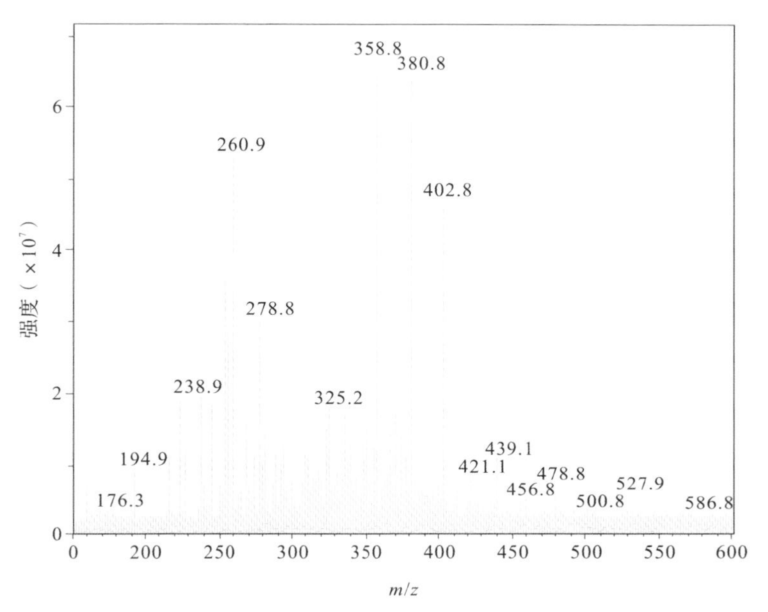

图 2-8　1g 沉积物高分辨率质谱响应图谱 (Ag/H-20mL)

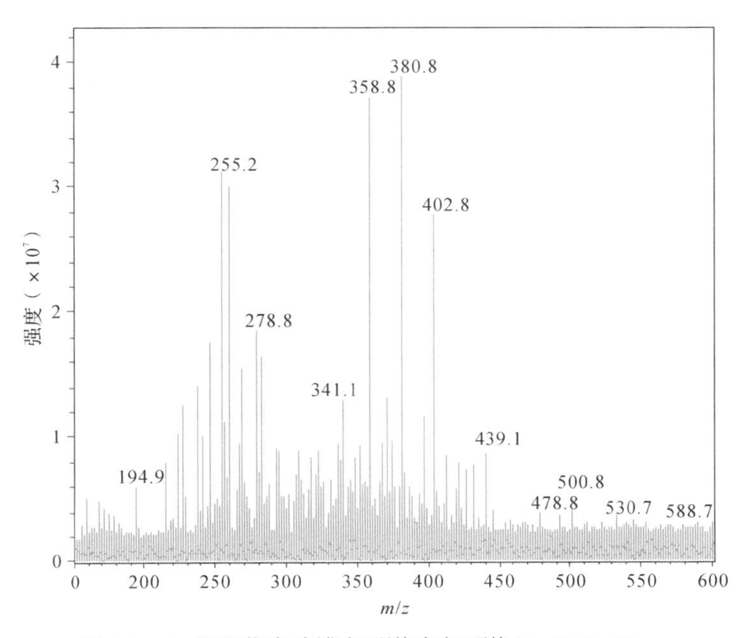

图 2-9　1g 沉积物高分辨率质谱响应图谱 (Ag/H-5mL)

对比不同样品溶液采用 Ag/H 柱脱盐效果发现，两种液体量脱盐效果差别不大，都存在基线过高、分峰较差、分辨率低、误差大及含有较多杂质等问题，可能是 Ag/H 柱自影响所致，导致检测效果较差。

采用 HLB 固相萃取柱提取溶液的脱盐效果要优于 Ag/H 柱，特别是在分辨率和准确度上均有较高提升。

(5) 超声对检测的影响

震荡和超声是提取有机质常用手段，由于震荡耗时较长，且效果较差，本研究采用了超声，节约时间，且提高了提取效率，对于物质组成不会有破坏，特别是大大减少了有机氮提取的反应时间，一定程度上避免了物质间反应对检出有效成分的影响 (图 2-10 和图 2-11)。

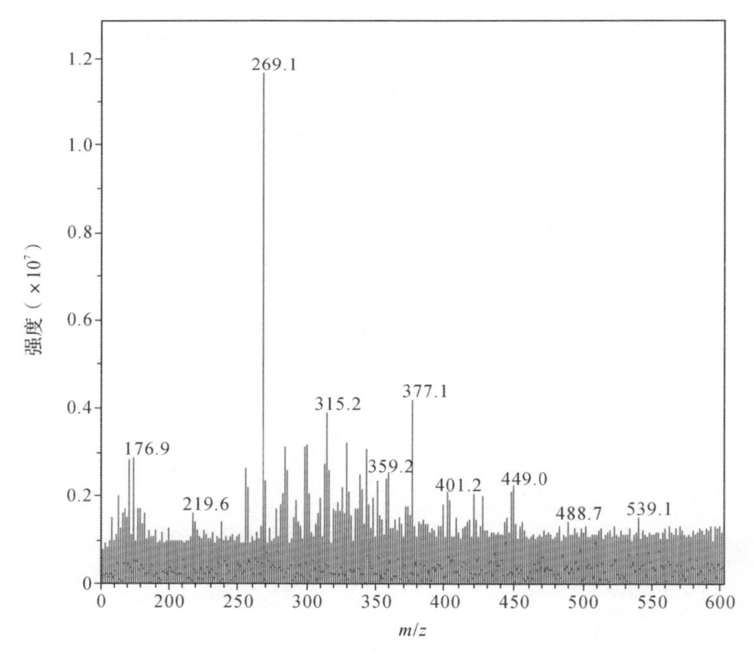

图 2-10　1g 沉积物高分辨率质谱响应图谱 (未超声)

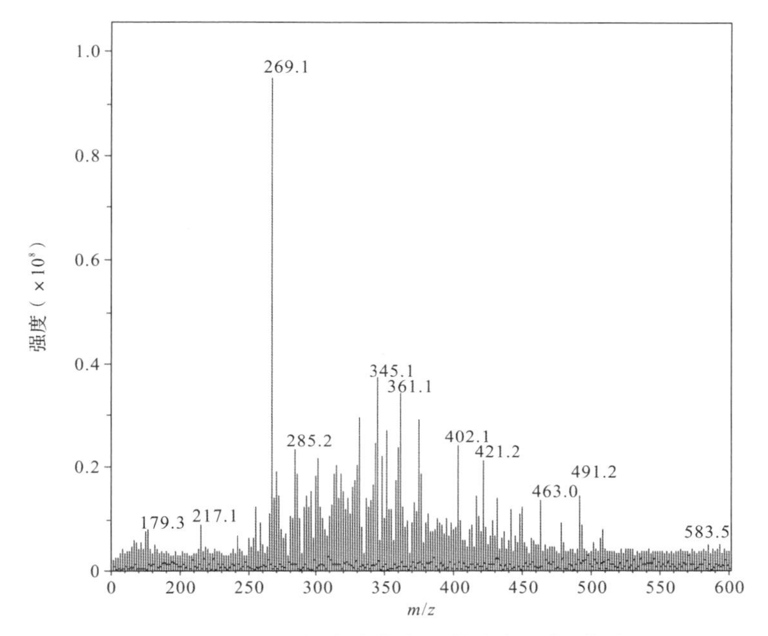

图 2-11　1g 沉积物高分辨率质谱响应图谱（超声）

对比有无超声的检测效果可见，超声效果优于未超声的，主要体现在：经过超声处理，样品检测基线更平稳，且变幅较小，检测结果较稳定；经过超声，响应强度有所提高（最大响应强度由 1.2×10^7 提高到 1×10^8），检测物质的分辨率有所提高，分峰效果也有所改善。

2.2.4　气相色谱—质谱表征方法

气相色谱—质谱联用技术 (GC/MS) 结合了气相色谱高效分离能力和质谱可靠的结构鉴定能力，是分析挥发性、半挥发性小分子化合物的重要手段，也是目前解决定量复杂混合物中未知物最有效的方法。GC/MS 电子轰击质谱能够提供丰富的结构信息，多年来积累了大量的标准物质质谱数据，为自动化推断未知化合物的结构提供了可能。一定实验条件下，每种化合物都有其确定的质谱图，是 GC/MS 进行定性定量分析的重要基础。

GC/MS 定性原理是在色谱分析过程中，随载气进入色谱柱的混合物由于物化性质的差异，在固定相和流动相之间的分配系数不同，当两相做相对运动时，被检测物质在两相间反复进行多次分配，使得分配系数有微小差别的化合物产生了保留能力明显差异的效果，进而彼此分离。分离后的化合物分子进入质谱仪，在常用电子轰击离子源中，气化分子被高能电子束轰击，变为带正电离子，然后在质量分析器中按质荷比 (*m*/*z*) 大小顺序分开，经电子倍增器检测即可获得化合物质谱图；再根据质谱图信息与标准谱库进行比对，并结合标准物质验证的方法进行定性，通过质谱图的解析可以确定化合物的分子量与分子式等结构信息。

GC/MS 联用具有分离效能高、选择性好及样品用量少等优点，不仅满足了质谱对样品单一性的要求，还能有效控制质谱进样量；质谱作为检测器，具有灵敏度高、信息量大、应用范围广等优点，还可给出化合物确切的分子式，解决了气相色谱定性的局限性。GC/MS 联用技术综合了气相色谱分离能力和质谱定性的长处，可在较短时间内定性多组分混合物。

本研究 GC-MS 预处理与参数设定，依次用 5mL 二氯甲烷、5mL 甲醇和 10mL 超纯水活化 HLB 固相萃取小柱 (Waters Oasis)，取沉积物 DON 样品加入活化小柱，将小柱负压抽干 30min，再用体积比为 1∶1 二氯甲烷和甲醇混合液 10mL 分 3 次 (3mL、3mL 和 4mL) 洗脱，收集洗脱液并用无水硫酸钠脱水，最后将洗脱液置于 30℃恒温水浴氮吹浓缩至 1mL。

气相色谱仪 (Agilent 6890N) 联用 5975C 质谱检测器分析低分子量挥发性 / 半挥发性 DON，质谱仪离子源为 EI 源，电子能量 70eV。物质通过非极性柱 (DB-5MS)(30m × 250μm × 0.25μm) 分离，初始柱温 40℃，保持 2min，以 4℃ /min 速率升温至 280℃，保持 5min，全程用时 77min。

本研究运用 GC-MS 分析湖泊沉积物低分子量 DON 组分，通过对应停留时间和质谱分析，完成湖泊沉积物 DON 化合物组分测定。每个样点沉积物 DON 表现出相似的离子特征，通过计算 DON 峰面积，得出该值

在北部区域 $[(2.71 \pm 0.80) \times 10^6]$ 和南部区域 $[(2.42 \pm 0.82) \times 10^6]$ 明显较中部区域 $[(1.37 \pm 0.52) \times 10^6]$ 高，结果表明洱海沉积物低分子量 DON 主要由胺类、含氮杂环化合物、氨基酸混合物、腈类和硝基等组成 (程杰等，2014)。

气相色谱—质谱联用技术作为一种分子水平表征手段，具有高效分离能力和可靠的结构鉴定能力，可给出小分子物质的化学组成，已被广泛应用于有机物结构定性研究。图 2-12 为洱海沉积物 DON 总离子流图 (以 EH6 号采样点为例)。根据质谱图碎片离子峰特征，总离子流图中共辨认出 79 个色谱峰，并通过谱库和相关文献对其结构进行了确定。检出的有机化合物主要包括醇类、酚类、羧酸类、酮类、酯类及含氧杂环类等含氧化合物，氨基类、胺类、硝基类、腈类及含氮杂环类等含氮化合物及少数脂肪烃类、含硫化合物等，其中含氮化合物 10 种，含量 (以峰面积计) 占有机化合物总量的 15.3%。化合物名称、特征离子碎片及类别等见表 2-2。

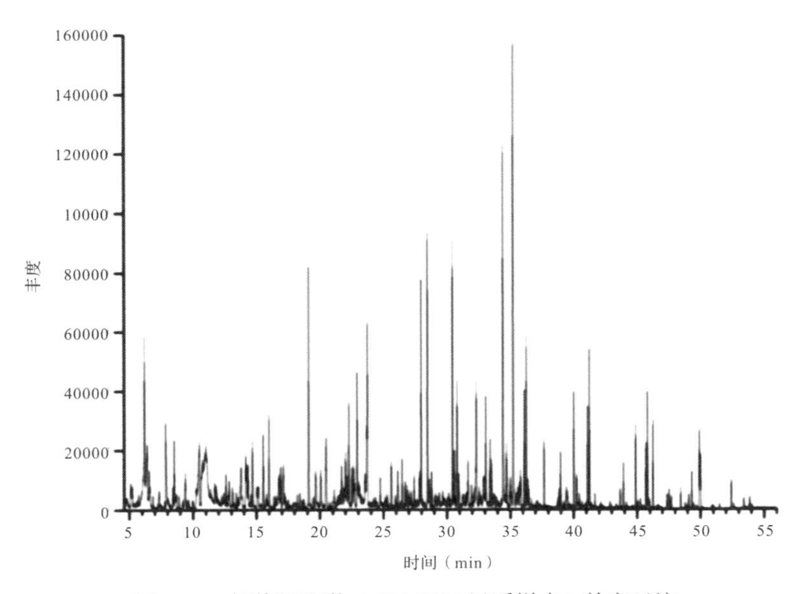

图 2-12　洱海沉积物 DON(EH6 号采样点) 总离子流

表 2-2　洱海沉积物 DON(EH6 号采样点) 定性分析表

保留时间 (min)	化合物名称	分子式	特征离子碎片 (*m/z*)	匹配度	分类
5.111	α - 氨氧基丙酸乙酯	$C_5H_{11}NO_3$	42，60，73，101	58	胺类
6.419	戊胺	$C_5H_{13}N$	39，45，60	60	胺类
7.863	甲氧基苯基肟	$C_8H_9NO_2$	68，77，133，151	78	其他
14.705	4,5- 二氨基 -6- 羟基嘧啶	$C_4H_6N_4O$	43，71，126	66	含氮杂环类
15.557	乙醛二甲腙	$C_4H_{10}N_2$	71，86	50	其他
18.429	苄甲内酰胺	C_8H_7NO	51，77，104，133	77	酰胺类
19.120	2- 氨基 -4- 甲氧基苯酚	$C_7H_9NO_2$	53，96，124，139	50	胺类
20.081	3- 乙基 -3- 甲基 -2,5- 吡咯烷二酮	$C_7H_{11}NO_2$	55，70，141	53	含氮杂环类
33.074	*N*-(4- 甲氧苯基)-2- 甲基丙酰胺	$C_{11}H_{15}NO_2$	43，123，193	64	酰胺类
49.929	苯并 (b) 噻吩 -2- 甲酰胺	C_9H_7NOS	88，161，177	58	酰胺类

注：特征离子碎片栏中下划线的数字代表该化合物质谱图中的基峰。

洱海沉积物低分子量 DON 种类分析结果见表 2-3，共检出 70 种含氮化合物，分别为氨基类 9 种、胺类 20 种、含氮杂环类 23 种、硝基类 4 种、腈类 4 种及肟类、肼类、腙类、尿素类共 10 种，可见洱海沉积物 DON 组成结构复杂，其中含氮杂环类、胺类及氨基类化合物种类相对较多。含氮杂环类化合物在自然界分布很广，无论是腐殖质还是蛋白质都含有种类丰富的含氮杂环化合物。洱海沉积物 DON 含氮杂环类化合物主要包括吡啶、嘧啶、吡咯、咪唑、吡唑、吲哚、嘌呤、哌啶等化合物的衍生物。胺类化合物是自然界普遍存在的具有重要作用的有机化合物，多肽、核酸及某些生物碱等都含有胺结构官能团。洱海沉积物 DON 胺类化合物以苯胺和酰胺的衍生物为主。氨基类化合物是指分子中含有氨基的化合物，洱海沉积物 DON 氨基类化合物还含有酯基、羧基、羰基及酚羟基等基团，即其主要由酯类、羧酸类、酮类及酚类的衍生物组成。

表 2-3　洱海沉积物低分子量 DON 种类

含氮化合物种类	含氮化合物名称	EH1	EH2	EH3	EH4	EH5	EH6	EH7	EH8	EH9
氨基类	氨基甲酸乙酯	+	-	-	-	-	-	-	-	-
	氨基甲酸苯酯	+	-	-	-	-	-	+	+	-
	α-氨氧基丙酸乙酯	-	-	-	-	-	+	-	-	-
	2-氨基-4-甲氧基苯酚	+	-	+	-	+	+	+	+	-
	2,6-二氨基苯酚	-	-	-	-	-	-	+	-	-
	4-氨基-3-羟基苯甲酸	-	-	-	-	+	-	-	-	-
	2-氨基-5-甲基苯甲酸	-	+	-	-	-	-	-	-	-
	2,5-二氨基-2-甲基戊酸	-	+	-	-	-	-	-	-	-
	2-氨基-4(1H)-蝶啶酮	-	-	-	-	-	-	+	-	-
胺类	*N*,*N*'-二乙酰乙二胺	-	+	-	-	-	-	-	-	-
	戊胺	-	-	-	-	-	+	-	-	-
	对氯苯胺	-	-	-	-	-	-	-	+	-
	4'-二乙基氨基乙酰苯胺	+	-	-	+	-	-	-	-	-
	2-(2-丙烯基)-甲氧基苯胺	-	-	-	-	-	-	-	-	+
	N-乙基-*N*-甲基-4-硝基苯胺	-	+	-	-	+	-	-	-	+
	3,4-二甲基苯甲酰胺	-	+	-	-	-	-	-	-	-
	脒基苯甲酰胺	-	-	-	-	-	-	-	+	+
	苯并(b)噻吩-2-甲酰胺	-	-	-	-	-	+	-	-	-
	N-甲氧基-*N*-甲基乙酰胺	-	+	-	-	-	-	-	-	-
	N-2-噻吩基-乙酰胺	-	-	+	-	-	-	-	+	+

续 表

含氮化合物种类	含氮化合物名称	EH1	EH2	EH3	EH4	EH5	EH6	EH7	EH8	EH9
胺类	*N*-(2,4- 二羟苯基)- 乙酰胺	−	−	−	−	−	−	−	+	−
	苯甲酸环丙酰胺	+	−	−	−	−	−	−	−	−
	N-(4- 甲氧苯基)-2- 甲基丙酰胺	+	−	−	−	−	+	−	−	−
	N-(4- 甲氧苯基)- 丁酰胺	−	+	+	+	+	−	−	+	−
	戊酰胺	−	−	+	−	−	−	−	−	−
	4- 甲基戊酰胺	−	+	−	−	−	−	−	−	+
	己内酰胺	+	−	−	−	−	−	−	−	−
	苄甲内酰胺	−	−	−	−	−	+	−	−	−
	N-(2- 甲氧乙基) 丙氨酸	+	−	−	−	−	−	−	−	−
含氮杂环类	3- 吡啶甲酰胺	−	−	−	−	−	−	−	+	−
	3-(乙硫基)- 吡啶	−	−	−	+	+	−	−	−	+
	2,4- 二氨基嘧啶	−	−	−	−	−	−	−	+	−
	2- 羟基 -4- 羟氨基嘧啶	−	−	+	−	−	−	−	−	−
	4- 乙胺基 -6- 羟基嘧啶	−	+	−	−	−	−	−	−	−
	4,5- 二氨基 -6- 羟基嘧啶	−	−	+	+	−	+	+	−	−
	5,6- 二氢 -6- 甲基脲嘧啶	−	−	+	−	−	−	−	−	−
	5- 甲基 - 噻唑并 [5,4-d] 嘧啶	−	+	−	−	−	−	−	−	−
	2,6- 二甲基 -4(1H)- 嘧啶酮	−	−	−	−	−	−	−	+	−
	1- 甲基 -2- 吡咯烷酮	−	+	−	−	−	−	−	−	−
	2,5- 吡咯烷二酮	+	+	+	−	+	−	−	−	−
	3- 乙基 -3- 甲基 -2,5- 吡咯烷二酮	−	−	−	−	−	+	−	−	−

续 表

含氮化合物种类	含氮化合物名称	EH1	EH2	EH3	EH4	EH5	EH6	EH7	EH8	EH9
含氮杂环类	1- 乙基 -2- 吡咯烷甲胺	-	-	-	-	-	-	-	+	-
	4- 甲酰胺咪唑	+	-	-	-	-	-	-	-	-
	5- 丁基 -4- 甲基咪唑	-	-	+	-	-	-	-	-	-
	2- 氨基 -1,5- 二氢 -4H- 咪唑 -4- 酮	+	-	-	-	+	-	+	-	+
	1- 甲基 -3- 正丙基 -2- 吡唑啉 -5- 酮	+	-	-	+	-	-	+	-	-
	1- 乙基 -3,5- 二甲基 -1H- 吡唑	-	-	-	-	-	-	-	-	+
	1,5,6,7- 四氢 -4- 吲哚酮	-	-	+	-	-	-	-	-	-
	6- 氨基 -*N*,9- 二甲基 -9H- 嘌呤	-	-	-	+	-	-	-	-	-
	1,2- 二甲基哌啶	-	-	-	-	-	-	-	-	+
	1-(4,5- 二氢 -2- 噻唑基)- 乙酰	-	-	+	-	+	-	-	-	-
	8- 甲基 -2,4(1H,3H)- 蝶啶二酮	-	-	+	+	-	-	+	-	-
硝基类	2- 硝基己烷	-	-	-	-	-	-	+	-	-
	1- 硝基 - 环己烯	-	-	-	+	-	-	-	-	-
	1- 氯甲基 -2- 硝基苯	+	-	-	-	-	-	-	-	-
	2,5- 二硝基苯甲酸	+	-	+	-	-	-	-	-	-
腈类	3-(二乙氨)- 丙腈	-	-	-	-	-	-	-	+	-
	2,4- 二甲氧基苄腈	-	-	-	-	-	-	-	+	-
	2- 氨基 -5- 硝基苄腈	-	+	-	-	+	-	-	-	-
	2- 羟基 -3- 甲氧基苯乙腈	-	+	-	-	-	-	-	-	-
其他	2,3- 丁二酮肟	+	-	-	-	-	-	-	+	-
	甲氧基苯基肟	+	-	+	+	+	+	-	-	+

续 表

含氮化合物种类	含氮化合物名称	EH1	EH2	EH3	EH4	EH5	EH6	EH7	EH8	EH9
其他	丙基酰肼	–	–	+	–	–	–	–	–	–
	1- 甲基 -1- 苯基肼	–	–	–	–	–	–	+	–	–
	2- 乙酰基 -1- 苯基肼	–	–	–	–	–	–	+	–	–
	2- 丙酮甲腙	–	–	–	–	–	–	+	–	–
	乙醛二甲腙	–	–	–	–	–	+	–	–	–
	正丙醛丁腙	–	–	+	–	–	–	–	+	–
	正丙醛丙烯腙	–	–	–	+	–	–	–	–	–
	1-(3- 对羟苯基) 尿素	–	–	+	–	–	–	–	+	–

注："+"表示检出，"–"表示未检出。

洱海不同湖区沉积物各类溶解性有机氮的相对含量如图 2-13 所示。由图可知，洱海沉积物含氮杂环类化合物分布最广，不同湖区均可检出，且相对含量最高，介于 12.9%~65.0%，平均值为 37.9%；胺类化合物分布较为广泛，除南部湖区 EH7 号采样点没有检出之外，其他湖区均可检出，相对含量仅次于含氮杂环类化合物，平均值为 24.8%；氨基类化合物分布区域也较广，在北部湖区的 EH1~EH3 号采样点、中部湖区的 EH5 和 EH6 号采样点及南部湖区的 EH7 和 EH8 号采样点均可检出，相对含量较高，平均值为 23.0%；硝基类和腈类化合物分布较为稀少，硝基类化合物仅在 EH1、EH3、EH4 和 EH7 号四个采样点被检出，其中 EH3 号采样点硝基类化合物相对含量最高，占比为 21.8%；腈类化合物仅在 EH2、EH5 和 EH8 号三个采样点被检出，其中 EH2 号采样点腈类化合物相对含量最高，占比为 9.8%；其他含氮化合物 (主要包括肟类、肼类、腙类及尿素类) 分布范围较小，相对含量也较低，占比平均值为 8.8%。

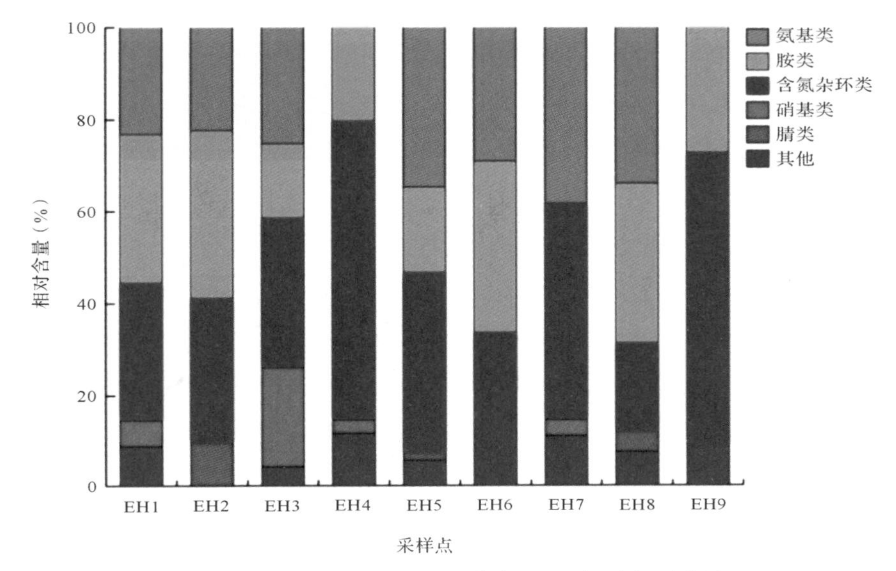

图 2-13　洱海不同湖区沉积物各 DON 组分相对含量

由此可见，洱海沉积物低分子量挥发性 / 半挥发性 DON 以含氮杂环类、胺类及氨基类化合物为主，种类丰富、相对含量较高；此外，还含有少量硝基类、腈类、肟类、肼类、腙类及尿素类化合物，虽然分布范围较小，相对含量也较低，但种类繁多，是洱海沉积物小分子 DON 的重要组分。

2.2.5　傅里叶红外光谱表征方法

傅里叶变换红外光谱 (FTIR) 可分析有机物的主要官能团和部分分子结构特征，被广泛应用于溶解性有机物结构表征 (Magee *et al.*，1991；Stevenson and Goh，1971；Baham and Sposito，1983)。红外光谱法是根据物质对红外辐射的选择性吸收特性而建立起来的一种光谱分析方法，分子吸收红外辐射后发生振动和转动能级的跃迁，通过判断分子内部相对振动和分子转动等信息来确定物质分子结构。近年来，随着仪器技术的快速发展，傅里叶变换红外光谱技术灵敏度和分辨率都有了极大提高，同时优越的实验条件也极大地扩展了仪器功能。常规透射傅里叶变换红外光谱压片过程复杂，且容易引起样品水分变化，极大限制了傅里叶变换红外光谱技术在溶解性有机物结构研究中的应用。利用衰减全反射傅里叶变换红外光谱 (ATR-FITR) 技术，不需要对样品进行处理，对样品大小、形状、含水率没有特殊要求，可在不破坏样品的前提下直接分析有机物的主要官能团。

红外图谱中，4000～1300cm^{-1} 的高频区为基团的官能团区，该区域每个吸收峰都与具体的官能团相对应。1300～400cm^{-1} 的低频区为指纹区，该区域吸收峰密集，大部分吸收峰没有特征性，但可代表整个有机化合物分子的具体特征。由于 DON 结构复杂，多种官能团的吸收频率相互叠加，难以对其结构进行鉴定，但也有研究 (Stevenson，1994) 表明，有机物的红外图谱在 4000～1000cm^{-1} 的振动频率内，其结构对红外吸收光谱影响较弱。因此，红外光谱可以用于 DON 的定性分析，通常可将官能团区和指纹区结合起来对其结构进行鉴定。不同化合物有其独特的红外吸收峰，DON 常见的红外吸收峰归属分析如表 2-4 所示。

傅里叶变换红外光谱在溶解性有机物研究中已被广泛应用，土壤溶解性有机物主要含羟基、羧基和芳香基团；湖泊溶解性有机物在 1540cm^{-1} 处 (酰胺化合物及氨基酸) 和近 2900cm^{-1}(脂肪族 C—H) 吸收较显著，含较多脂肪族化合物和蛋白质；污泥溶解性有机物酸水解产物占 55%，其中 α-氨基占 26%，氨基己糖占 9%，中性糖残渣占 12%，脂肪族占 8%。

就吸收谱带位置和宽度而言，所有样品的红外光谱非常相似，洱海沉积物 DON 红外光谱主要波峰分布见表 2-5。因为二类氨基化合物的氮氢键在平面内挠曲，两个典型强而尖的波峰在 1542cm^{-1} 和 1576cm^{-1} 处，与蛋白质化合物有关。与低分子量 DON(<1kDa) 相比，高分子量 DON(<10kDa) 的峰强在 1542cm^{-1} 和 1576cm^{-1} 处更大。因为一类胺中 NH_2 在平面外挠曲，沉积物样品在 800～750cm^{-1} 处表现出很弱的峰。

特别是在 1320cm^{-1} 处出现很弱的峰值，碳氮键在一、二类芳香胺中均有分布，沉积物样品 EH132 出现该峰，说明该点位沉积物 DON 含有少量芳香胺化合物。洱海沉积物由于脂肪酸和蛋白质结构中的碳氢键弹性振动，在 2917cm^{-1} 和 2850cm^{-1} 处出现两个高强峰。同时，在 1419cm^{-1}、1364cm^{-1}和1111cm^{-1}附近发现尖而小的峰(图2-14),可能是由于存在羧基、脂肪类、糖类或者类糖类等，例如纤维素和半纤维素等物质。

表 2-4　DON 常见红外吸收峰

波数 (cm^{-1})	归属
3400	O—H(N—H) 伸缩振动，氢键缔结
2920，2850	脂肪族的—CH_2 伸缩振动
1720	羧基和酮中的 C═O 伸缩振动
1660~1630	酰胺基团中 C═O 伸缩振动
1620~1600	芳香环骨架 C═C 振动，—COO^- 对称伸缩振动
1600~1555	氨基酸—COO^- 反对称伸缩振动
1540	仲酰胺的—NH 变角振动以及 C═N 伸缩振动
1470~1460	烷烃的—CH_2 变角振动
1425~1400	脂肪族 C—H 变角振动，邻位取代芳香环伸缩振动
1380~1360	脂肪族的—NO_2 对称伸缩振动，—CH_3 的对称变角振动
1350~1250	芳香胺的 C—N 伸缩振动
1240~1220	羧基的 C—O 伸缩振动以及 O—H 变角振动
1140~1110	仲胺的 C—N 伸缩振动，饱和脂肪醚的 C—O—C 伸缩振动，$(CH_3)_2CHR$ 的 C—C_2 对称伸缩振动
1080~1030	多糖中的 C—O 伸缩振动，硅酸盐杂质中的 Si—O 振动
1017	磷酸化合物的 P—O 伸缩振动

表 2-5　洱海沉积物 DON 傅里叶红外光谱的主要波峰分布 [a]

DON 主要吸收带			与 DON 无关的吸收带		
波数（cm^{-1}）	共振	官能团或化合物	波数（cm^{-1}）	共振	官能团或化合物
3180～3090	NH_2 伸缩振动	一类酰胺	2850～2940	C—H 伸缩振动	甲基 / 亚甲基脂肪族和蛋白质
1690～1630	C═O	一类酰胺，羧酸盐			
1580～1540	N—H 面内弯曲振动	酰胺 II	1178～1109	C—O 伸缩振动	类多糖
1335～1200	C—N 伸缩振动	三类酰胺	1408～1419	C—O 伸缩振动 C—O—H 变形振动 O—H 变形振动 COO^- 对称伸缩振动	羧基
1600	N—H 面内弯曲振动	胺类			
1320	C—N 伸缩振动	一、二类芳香胺			
850～750	NH_2 面外弯曲振动	一类胺			
750～700	N—H 面外摇摆振动	二类胺	1020～1085	P═O	磷脂，DNA 和 RNA
1384	N—O 伸缩振动	硝酸盐	1411～1342	CH_3 剪式振动； O—H 面内弯曲振动	脂肪、糖类

[a] 引自 He *et al.*，2011b；Yang *et al.*，2015；Reza *et al.*，2010。

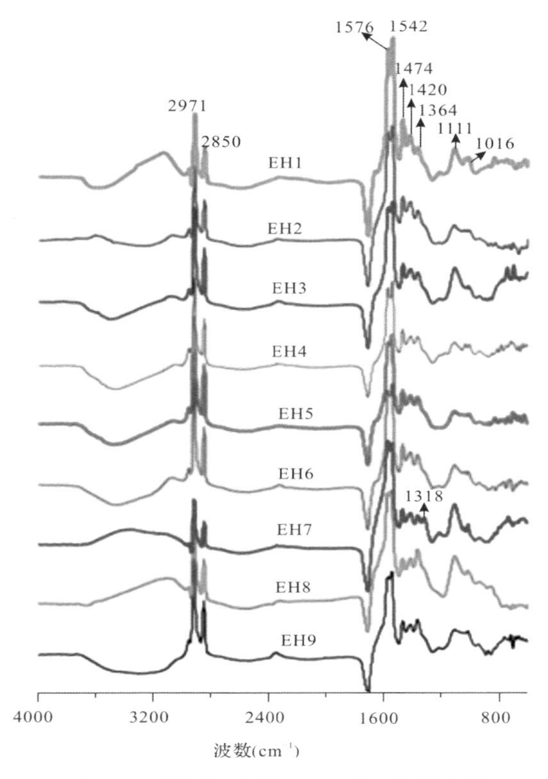

图 2-14　湖泊沉积物 DON 典型红外光谱

2.3　湖泊溶解性有机氮测定及生物有效性表征方法

湖泊 DON 常被检出尿素、溶解性自由氨基酸、蛋白质、核酸、氨基糖和腐殖质等物质 (Antia *et al.*，1991)，其大部分可直接被利用或被矿化后供水生生物利用。在为期 150 天的培养实验中，发现两种河口水样进行实验室培养分别有 43% 和 28% 的 DON 具有生物有效性 (Lønborg and Søndergaard，2009)。Asmala *et al.*(2013) 指出，芬兰北方处于不同土地利用方式的河口有 5.5%~21.9% 的 DON 可被生物利用，而杨梅海湿地 DON 的生物有效性为 12%~43%(Kang and Mitchell，2013)，污水处理厂出水 28%~57% DON 可被生物利用 (藻和细菌) 或可被细菌等生物降解。

考虑到湖泊DON是一个复杂的混合物，准确测定含量和科学表征生物有效性是探究其生物地球化学过程的重要内容。就湖泊DON测定来讲，目前一般采用差减法，生物有效性则可通过一系列不同实验条件(如温度和培养时间)的生物接种培养法测定。生物有效DON除可直接被微生物吸收外，沉积物DON在矿化和固定等作用下也可成为无机氮来源之一，所释放无机氮可被浮游植物利用，从而增加富营养化风险。

2.3.1 湖泊溶解性有机氮测定方法

1. 湖泊上覆水溶解性有机氮测定方法

DON含量测定的主要困难在于缺少灵敏度高，且可直接测定DON含量的方法和仪器。目前国际上普遍采取差减法(黎文等，2006)，利用溶解性总氮(TDN)值差减溶解性无机氮(DIN)(NH_4^+、NO_3^-和NO_2^-含量之和)值获得DON含量(Bronk *et al.*，2000；Badr *et al.*，2003；Cornell and Jickells，1999)，使得DON测定结果包含来自TDN、NH_4^+、NO_3^-和NO_2^-测定结果所含误差，而使测定结果变异较大。

研究认为DON含量测定的主要差异在于TDN的测定，主要有三种方法：过硫酸钾硝化氧化至NO_3^- (PO法)、紫外氧化至NO_3^-和高温催化氧化至NO_3^-。Bronk *et al.* (2000)比较了三种测定TDN方法，发现PO法与高温氧化法的测定结果基本一致，但都存在氮化合物氧化不充分的缺陷。比较了PO法和高温氧化法测定湖泊水体DON的差异，发现PO法测定不同氮标准化合物的回收率为(96.0±3.0)%，而高温氧化法的回收率仅为(68.4±13.6)%，即PO法相对理想。PO法是由Koroleff于20世纪80年代提出，在一定条件(120℃，30min)下，以碱性$K_2S_2O_8$为氧化剂，将溶液有机氮和氨氮氧化为硝态氮，测定溶液硝态氮含量(紫外分光光度法等)以确定TDN量(黎文等，2006)。除了含有结构较复杂的偶氮键和NH═C基团的含氮化合物外，PO法对其余各种含氮化合物的回收率均为97%~100%，具有操作简便、方便快捷、适合批量分析等优点。

2. 湖泊沉积物溶解性有机氮测定方法

沉积物样品与 $CaCl_2$ 溶液 (0.01mol/L) 按 v(水)∶w(土) 为 10∶1 比例充分混合，以 220r/min 振荡 1h 后再以 10000 r/min 离心 10min，上清液过 0.45μm 玻璃滤膜，玻璃瓶收集滤液，4℃保存待测。总 DON 含量 ω(DON) 为溶解性总氮 ω(TDN) 与溶解性无机氮含量 ($\omega(NH_4^+\text{-}N)$ 与 $\omega(NO_3^-\text{-}N)$ 之和) 的差值，其中 ω(TDN) 采用碱性过硫酸钾氧化法测定，$\omega(NO_3^-\text{-}N)$ 采用盐酸—氨基磺酸紫外分光光度法测定，$\omega(NH_4^+\text{-}N)$ 采用纳氏试剂光度法测定；ω(TDN) 与 $\omega(NH_4^+\text{-}N)$ 和 $\omega(NO_3^-\text{-}N)$ 的差值即为 ω(DON)。

2.3.2　湖泊溶解性有机氮生物有效性表征方法

目前，针对 DON 生物有效性的研究主要集中在河口与近海等水体中的细菌、浮游生物等对不同来源 DON 生物可利用性方面，而对湖泊、水库等淡水水体 DON 生物有效性的研究则相对缺乏 (罗专溪等，2010)。如对波罗的海 Riga 海湾的研究发现，河流输送的 DON 是造成河口富营养化的重要原因 (Jørgensen *et al.*，1999)，河流 DON 对河口和近海水体富营养化的贡献不可忽视。因此，科学地认识和评价湖泊 DON 生物有效性，定量其对富营养化贡献，是阐明湖泊水污染及富营养化机理的重要研究内容。

湖泊 DON 生物有效性主要是指藻类、水生植物等对 DON 的利用程度，DON 作为氮源可被微生物等利用 (Berman *et al.*，1999)。热带沿海湖泊 DON 在总可生物利用氮中占比较高，甚至达到 95%，是可被生物降解有机氮 (BDON) 的重要组分，由此可见 DON 作为氮源的重要地位。以色列 Kinneret 湖藻类水华暴发时，DON 和 DIN 比例为 4∶1，仅小部分氮源来自 N_2 固定，可能是由于固氮蓝藻细菌固定 N_2 需要能量比直接或间接利用 DON 多，从而使其优先利用部分 DON；同时，微生物利用单位物质 DON 生成的产物是 DIN 的五倍之多，原因是溶解性有机质 (DOM) 能够提供代谢所需能量，且生物活性高的 DON 比 DIN 更有利于微生物代谢 (Wiegner *et al.*，2006)，即 DON 生物有效性较高。

评价湖泊 DON 生物有效性较直接的方法是生物培养法，多采用接种细菌和淡水绿藻的方法评价 DON 生物有效性 (Wang *et al.*，2009)。研究利用羊角月牙藻评价 DON 生物有效性时发现，无河流细菌影响下约 10% DON 可被藻类利用，而有河流细菌作用下 DON 可被藻类利用量可高达 60% (Pehlivanoglu and Sedlak，2004)。随同位素示踪和酶水解等技术应用于水体有机氮磷生物有效性评价 (Worsfold *et al.*，2008)，特别是光化学矿化能将惰性 DON 组分活性，从而提高了其生物有效性 (Koopmans and Bronk，2002)，即技术进步弥补了生物培养法的不足，为定量表征湖泊 DON 生物有效性提供了新思路。

不同来源 DON 生物有效性差异明显，可能与其组分有关，城市或城郊暴雨径流 DON 因受人类活动影响较大，主要成分为蛋白质和非腐殖质，含有低 C/N 比值而较易降解 (Glibert *et al.*，2006)；而牧草地、森林、湿地径流 DON 受人类干扰影响较小，主要成分为腐殖质等芳香族大分子，C/N 比值高，结构较稳定而不易降解 (Qualls and Haines，1991)。

DON 生物有效性与其分子量大小有关。一般认为低分子量 DON 可迅速被利用，具有较高的生物有效性 (Bronk *et al.*，2006； Jørgensen *et al.*，1993)，而大部分高分子量 DON 则需要较长时间降解 (Bronk *et al.*，2006)，生物有效性较低。低分子量 DON 主要包含氨基酸等可直接被微生物和水生植物吸收利用的组分，而高分子量 DON 的可生物利用组分 (如蛋白质等) 需要降解后才可被生物吸收利用。但也有研究报道表明，作为细菌生长基质，高分子量 DON 也可快速被细菌降解，在一定条件下，其生物有效性可能较低分子量 DON 高 (Amon and Benner，1996)。

亲水性和疏水性也是决定 DON 生物有效性的重要因素。Jørgensen(1987) 发现亲水性氨基酸 (HIA) 是 DON 可生物利用部分的重要成分，是微生物优先降解利用的基质之一；亲水 DON 组分是藻类可利用有机氮的主要形式 (冯伟莹等，2013)；Zhou and Wong(2003) 证实了 DON 最易降解的组分是亲水碱性组分及其最小 (<1kDa) 和最大 (>100kDa) 的分子组分。

2.4 本章小结

鉴于氮在植物生长和生态系统中的重要性，氮循环一直是陆地生态系统研究热点。目前，已有的氮循环理论和模型均基于无机氮是陆地生态系统氮循环最主要形态的假设。近 20 年来，伴随对生态系统有机氮营养及相关氮循环问题研究的不断深入，DON 库也被认为是生态系统氮循环的重要环节，且与无机氮库互为源汇。因此，需要综合考虑有机和无机氮行为、生物有效性及生态环境效益等环节，以全新视角进一步完善氮循环过程。

直到 21 世纪初，DON 才逐渐受到重视，其生物有效性和迁移转化等过程及机制在湖泊氮矿化、固持、吸附释放及生物吸收转化等过程均发挥了重要作用，是湖泊生态系统氮循环的重要环节。目前针对湖泊 DON 的研究相对滞后，一方面是由于有机氮甄别的技术难度较大，另一方面是尚无法界定有机氮的生物有效性。解决这一问题的前提是要深入认识湖泊 DON，首先需要解决研究方法问题，而湖泊 DON 研究方法主要包括提取及测定、组分的分离与富集、结构组成表征及生物有效性评价等方面。

针对 DON 组分研究开展工作较多，从不同层次、不同角度已经有了较大进展，已逐步深入到分子水平等微观结构。根据组分对水分子的亲和性，采用树脂能将样品分为亲水性和疏水性组分，具体分组方法参考张军政等对 Leenheer 分组改进后的方法；所采用树脂为 XAD-8 树脂，其原材料为丙烯酸酯，有轻微极性。根据 DON 分子量进行组分分离的常用方法，包括超滤、体积排阻色谱法 (SES) 与凝胶过滤法等，其中超滤是介于纳滤与微滤之间的一种膜分离技术，是基于分子量分离的常用方法之一。

湖泊 DON 超滤是可将一系列已知截留分子量的超滤膜置于超滤装置，在压力推动作用下，根据所选超滤膜截留分子量把 DON 分离成分子量分布范围不同的组分。体积排阻色谱法，也称凝胶渗透色谱法 (GPC)，其原理是当高分子溶液通过填充有特种多孔性填料的柱子时，溶液分子因其分子量不同而呈现不同大小的流体力学体积。凝胶过滤法也是根据分子量分离的常用方法之一，凝胶作为一种层析介质，经过适当溶剂平衡后，装入层析柱，构成层析床；当含有分子大小不一的混合物样品加在层析床表面时，样品随大量溶剂下行，根据不同分子量在层析床的流程不同而实现分离。离子交换层析 (ion exchange chromatography，IEC) 是用离子交换剂对需要分离的离子形成不同的亲和力，使得离子在层析柱中的移行发生差异而达到分离的目的。利用仪器直接进行 DON 分组及分析研究也是常用的湖泊 DON 组分分离方法，主要包括高效液相色谱法和氨基酸分析仪等。

湖泊水体 DON 是否能被生物迅速利用，在很大程度上取决于其化学特性及结构组成 (如 C/N 比等)。国内外针对湖泊 DON 结构组分表征所用技术方法较多，其中紫外光谱方法能在不破坏样品情况下表征有机组分，室温 (22℃) 下利用 Hach DR5000 紫外 / 可见光谱分析仪测定 DON 及组分，其中 $SUVA_{254}$ 指数作为反映溶解性有机质 (DOM) 的指标，A_{253}/A_{203} 指数 (253nm 与 203nm 处吸光度比值) 值作为反映取代基含量指标。另外，可根据荧光光谱在激发和发射波长处出现的波峰位置分类，通过判断荧光峰位置分析 DON 荧光组分，但该方法只考虑了荧光图谱的几个峰值点，有些荧光峰可能会由于叠加而导致荧光基团的识别不准确，不能反映荧光光谱的完整信息。高分辨率质谱表征方法是最近发展的湖泊 DON 研究方法，对水体及沉积物 DON 均具有较高的响应效果。

综合对比物质在提取步骤、脱盐效果及样品量确定过程中的优化结果，确定选取 1g 沉积物样品进行高分辨率质谱检测效果最优，特别是在经过超声处理，HLB 固相萃取柱充分提取及脱盐优化，物质组分检测在仪器响应效果、响应强度及分辨率上均有所提升，达到了物质检测标准，可用于沉积物高分辨率质谱检测。对比水样与沉积物高分辨测定方法，沉积物样品测定前处理较为复杂，不仅包括样品的冷冻研磨，还要进行震荡提取。相比常用 DON 提取方法，高分辨质谱中测定沉积物 DON，超声可发挥更好的作用，对于有效物质的提取可起到促进作用，并且不会影响物质结构。气相色谱—质谱联用技术 (GC/MS) 结合了气相色谱高效分离能力和质谱可靠结构鉴定能力的优点，是分析挥发性、半挥发性小分子化合物的重要手段，也是目前解决定量复杂混合物未知物最有效方法。液相色谱法的分离原理是溶于流动相中的各组分经过固定相时，由于与固定相发生作用 (吸附、分配、离子吸引、排阻、亲和) 的大小、强弱不同，在固定相中滞留时间不同，从而先后从固定相中流出；应用该方法一般与湖泊 DON 特定组分，如氨基酸等的测定表征耦合。傅里叶变换红外光谱 (FTIR) 可分析有机物主要官能团和部分分子结构特征，已被广泛应用于溶解性有机物结构表征，可通过判断分子内部相对振动和分子转动等信息确定物质分子结构。

准确测定含量和科学表征生物有效性是探究湖泊 DON 生物地球化学的重要内容，而目前还没有统一的方法。就湖泊 DON 测定来讲，目前一般采用差减法。DON 的生物有效性包含矿化和固定化两个过程，不同来源的 DON，其生物有效性差异明显；生物有效性可通过一系列不同实验条件 (如温度和培养时间) 的生物接种培养方法测定。

第3章　高原湖泊溶解性有机氮结构组分表征及分子特征

近几十年来，针对河流、海洋及湖泊系统 DON 结构组分及生物有效性等开展了一些研究 (Seitzinger *et al.*，2002；Wiegner and Seitzinger，2004；Cory and Kaplan，2012；Xia *et al.*，2013)，DON 参与了水生态系统氮循环过程，且其生物有效性及变化受自身组分和结构影响较大 (Berman and Bronk，2003)。DON 结构组成复杂，目前能直接检测并识别其分子组成的组分大约 30%(Pehlivanoglu and Sedlak，2006)。如荧光光谱 (EEM) 技术已广泛运用在 DON 结构表征和稳定性评估等方面，其能够检测腐殖质中不能被识别的 DON 组分大类 (Yu *et al.*， 2010)；傅里叶变换红外光谱 (FTIR) 技术能够表征 DON 衍生物及部分含氮官能团 (He *et al.*，2015)；气相色谱 / 质谱联用法 (GC/MS) 也是可用于分析有机分子组分结构信息的有效手段。近年来，高分辨率质谱技术也被应用于 DON 结构组分等研究，使得对 DON 结构组分的认识逐步进入到了分子水平 (Koch *et al.*，2008；Zhang *et al.*，2011)。

由于湖泊不同来源 DON 结构组分差异较大，且不同表征手段特点和功能各有不同，其所能表征的 DON 结构及组分信息也有较大差异。高原湖泊由于其所处区域具有较为特殊的地质地貌环境和光热条件，导致其氮代谢过程及机制也可能较为独特。因此，研究揭示高原湖泊溶解性有机氮结构组分及分子特征对该湖区湖泊保护和治理具有重要科学价值。基于以上考虑，本研究试图以洱海为高原湖泊典型代表，通过多手段联用的技术思路，系统解析高原湖泊溶解性有机氮结构组分特征，并应用高分辨率质谱技术探究其分子组成，从分子水平讨论其环境学意义，以期为深入探究高原湖泊 DON 生物地球化学过程提供科学基础。

3.1 多手段表征高原湖泊湿沉降溶解性有机氮结构组分特征

DON 在湖泊氮循环过程中发挥着重要作用,并与无机氮保持动态平衡。湖泊 DON 来源一般包括大气沉降、地表径流输入及沉积物释放等途径，其中大气湿沉降是湖泊 DON 重要输入来源之一。特别是对于我国而言，伴随外源治理逐步推进，大气湿沉降输入可能逐渐成为湖泊 DON 的重要输入源之一，占比不容忽视；同时，大气湿沉降输入 DON 受大气污染影响较大，且在太阳光及雷电等作用下，其结构组分与河流输入和沉积物释放等可能存在较大差异，即大气湿沉降输入 DON 结构组分可能与其他途径输入差异较大，由此可能导致其生物有效性也具有一定特殊性。高分辨率质谱技术，凭其具有高分辨率及高准确度等优势，能够从分子水平剖析物质组成特征。本研究以洱海为例，试图利用高分辨率质谱技术探究高原湖泊湿沉降 DON 结构组分特征，并通过多手段联用的技术思路，解析湿沉降溶解性有机氮组分结构特征，以期为深入认识高原湖泊 DON 结构组分信息提供数据支撑 (本研究采样点等信息见 Feng *et al.*，2016)。

3.1.1 洱海流域湿沉降溶解性有机氮含量特征

本研究以洱海流域湿沉降样品为例，解析高原湖泊湿沉降 DON 特征。对比洱海流域湿沉降样品水质结果可见 (表 3-1)，总氮 (TN) 浓度 9 月 25 日样品 (EWD9)(1.9231) > 湿沉降年均值 (EWDave)(1.4980) > 10 月 23 日样品 (EWD10)(1.2521)；总磷 (TP) 关系为 EWD10 (0.0309)

> EWDave(0.0300) > EWD9(0.0256)；硝态氮(NO_3^--N)浓度关系为EWD9(0.6365) > EWD10(0.3356) > EWDave(0.2980)；铵态氮(NH_4^+-N)浓度较高，约占总氮比例60%~70%；而DON与硝态氮相近，约占总氮30%左右。

表3-1　洱海湿沉降样品理化信息

单位：mg/L

项目	TN	TP	NO_3^--N	NH_4^+-N	DTN	DTP	DON	DOC
2013年9月25日	1.9231	0.0256	0.6365	1.1304	1.8908	0.0051	0.7800	1.4574
2013年10月23日	1.2521	0.0309	0.3356	0.8507	1.2104	0.0154	0.4720	0.7904
湿沉降年均值	1.4980	0.0300	0.2980	0.5270	1.2620	0.0130	0.4660	7.6580

本研究，2013年9月25日和10月23日湿沉降样品DON含量分别为0.7800mg/L和0.4720mg/L，占DTN的比值分别为41.240%和38.977%。对比两次样品数据可见，9月25日的DOC浓度(1.4574mg/L)明显高于10月23日的(0.7904mg/L)，且氮含量也高于后者。从整体水质来看，相隔一个月湿沉降样品总氮含量下降，同时ω(NH_4^+-N)、ω(NO_3^--N)及ω(DTN)浓度也明显下降，导致DON含量差异明显。

3.1.2　多手段表征洱海流域湿沉降溶解性有机氮结构组分特征

利用紫外—可见光谱技术通过特征基团光吸收特性检测物质组成。波长254nm处紫外吸光系数$SUVA_{254}$(单位为L/(mg·m))可间接反映DON芳香性，其值越大，物质芳香性越高(Weishaar *et al.*，2003)。A_{253}/A_{203}比值则可反映芳香环取代程度和取代基种类，该值越大，芳香环取代基的羰基、羧基、羟基和酯基种类越多；反之则取代基以脂肪链为主。E_2/E_3、E_4/E_6分别为吸收波长在250nm和365nm、465nm和665nm处的吸光度比值，与DON腐殖化程度、芳香聚合度及分子量负相关，该值越低，表明物质组成腐殖化程度越高，芳香聚合度越高，分子量越大。

图 3-1 显示了洱海流域湿沉降样品紫外吸收光谱特征。由图可见，ER_{DON} 随波长的增加呈指数衰减，并在 254nm 波长下，衰减变化逐渐平缓，到可见光区的吸光度值几近为零。洱海流域两次湿沉降样品代表芳香性指标 $SUVA_{254}$ 与 A_{253}/A_{203} 的均值 (0.02，0.06；表 3-2) 明显小于相应点位沉积物对应值 (0.89～1.35、0.20～0.39)，说明物质组成芳香性较弱；E_2/E_3 与 E_4/E_6 均值 (6.84、1.84) 均大于相应沉积物样品最小值，与 $SUVA_{254}$ 及 A_{253}/A_{203} 指标结论一致。在 300nm 波长处的吸光系数 $a(300)$ 能够反映样品有机质含量，由图 3-1 可见本研究两次样品在 $a(300)$ 处吸光系数相近。

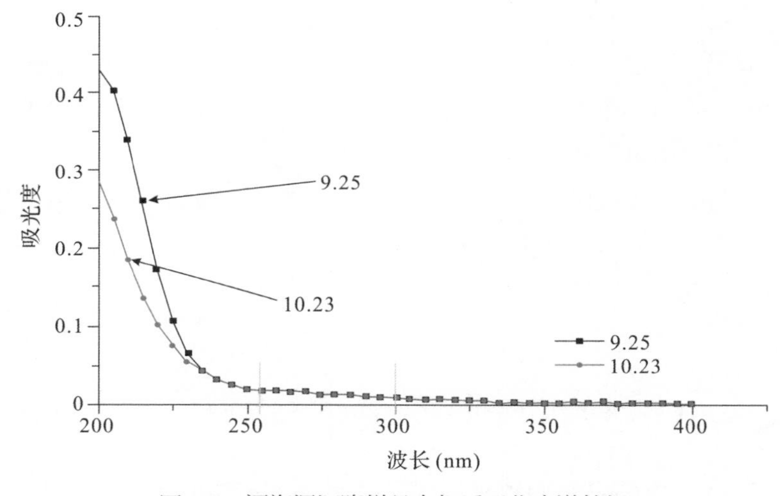

图 3-1 洱海湿沉降样品有机质吸收光谱特征

洱海流域湿沉降样品荧光光谱特征表明 (图 3-2，表 3-2)，荧光峰可见区类酪氨酸荧光峰 B1(*Ex*/*Em*=275nm/(295～310)nm)、紫外区类酪氨酸荧光峰 B2(*Ex*/*Em*=(215～225)nm/(305～310)nm)、可见光区类色氨酸 T1(*Ex*/*Em*=275nm/(340～350)nm)、紫外区类色氨酸荧光峰 T2(*Ex*/

Em=(225～230)nm/(340～350)nm)(Chen *et al*.，2003)，且前期湿沉降类蛋白荧光强度明显强于后期；主要物质为蛋白类，相隔一个月峰强度明显变弱，可能是由于物质转化导致荧光发色基团变少所致。

综合分析紫外—可见光谱和三维荧光光谱结果，湿沉降样品 DON 组成多为类蛋白物质，且能通过紫外、荧光强度结果进一步说明 9、10 月份雨季末，降雨较干净，受外界干扰较少。

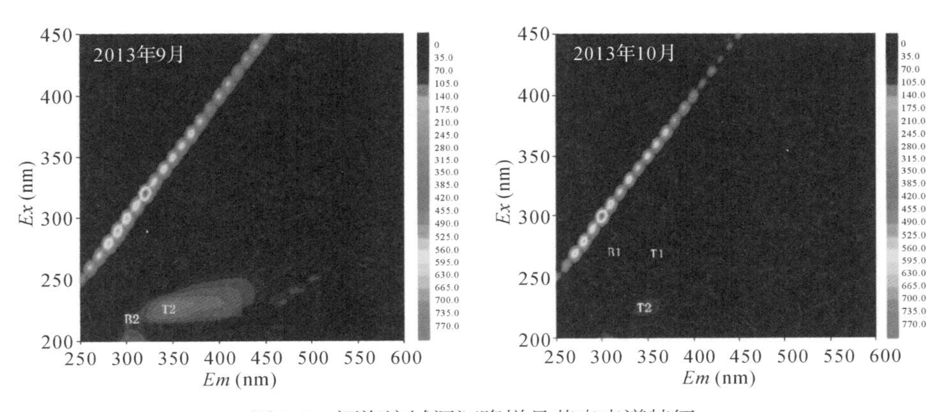

图 3-2　洱海流域湿沉降样品荧光光谱特征

结合 DON 含量结果可见，相比于沉积物而言，湿沉降样品 DON 组成主要为类蛋白物质(主要来源于游离或结合态酪氨酸 B1、B2 和色氨酸 T1、T2)，且含量偏低。峰强变化在一定程度上说明物质随降雨发生了迁移与转化，一方面由于检测物质荧光强度变弱，含量降低；另一方面也说明降雨引起物质传输对洱海水质存在潜在影响。对比荧光谱图可见，10 月 23 日样品荧光峰 T2 变弱，并在 T1、B1 处有峰转移趋势，说明荧光基团发生了一定变化，向羰基、羧基、羟基和胺基转化(冯伟莹等，2013)，不排除荧光基团间反应造成的淬灭效应。检测样品类富里酸物质强度较弱，结合 FT-ICR MS 与紫外数据说明物质腐殖化程度较低，也验证了 FT-ICR MS 分析结果，即物质组分多为脂质与蛋白类物质。

表 3-2　洱海流域湿沉降紫外—可见光谱和三维荧光光谱数据

紫外 - 可见光谱	$SUVA_{254}$	A_{253}/A_{203}	E_2/E_3	E_4/E_6
湿沉降 1	0.02	0.04	6.67	1.67
湿沉降 2	0.02	0.08	7.00	2.00
沉积物	0.89～1.35	0.20～0.39	4.56～11.66	1.67～2.55

三维荧光光谱	峰 B1		峰 B2		峰 T1		峰 T2		F1
	Ex/*Em*	*H*	*Ex*/*Em*	*H*	*Ex*/*Em*	*H*	*Ex*/*Em*	*H*	
湿沉降 1	—	—	220/305	33.63	—	—	225/340	51.69	1.73
湿沉降 2	275/305	27.65	—	—	275/350	27.24	225/340	71.81	1.81
沉积物	—	—	—	—	275/340	176.5	225/340	99.6	1.65

注：1. 沉积物代表数据来源于程杰等 (2014)，反映与采样点同一位置水样结果。
　　2. *H* 代表荧光强度。

综上所述，FT-ICR MS 结合光谱技术使洱海流域湿沉降样品 DON 的表征在一定程度上进入了分子水平，为后期研究奠定了较好基础，也为流域保护提供了理论依据。洱海流域湿沉降样品 DON 存在较多不饱和酯类物质及多氨基基团等，多数物质可与有机酸类物质通过配位基团 (如酚羟基和羧基等) 相互作用，形成低聚态；特别是一些硫酸酯类物质的生成，随降雨进入洱海，可加速湖泊富营养化。本研究结果对高原湖泊湿沉降样品 DON 组成有了进一步认识。然而，在缺乏标准样情况下，FT-ICR MS 技术虽能够提供物质组成信息，却无法解决同分异构体及物质转化等问题，特别是物质的定量问题尚未解决。下一步研究重点除了借助其他手段，如核磁等先进技术深入分析 DON 组分结构，还需进一步发展定量技术。

3.2　多手段表征高原湖泊沉积物溶解性有机氮结构组分特征

沉积物作为湖泊物质的载体之一，在污染物固持与释放等过程中发挥着重要作用。沉积物 DON 含量及组分变化等与其类型、有机质含量及组分等息息相关。沉积物释放作为湖泊 DON 重要来源，对上覆水氮含量及结构具有较大影响。国内外针对湖泊沉积物 DON 开展了大量研究，主要集中在沉积物 DON 提取、分析、分子量分级与生物有效性等方面，而针对沉积物 DON 结构和组成特性等研究较为有限。

了解沉积物 DON 结构和组分特性能更好地界定和评估 DON 对湖泊生态系统及水质影响。研究湖泊沉积物 DON 空间分布及结构特征，不仅对了解湖泊生态系统氮循环过程具有重要作用，而且对揭示湖泊富营养化机理同样具有重要意义 (本研究采样点信息等见程杰等，2014)。

洱海是云南第二大湖泊，水质总体较好，而沉积物氮磷含量却较高 (Zhang *et al.*, 2014)。相对严重富营养化湖泊，如大通湖、南湖 (长江中下游) 及滇池等，洱海沉积物 DON 含量较低，但沉积物 DON/TDN 值 (ca. 40.52%) 与鄱阳湖和洞庭湖相当 (表 3-3)，表明 DON 在洱海生态系统氮循环中可能起到关键性作用。掌握沉积物 DON 结构组成是了解其环境行为及演变特征的重要一环，也有助于评估其生物有效性，但单一手段无法准确表征 DON 结构组分等信息。

因此，本研究选择洱海，综合利用紫外—可见光谱、三维荧光光谱 (3D EEM)、红外光谱和 GC-MS 等手段，表征沉积物 DON 结构组分特征，以期深入认识高原湖泊沉积物 DON 结构组分等信息。

表 3-3　不同生态系统 DON 和 DON/TDN 比率对比

生态系统	采样点	DON (mg/kg)	DON TDN(%)	来源
陆地生态系统	美国德克萨斯州耕地系统	1188.3	35.3	Carrillo-Gonzalez *et al.*，2013
	美国德克萨斯州农作物系统	9.20	0.29	
污水处理厂	美国 Fargo 污水处理厂	3.8 ± 0.8	12 ± 2	Simsek *et al.*，2013
	美国 Moorhead 污水处理厂	5.5 ± 0.5	15 ± 1	
湿沉降	中国东海南部地区	59.1 ± 32.3 μmol/L	37 ± 5	Chen *et al.*，2015
	美国东北部	34 ± 4μmol/L	25 ± 5	Katye *et al.*，2009
河口区	英国普利姆河口	—	36 ± 17	El-Sayed *et al.*，2008
湖泊沉积物	长江中下游（富营养化地区）	200.6 ± 91.7	57.69	Lin *et al.*，2009
	长江中下游（中营养化地区）	58.9 ± 41.6	40.52	
	滇池沉积物（富营养化地区）	1.60~247.68	3.7~33.4	本团队资料（未发表资料）
	滇池沉积物（富营养化初级阶段）	37.2 ± 13.7	39.0 ± 10.5	本研究

3.2.1　洱海沉积物溶解性有机氮含量分布及结构组分表征

本研究洱海沉积物 DON 含量不同湖区差异较大，波动范围为 23.46~61.40mg/kg，平均值为 37.19mg/kg(表 3-3)；空间分布为南部 (44.89mg/kg)> 北部 (35.24mg/kg)> 中部 (32.08mg/kg)。

洱海沉积物不同分子量 DON 分布也随样点变化而变化，浓度变化范围为 2.17~31.76mg/kg(表 3-4)。高分子量 DON(HMW-DON) 由分子量大于 1kDa 的部分组成，所占比例超过 85%；低分子量 DON(LMW-DON) 由分子量小于 1kDa 的部分组成，占比为 12.3%。由此可知，洱海沉积物 DON 主要由高分子量 DON 组成。

表 3-4　洱海沉积物 DON 分子量分布

分子量 (kDa)	DON 含量 (mg/kg)										平均贡献 (%)
	EH19	EH21	EH46	EH73	EH93	EH105	EH117	EH132	EH142	EH209	
>10	5.33	9.09	26.83	10.88	6.91	10.96	8.99	8.90	31.76	8.61	32.17
3~10	10.03	6.53	17.43	15.47	6.21	13.46	22.55	12.63	16.17	20.19	37.78
1~3	5.72	5.14	1.49	6.08	8.17	6.99	2.47	8.15	9.14	6.19	17.76
<1	5.58	4.60	6.26	4.52	2.17	2.83	4.54	3.44	4.32	5.20	12.30

注：平均贡献表示样品分子量百分比浓度占总样品的比例。

本研究洱海沉积物 $SUVA_{254}$ 指数和 A_{253}/A_{203} 值波动范围分别为 0.89~1.34 和 0.20~0.39，$SUVA_{254}$ 指数和 A_{253}/A_{203} 值北部区域较中部和南部区域高，且 $SUVA_{254}$ 指数和 A_{253}/A_{203} 值均随分子量递减 (表 3-5)。

表 3-5　洱海沉积物 DON 紫外—可见光谱参数和不同分子量 DON 百分比 (FI × 100%)

不同分子量 DON	$SUVA_{254}$	A_{253}/A_{203}	贡献比例 (%)					
			$P_{I,n}$	$P_{II,n}$	$P_{III,n}$	$P_{IV,n}$	$P_{V,n}$	$P_{III+V,n}/P_{I+II+IV,n}$
EH46 < 10kDa	1.22	0.35	1.106	1.835	8.176	25.13	63.76	2.56
EH46 < 3kDa	1.21	0.33	1.431	2.151	8.079	28.77	59.57	2.09
EH46 < 1kDa	1.07	0.31	1.468	2.122	8.207	28.23	59.97	2.14
EH93 < 10kDa	1.04	0.23	7.694	7.786	14.810	26.63	43.08	1.37
EH93 < 3kDa	0.89	0.22	6.932	9.012	15.380	27.20	41.47	1.32
EH93 < 1kDa	0.90	0.21	7.385	8.980	15.880	27.11	40.64	1.30
EH142 < 10kDa	1.34	0.27	1.905	3.214	11.800	22.41	60.68	2.63
EH142 < 3kDa	1.25	0.25	2.278	3.825	11.390	25.25	57.26	2.19
EH142 < 1kDa	1.11	0.23	2.411	3.994	11.240	26.74	55.61	2.02

荧光区域分析一体化技术能定量分析荧光图谱，并判断 DOM 的结构组分特征 (He *et al.*，2011a)。DON 是 DOM 的重要组分，因部分 DON 是腐

殖质的组成物质，可以应用荧光图谱鉴别部分未知 DON 组分 (Pehlivanoglu and Sedlak，2006)。根据 Wen *et al*.(2003) 的结果，本研究使用连续激发和发射波长边界方法界定荧光物质组成，荧光图谱可分为五个区域 (图 3-3)。一般来说，峰值在较短的激发波长 (<250nm) 和较短的发射波长 (<380nm) 处表示含有简单的芳香族蛋白质，例如酪氨酸、类色氨酸化合物 (区域Ⅰ和Ⅱ)(Ahmad and Reynolds，1999)。峰值在较短的激发波长 (<250nm) 和较长的发射波长 (>380nm) 处，表示含有类富里酸物质 (区域Ⅲ)(Mounier *et al*.，1999)。峰值在中间激发波长 (250~280 nm) 和较短的发射波长 (<380nm) 处，可能是由于溶解性微生物副产物引起 (区域Ⅳ)(Reynolds and Ahmad，1997)。峰值在较长激发波长 (>250nm) 和较长发射波长 (>380nm) 处，代表类腐殖酸有机组分 (区域Ⅴ)(Artinger *et al*.， 2000)。

沉积物 DON 和其组分在以上五个区域 ($P_{i,n}$) 中的荧光特性分布见表 3-5，不同分子量各区域 ($P_{i,n}$) 值的特点为：$P_{\text{V},n} > P_{\text{IV},n} > P_{\text{III},n} > P_{\text{II},n} > P_{\text{I},n}$，其中 $P_{\text{IV+V},n}$ 占总量的 67.75%~88.89%。

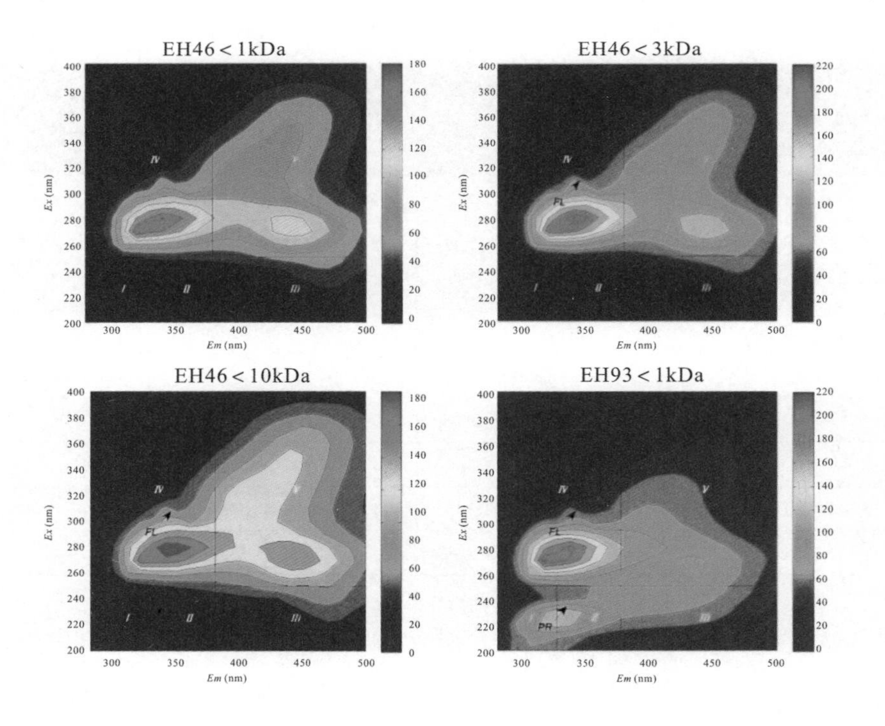

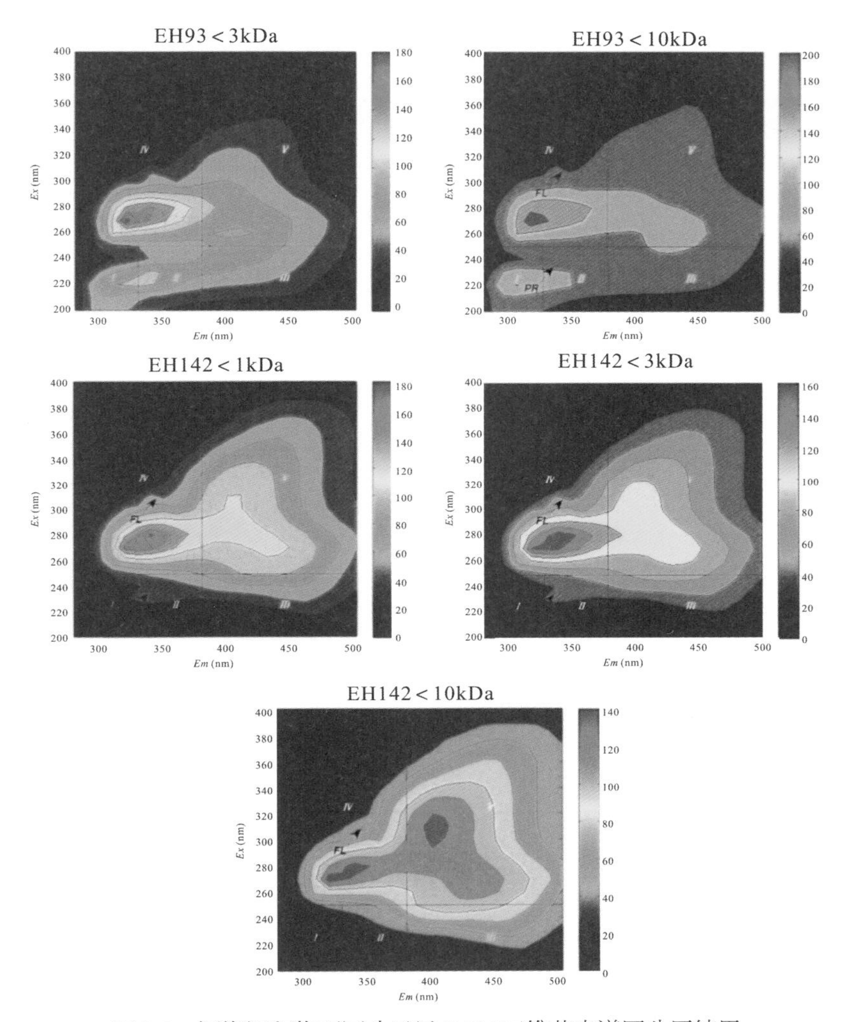

图 3-3　洱海沉积物不同分子量 DON 三维荧光谱图分区结果

就吸收谱带位置和宽度而言，所有样品的红外光谱均非常相似(图3-4)。洱海沉积物 DON 红外光谱主要波峰分布见表 3-6，因为二类氨基化合物的氮氢键在平面内挠曲，两个典型的强而尖的波峰在 1542cm^{-1}和1576cm^{-1}处，与蛋白质化合物有关。与低分子量 DON(<1kDa) 相比，峰强在 1542cm^{-1} 和 1576cm^{-1} 处的 DON(<10kDa) 分子量更高。

表 3-6 洱海沉积物 DON 红外光谱主要吸收峰

	波数 (cm^{-1})	振动	官能团或功能		波数 (cm^{-1})	振动	官能团或功能
DON 主要吸收带归属	3180~3090	NH_2 伸缩振动	胺基化合物 I	DON 主要吸收带归属	2940~2850	C—H 伸缩振动	亚甲基 / 脂肪族 / 蛋白质
	1690~1630	C═O	胺基化合物 I、羧化物				
	1580~1540	N—H 共面	氨基化合物 II		1178~1109	C—O 伸缩振动	类多糖物质
	1335~1200	C—N 伸缩振动	氨基化合物 III		1408~1419	C—O 伸缩振动 C—O—H 变形振动 O—H 变形振动 COO^- 对称伸缩振动	羧基
	1600	N—H 共面	胺类				
	1320	C—N 伸缩振动	芳香胺 I、II				
	850~750	NH_2 平面外	胺 I				
	750~700	N—H 摇摆振动	胺 II		1020~1085	P═O	磷脂、DNA 和 RNA
	1384	N—O 伸缩振动	硝酸根		1411~1342	CH_3 对称变角振动，O—H 平面内弯曲振动	脂肪族、碳水化合物

因为一类胺中 NH_2 平面外挠曲，沉积物样品在 800~750cm^{-1} 处表现出很弱的峰。特别是在 1320cm^{-1} 处出现很弱的峰值，碳氮键在一、二类芳香胺中均有分布，在沉积物样品 EH132 中出现，说明该点位沉积物 DON 存在少量芳香胺化合物。本研究也发现一些无法鉴别的 DON 组分（表 3-6），由于脂肪酸和蛋白质结构中的碳氢键伸缩振动，在 2850cm^{-1} 和 2917cm^{-1} 处出现两个较强的峰，同时在 1419cm^{-1}、1364cm^{-1} 和 1111cm^{-1} 附近能发现一些尖而小的峰，可能是由于存在羧基、脂肪类、糖类或者类糖类等物质，例如纤维素和半纤维素等。

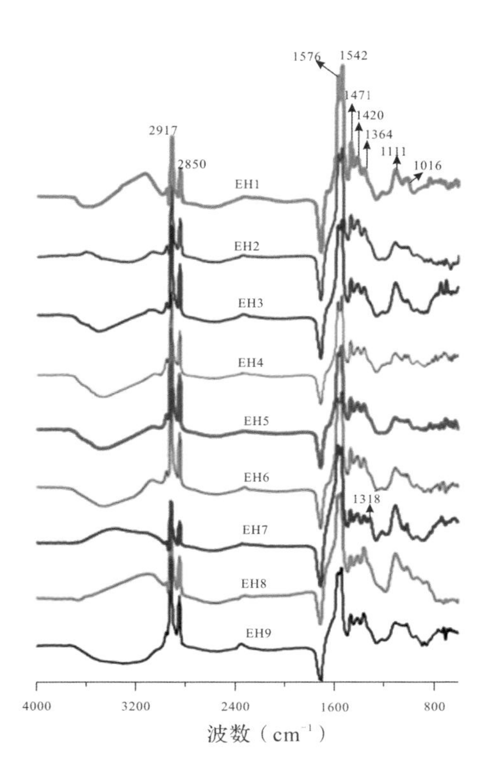
1576
1542
1471
1420
1364
1111
1016
2917
2850
1318
EH1
EH2
EH3
EH4
EH5
EH6
EH7
EH8
EH9
4000
3200
2400
1600
800
波数（cm⁻¹）

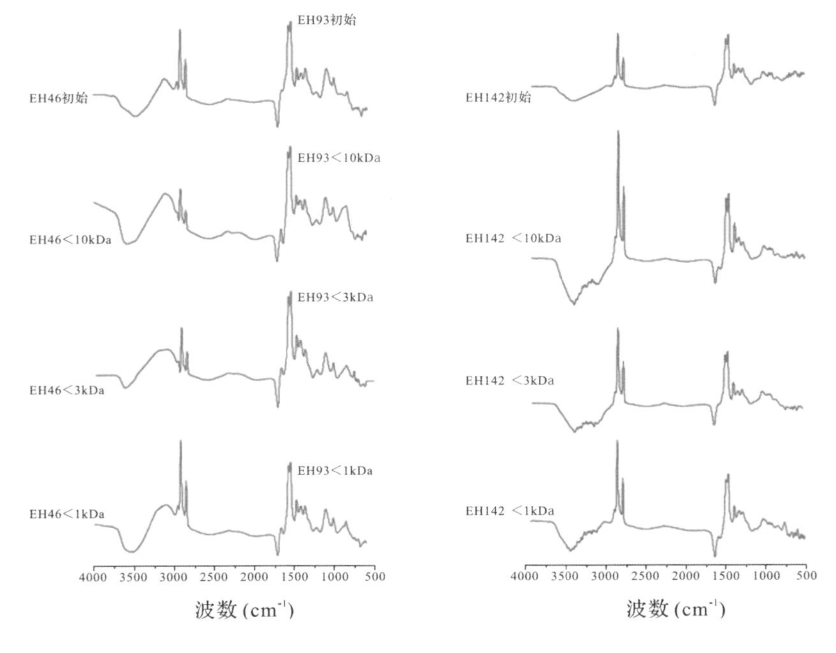
EH93初始
EH46初始
EH93＜10kDa
EH46＜10kDa
EH93＜3kDa
EH46＜3kDa
EH93＜1kDa
EH46＜1kDa
EH142初始
EH142 ＜10kDa
EH142 ＜3kDa
EH142 ＜1kDa
4000 3500 3000 2500 2000 1500 1000 500
波数(cm⁻¹)
4000 3500 3000 2500 2000 1500 1000 500
波数(cm⁻¹)

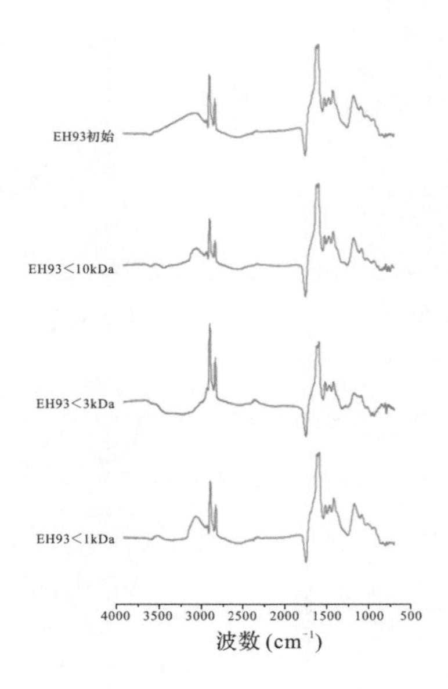

图 3-4　洱海沉积物不同分子量 DON 红外光谱

GC-MS 是表征有机分子结构组分非常有效的手段，结合了气相色谱的高效分离和质谱仪可靠的结构分析特性，是测定挥发性和半挥发性小分子的重要方法。本研究运用 GC-MS 方法分析洱海沉积物低分子量 DON 组分特征，通过对停留时间和质谱结果的分析，完成沉积物 DON 化合物组分测定。每个样点沉积物 DON 均表现出相似的离子特征，通过计算 DON 峰面积，得出在北部区域 $[(2.71 \pm 0.80) \times 10^6]$ 和南部区域 $[(2.42 \pm 0.82) \times 10^6]$ 明显较中部区域 $[(1.37 \pm 0.52) \times 10^6]$ 高。GC-MS 结果表明洱海沉积物低分子量 DON 主要由胺类等含氮杂环化合物、氨基酸混合物及腈类和硝基等组成。

3.2.2　多手段表征洱海沉积物溶解性有机氮结构组分特征

1. 基于多手段表征洱海沉积物 DON 组分结构

Matilainen *et al.*(2011) 研究表明，$SUVA_{254}$ 指数小于 3 说明该物质自然

有机质含有特殊的亲水性物质。Weishaar *et al.* (2003) 研究发现，河流腐殖质的 $SUVA_{254}$ 指数为 0.6～5.3，其中 $SUVA_{254}$ 值较低可能是因为微生物作用。不同分子量 DON 的 $SUVA_{254}$ 值都明显低于 3(0.86～1.56)，表明洱海沉积物 DON 主要含有亲水性物质和微生物等代谢产物。此外，通过比较洱海沉积物 A_{253}/A_{203} 值，可知北部区域沉积物 DON 含有较多羰基、羧基、羟基和酯等，且一般存在于高分子量 DON 中。

由于 $P_{\text{IV+V},n}$ 高达 67.75%～88.89%，说明洱海沉积物 DON 主要由类腐殖酸物质和带有少量简单芳香族蛋白质的溶解性微生物产物等组成，与本研究测定的 3D 荧光图谱四区和五区峰值的位置相一致。腐殖酸和富里酸不易被微生物降解 (Hudson *et al.*，2008)，而蛋白质因具荧光特性则通常会被生物降解而消除 (Hur *et al.*，2009；Chen and Jaffé，2014)。

洱海中部区域，水体较深 (平均水深 10.4m)，溶解氧含量较低，生物量也相应较低，导致微生物活性降低，而 DON 微生物降解量较少，较多类蛋白物质在该区域出现。荧光右移说明存在较多芳香族化合物、大量 π 电子基团、丰富的官能团和较高结构复杂度。本研究峰值位置对比 Li *et al.*(2014) 的研究结果，发现富里酸物质的峰位置 (*Ex*/*Em*=(260～275)nm/(435～440)nm)，分子量小于 10kDa 的 DON 峰比分子量小于 1kDa 的 DON 峰右移 35nm，表明本研究有较多 DON 具有可聚芳香环，故其结构更稳定。

红外光谱可表征 DON 官能团相对分布，本研究洱海沉积物 DON 由大量氨基类蛋白质化合物和胺类及硝酸盐组成。洱海北部，氨基化合物更为丰富，反映在 $1542cm^{-1}$ 和 $1576cm^{-1}$ 处峰值较高。相反，两个尖而强的峰值在 $2850cm^{-1}$ 和 $2917cm^{-1}$ 处，表明洱海沉积物 DON 由大量脂肪族化合物组成。此外，洱海北部和南部区域高分子量 DON(小于 10kDa) 在 $2850cm^{-1}$ 和 $2917cm^{-1}$ 处的峰值相对较低，而中部区域高分子量 DON(小于 10kDa) 在该区域的峰值却较高，表明脂肪族化合物很容易被降解。因此，洱海北部和南部沉积物 DON 结构相对更稳定，不易被降解；相对于中部区域，该区域沉积物富集了含量较高的 DON。

本研究洱海沉积物含氮杂环化合物、胺类和氨基化合物占 DON 组分的绝大部分 (分别占 37.9%、24.8% 和 23.0%)。不仅自然界含氮杂环化合物丰富，而且在沉积物腐殖质和蛋白质中也有分布。研究还发现，嘧啶、吡咯和咪唑衍生物等在洱海沉积物中也大量存在，胺类化合物中的苯胺和酰胺衍生物是其主要组分，氨基化合物主要由酯、羟酸、酮类和酚类等组成。因此，洱海沉积物低分子量 DON 含量丰富，且组分复杂，可能与流域大量使用氮肥及养殖污染较严重等有关 (Zhang *et al.*，2015)。

2. 洱海沉积物 DON 区域分布特征

McKenna(2003) 研究了 HCA 方法，它是一种无人监督模式的检测方法，能把所有的对象分为更小的部分或相似的群组。本研究应用 HCA 方法分析洱海沉积物 DON 成分空间结构差异 (图 3-5)。空间上，EH46 和 EH142 点位样品的聚类重新标定距离更小，然而 EH93 样点样品与 EH46 和 EH142 点位样品不是一个群组，表明洱海沉积物 DON 在北部和南部区域组分特征相似，但与中部区域差异较大，这与红外和 GC-MS 的结果较一致。南部和北部区域沉积物分子量小于 1kDa 和小于 3kDa 的 DON 组分呈现相似特征，聚类重新标定距离结果证实了这一结论。

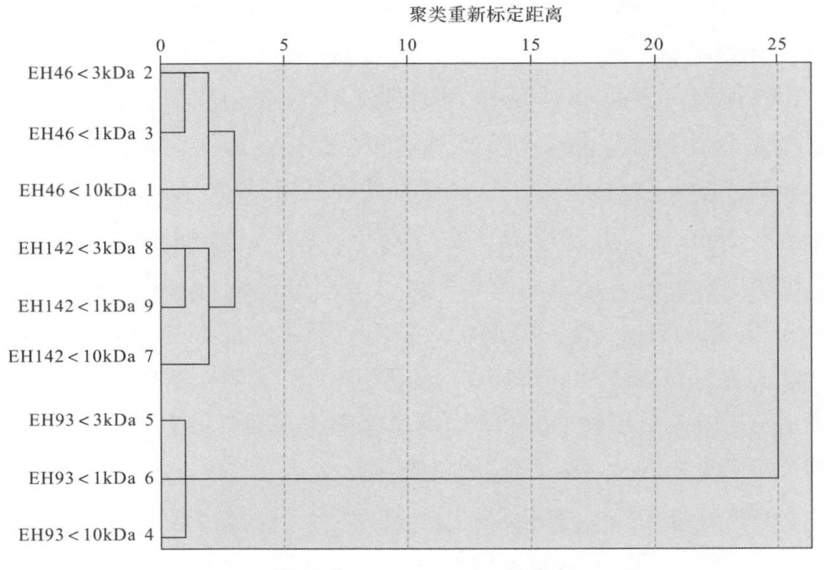

图 3-5　洱海沉积物 DON 组成特征聚类分析

结合紫外—可见光谱、3D 荧光光谱、红外光谱和 GC-MS 技术分析洱海沉积物 DON 结构和组分特征。其 DON 主要包含亲水性物质和微生物等代谢产物；大部分 DON 与类腐殖酸和溶解性微生物产物及少量的简单芳香蛋白质接合。洱海沉积物 DON 由大量的氨基化合物和胺类及硝酸盐蛋白质组成，复杂的挥发和半挥发化合物在低分子量 DON 中含量丰富，可能与洱海流域大量使用氮肥有关。另外，高分子量 DON 组成了洱海沉积物 DON 的绝大部分，与低分子量 DON 相比，高分子量 DON 含有较多交换基团，如羰基、羧基、羟基和酯基等，能吸收有机污染物和金属离子，有利于维持洱海水质。此外，HCA 方法也表明洱海南部和北部区域分子量小于 1kDa 和小于 3kDa 的 DON 表现出相似的组分特征。

3. 沉积物 DON 结构组分对洱海水质影响

DON 组分及结构特性与沉积物稳定性密切相关。Weishaar *et al.*(2003) 和 Yeh *et al.*(2014) 研究表明，较高的 $SUVA_{254}$ 值反映 DON 芳香性、腐殖化程度和分子量较高。He *et al.*(2011c) 研究表明，微生物不能利用高芳香度和高分子量有机分子。本研究高分子量 DON 的 $SUVA_{254}$ 值 (0.89~1.56) 比低分子量的高，表明高分子量 DON 含有较多芳香官能团 (如 C═O 和—OH)，结构更稳定。此外，样品的 A_{253}/A_{203} 和 $SUVA_{254}$ 值与沉积物 DON 含量显著相关 (分别为 $R = 0.906$，$P < 0.01$ 和 $R = 0.627$，$P < 0.01$)，表明沉积物 DON 含量越高，其结构越复杂。

类腐殖酸和富里酸代表区域 (Ⅲ区和Ⅴ区) 用 $P_{\text{Ⅲ+Ⅴ},n}$ 表示，类蛋白代表区域 (Ⅰ区、Ⅱ区和Ⅳ区) 用 $P_{\text{Ⅰ+Ⅱ+Ⅳ},n}$ 表示，结果见表 3-7。洱海北部和南部区域沉积物 DON 的 $P_{\text{Ⅲ+Ⅴ},n}/P_{\text{Ⅰ+Ⅱ+Ⅳ},n}$ 的值 (2.33 ± 0.30) 几乎是中部区域的两倍，该比值高于垃圾填埋场和萨旺尼河流域 (表 3-7)，表明洱海沉积物 DON 腐殖化程度较高。He *et al.* (2011a) 也用 $P_{\text{Ⅲ+Ⅴ},n}/P_{\text{Ⅰ+Ⅱ+Ⅳ},n}$ 值研究垃圾填埋场渗滤液，表明垃圾渗滤液的年龄从 3 年增到 10 年，该值从 0.216 增加到 0.753，说明部分蛋白质类化合物可被生物降解。因此，$P_{\text{Ⅲ}+\text{Ⅴ},n}/P_{\text{Ⅰ}+\text{Ⅱ}+\text{Ⅳ},n}$ 值可间接反映微生物活性。本研究洱海沉积物高分子量 DON(<10kDa) 较低分子量 DON(<1kDa) 的 $P_{\text{Ⅲ}+\text{Ⅴ},n}/P_{\text{Ⅰ}+\text{Ⅱ}+\text{Ⅳ},n}$ 值高，说明高分子量 DON 含有较多的腐殖酸和富里酸物质。本研究结果与 Yeh *et al.*(2014) 研究河流沉积物结果相一致，腐殖酸和富里酸物质使有机质更为稳定，较高的腐殖化程度与复杂芳香结构的浓缩或较多结合在脂肪链有关，以上因素都会使有机质更难降解 (He *et al.*，2011c)，即洱海高分子量 DON 是沉积物 DON 的主要组分，高腐殖化程度的高分子量 DON 使沉积物 DON 更为稳定，一定程度上抑制了氮释放。另外，洱海沉积物 DON 羰基和羧基等基团可吸收有机污染物和金属离子等，从而具有一定的净化水质的作用。

表 3-7　不同生态系统 DON 光谱参数比较

生态系统	参数			来源
	$SUVA_{254}$	峰 A/ 峰 C	$P_{\text{III+V},n}/P_{\text{I+II+IV},n}$	
洱海沉积物	0.86～1.56	0.73～1.13	1.30～2.63	本研究
垃圾填埋场	2.70～4.63	1.50～2.97	0.22～0.75	He *et al.*，2011a
苏万尼河	—	—	0.14～2.23	Wen *et al.*，2003
湖泊沉积物（富营养化）	1.19～3.74	—	—	Hur and Schlautman，2009

另外，本研究测定了紫外图谱中表示腐殖酸峰 (峰 A/ 峰 C) 的荧光强度。Sierra *et al.*(2005) 研究表明，DOM 腐殖化程度可通过该比值检测。He *et al.*(2011c) 研究表明，较高的峰 A/ 峰 C 值与该物质较高的腐殖化程度相一致，腐殖质的形成导致了 C 区荧光与 A 区荧光比值降低 (Sierra *et al.*，2005)。根据 Sierra *et al.*(2005) 的研究可知，近海岸沉积物 DON

富含富里酸，该比值波动范围为 1.35~1.83。本研究洱海沉积物峰 A/ 峰 C 值在 0.73~1.13 范围波动，总体较低。另外，相比垃圾填埋场和富营养化湖泊，洱海沉积物 $SUVA_{254}$ 值也较低 (表 3-7)，说明沉积物 DON 含有少量芳香族化合物。洱海上覆水水质较好，表明沉积物 DON 可能与腐殖质等结合，使 DON 较稳定。

为了分析低分子量 DON 组分特点，我们比较了不同营养状况湖泊沉积物 (表 3-8，图 3-6)。一般来说，含氮杂环化合物和胺类是湖泊沉积物低分子量DON的主要组分(图3-6)。滇池、东湖和太湖是典型的富营养化湖泊，其沉积物分别含有 68、63 和 91 种 DON，较中度富营养化湖泊 (鄱阳湖，28 种) 高。洱海水质总体较好，但沉积物 DON 种类丰富，初步鉴定含有 70 多种，与富营养化湖泊相似。沉积物氮磷含量较高而湖泊水质较好是洱海的特点之一，特别是较低分子量 DON 有助于微生物降解利用。因此，特定情况下，沉积物复杂丰富的低分子量 DON 会释放进入水体，可能对洱海水质造成一定不利影响，该方面风险值得关注。

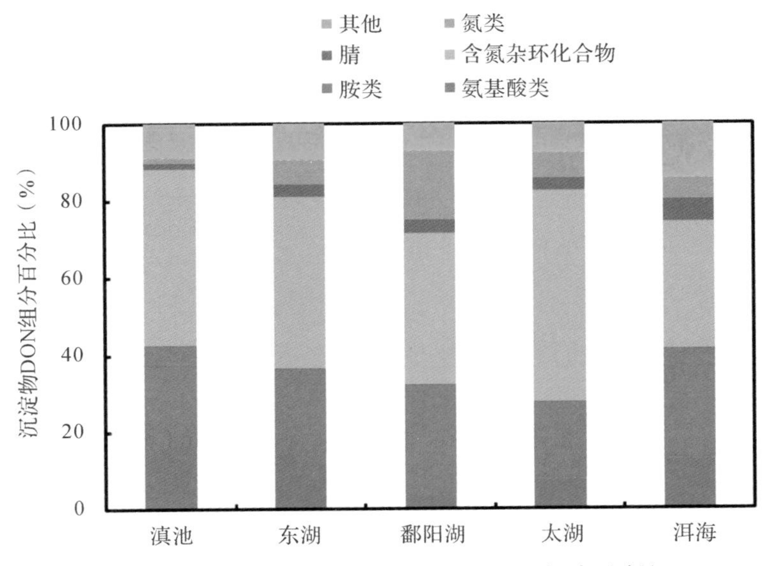

图 3-6　不同营养水平湖泊沉积物 DON 组分百分比

表 3-8　不同营养水平湖泊沉积物 DON 组分对比

湖泊	氨基酸类	胺类	含氮杂环化合物	腈	氮类	其他	种类数	营养状态
滇池	11	18	31	1	1	6	68	H
东湖	9	14	28	2	4	6	63	H
鄱阳湖	1	8	11	1	5	2	28	M
太湖	7	18	50	3	6	7	91	H
洱海	9	20	23	4	4	10	70	I

注：H—重度富营养化 (Hypereutrophication)；M—中度富营养化 (Mesotrophication)；E—富营养化 (Eutrophication)；I—富营养化初期 (Initial stage of eutrophication)。

3.3　高分辨率质谱解析高原湖泊溶解性有机氮分子组成特征

结构组分特征影响 DON 在湖泊生态系统中的作用。本研究利用傅里叶离子回旋质谱技术表征洱海流域湿沉降和沉积物 DON 结构组分特征，从分子水平表征湿沉降和沉积物 DON 结构及组成，以探究其化学组成及特征，进而评估其水质风险，试图从分子水平上解析湖泊水体及沉积物 DON 生物地球化学过程，以期深入认识湖泊 DON 分子特征及环境意义 (采样点同 3.1 和 3.2 小节)。

3.3.1　洱海流域湿沉降溶解性有机氮分子特征及环境意义

1. 洱海流域湿沉降 DON 分子特征

多因素作用下，大气物质发生酯化反应等，产物常常会带有羧基 (Peng *et al.*，2012；Muller *et al.*，2008)。一定条件下，多羧基类物质可与一些还原性氮、硫基团反应生成多种衍生物，包括酰胺类、酸酐类、酯类等。特别是在强氧化性物质 (如硝酸类、硫酸类物质) 存在的情况下，反应产物更加复杂。本研究 FT-ICR MS 结果显示，EWD 中含 CHO 基团物质占 70% 以上，且羧酸基团丰富，推测可能是由于酯化反应而生成多种有机酸低聚物。又如检测到的 C_9~C_{13} 和 O_2~O_5 物质中，含碳数与 DBE 变化说明 CH_4O 基团存在不饱和键，可能为酯基、酮基、醌基等结构，在大量羧酸存在的条件下，易发生基团转化 (Altieri *et al.*，2009a)。

Peng *et al.*(2012) 研究珠江三角洲地区气溶胶样品时也得出相似结论，即样品中存在大量有机酸类和羧酸酯类物质。由此可知，洱海流域湿沉降 DON 组分具有较高 DBE 及 O/C，存在较多羧酸酯类物质，且组成多为不饱和基团。The van Krevelen(VK 图) 能够通过质量差异鉴别相关化合物的类别及来源 (Wozniak *et al.*，2008；Wu *et al.*，2004)，进一步反映物质的性质特征。该方法以 O/C 为横坐标，H/C 为纵坐标，结果如图 3-7 所示。

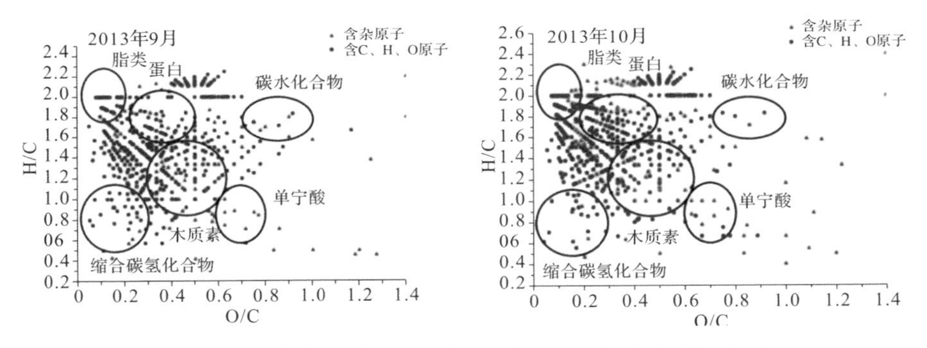

图 3-7 洱海湿沉降 DON 含 NS 与 CHO 分子式对比 VK 图

图 3-7 可将湿沉降不同组分 DON 划分为两大类，即 CHO 和 CH(ON、OS)，由图 3-7 可见，检测物质元素比率与脂类、蛋白类、木质素较为相似，而纤维素、多糖类等物质较少，表明脂类、蛋白类、木质素为主要物质来源。含氮、硫原子组分的分布稍有差异，10 月 23 日样品表现出较强的还原性，且相对集中在脂类、蛋白质类等区域 (图 3-7 左上区域)，表明存在较多的还原性氨基类物质。对比两次样品，10 月 23 日样品物质较分散，对于 O/C ＜ 0.2 及 H/C 介于 1.0~1.5 的物质，目前并没有明确的物质来源解释。较高的 H/C(＞1.5) 表明物质含较少双键 (Wozniak *et al.*，2008)。10 月 23 日样

品中元素组成 H/C > 1.5 的物质明显高于 9 月 25 日样品，表明物质较稳定，湿沉降过程有助于物质间的转化而趋于稳定。

Surratt *et al.*(2008) 通过质谱联用技术证实硫酸基团的存在，Romero and Oehme(2005) 也曾检测到含硫组分，并通过进一步研究证实存在硫酸根自由基 (HSO_4^-)。有机硫酸酯类的形成多为二次反应，其他可能由不同种生物质挥发性有机物 (如橡胶基质、单萜) 的酸催化开环反应生成 (Peng *et al.*，2012；Iinuma *et al.*，2007)。

自然界天然磺酸盐类较少，多为合成物质，且磺酸基团为强水溶性强酸性基团。两次湿沉降样品检测到含硫分子式具有较高的 H/C 与 O/C 值，且含硫组分的分子量较高 (219~414Da)，9 月 25 日值偏高表明其化学性质不稳定，含有更多氧化基团，不利于化学平衡 (Mead *et al.*，2015)。

2. 洱海流域湿沉降 DON 环境意义

对比不同区域湿沉降样品 DON 含量及 DON/DTN 比例结果可见 (表 3-9)，洱海流域湿沉降 DON 含量虽不高，但占 DTN 比例较大。不同来源 DON 所占 DTN 比例不同，对环境影响各异，比重越大说明湿沉降入湖氮污染负荷越高。洱海流域湿沉降有较高 DON 比例，可能是受到快速城镇化和现代农业发展等影响，对洱海富营养化有一定加速作用。

表 3-9　不同区域湿沉降 DON 含量对比

样品来源	DON 含量均值 (mg/L)	DON/DTN(%)	数据来源
昆明东郊 /2013 秋	0.600	38	Huang *et al.*，2014
Camden/2003 秋	0.462	19	Altieri *et al.*，2009b
Pinelands/2002 夏末	0.532	27	Altieri *et al.*，2009b
九龙江流域 /2004	1.000	35	Chen *et al.*，2008
Keelung/2012	0.784	45	Chen *et al.*，2015
洱海流域 /2013 秋	0.630	40	本研究

Surratt *et al.*(2007) 研究指出，样品存在的磺酸盐类 (sulfonates) 大多

来源于人类活动，基于其强烈的化学性质，对生态系统平衡危害较大。Iinuma *et al*.(2007) 曾在夜间环境气溶胶湿沉降样品中检测到硝基氧基硫酸酯类 (nitrooxyorganosulfates)，并证实硝基有强烈的氧化性。Surratt *et al*.(2008) 在夜间氧化 (nighttime oxidation) 及光化学实验 (photooxidation experiments) 中均检测到酸性硫酸盐气溶胶 (acidic sulfate seed aerosol，intermediate) 或氮氧化物 (NO_x conditions)。

以上含硫物质很可能作为催化剂促成二次产物的合成与转化。本研究表明，湿沉降样品 DON 不饱和度较高物质占 57.2%，其中含氮硫组分占检测 DON 的 19.3%，还难以表征水溶性有机物的主体，而 10 月 23 日湿沉降 DON 含硫组分较 9 月 25 日样品提高了 4.3%，表明湿沉降过程对于物质间的转化起到了促进作用。湿沉降样品中反应生成的衍生产物多为极性物质，水溶性增强，化学性能提高，可促进与有机质、金属离子等的吸附、络合、氧化还原反应等，随降雨进入水体，作用于水生植物、藻类，直接或间接影响湖泊水质变化。对于含硫 DON 的最初来源，目前能了解到的包括燃料燃烧、尾气排放、工农业生产释放等途径。

综上分析，EWD 中 DON 多为含单氮分子，57.2% 的 DON 具有较高 DBE 值 (DBE $>$ 5)，分子量分布为 200～400Da；19.3% 的 DON 为含氮硫组分，特别是硝基氧基硫酸酯类，增强了物质氧化性，也提高了 DON 复杂度。近年来，洱海流域经济社会发展较快，工业企业逐渐发展壮大，特别是旅游业得到了快速发展。随之增加了湿沉降污染风险，部分化学性能较强的有机气溶胶随湿沉降入湖，加大了外源负荷。尽管洱海保护重视水质变化，但由于城市化发展和人口增长，加之一些不合理的资源开发利用，入湖氮磷负荷持续增加，洱海富营养化风险较大。

3.3.2　洱海沉积物溶解性有机氮分子特性及环境意义

1. 高原湖泊沉积物 DON 分子量特征

本研究分别对洱海北部 (共发现有机化合物 1662 种)、中部 (共发现有机化合物 1805 种) 和南部 (共发现有机化合物 2077 种) 沉积物样品进行超高分辨率傅里叶离子回旋共振质谱检测，结果及质谱谱图见表 3-10 及图 3-8。北部、中部和南部沉积物所含有机化合物中含氮元素种类为 573、766 和 844，分别占各湖区有机化合物总量的 34.47%、42.44% 和 40.60%。对于谱图所有峰值，只有 *m*/*z*(质量 / 电荷比) 值为 255 和 283 的质谱峰是污染物所致。

可见，洱海各湖区沉积物所含有机化合物种类均较繁杂，含氮化合物丰富。此外，考虑到相同化学式下同分异构体的存在，洱海沉积物实际所含有机化合物种类可能更多。

表 3-10　洱海表层沉积物 DON 分子特征

采样点	物质种类	含氮物质种类	含氮物质的平均分子量	DBE	DBE/C
北部	1662	573	286	7.16	0.412
中部	1805	766	310	6.48	0.371
中部 (20～30cm)	2007	841	289	6.07	0.350
南	2007	844	299	7.17	0.352

注：采样点信息见 Zhang *et al.*，2016。

如上所述，ESI-FT-ICR-MS 分析法能准确鉴定有机化合物化学式，但不能准确提供各含氮有机化合物定量结果。因此，可利用标准浓度氘化硬脂酸 (deuterated stearic acid) 作为标准峰强，根据样品有机化合物峰强与标准峰强比值进行半定量研究 (Schmidt *et al.*，2009)。

本研究数据能比较洱海沉积物分子组成变化趋势 (图 3-8)，南部湖区有机物峰值强度明显高于中部和北部湖区。结合洱海实际环境情况，导致这一现象的原因可能与沉积营养物随水流由北部向中部和南部湖区分布有关，造成了南部湖区有机营养物富集种类和数量均高于中部与北部湖区，也与农业及人类活动影响不均衡等有关。

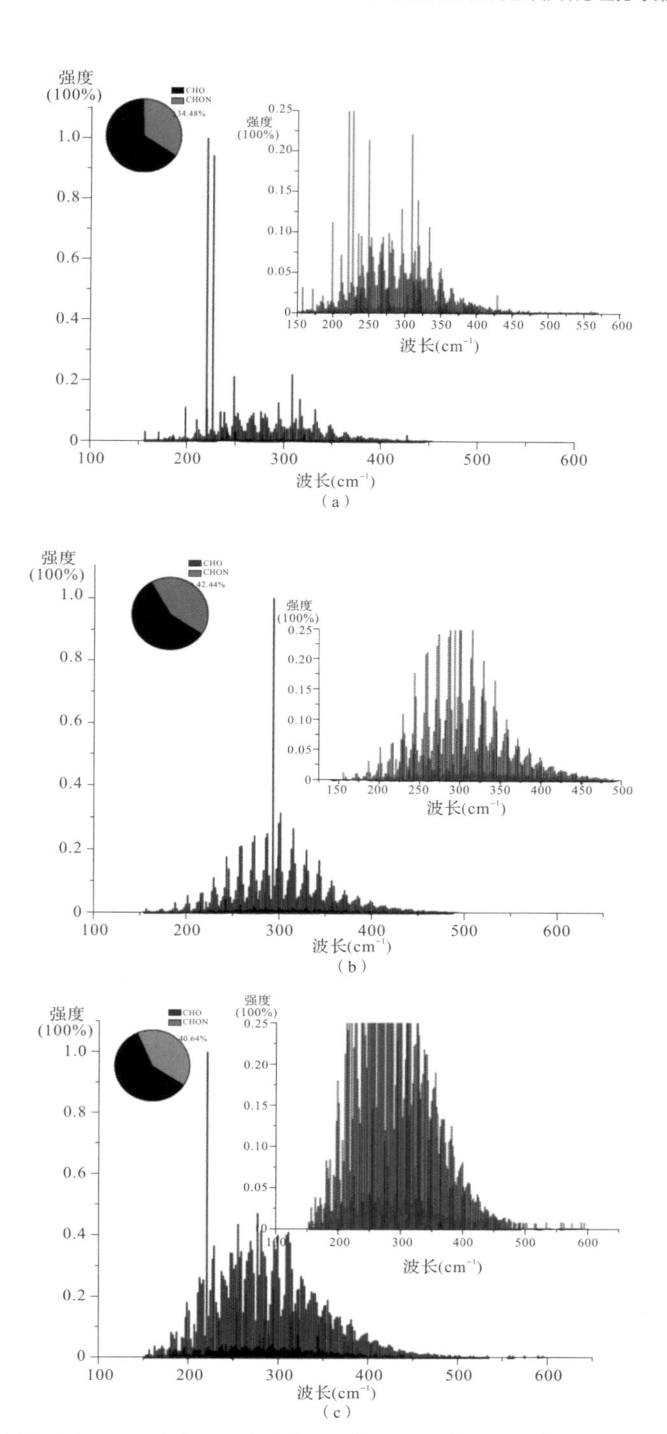

图 3-8　洱海北部 (a)、中部 (b) 和南部 (c) 湖区沉积物 DON 的 FT-ICR-MS 谱图

2. 洱海沉积物 DON 结构特征

本研究将洱海北部湖区沉积物样品所鉴定出的 573 种含氮有机物 (含且只含有碳、氢、氧、氮四种元素)，根据氮原子和氧原子数量分为 15 组 (图 3-9)，其中 358 种检出物含有一个 N 原子，215 种检出物含有两个 N 原子。此外，358 种检出物包含一个 N 原子和至少两个 O 原子，其可能拥有如羧基 (—COOH) 和碱基 (—NH_2) 等氨基酸官能团。

然而，本研究化合物分子量 (平均分子量为 292Da) 均大于已知的洱海氨基酸化合物 (240Da)。之前利用高性能液相色谱法 (HPLC) 所发现的洱海氨基酸化合物氧原子含量范围为 3~9 个，DBE 的范围为 0~17 个 (平均 DBE 量为 6.44)，约占总 DON 的 12.5%~34.0%，并且其衍生物和氧化产物可能较多 (Ni *et al.*，2016)。HPLC 技术很难完全检测具有多种衍生物和氧化产物的氨基酸化合物，导致 DON 氨基酸类化合物贡献被低估。

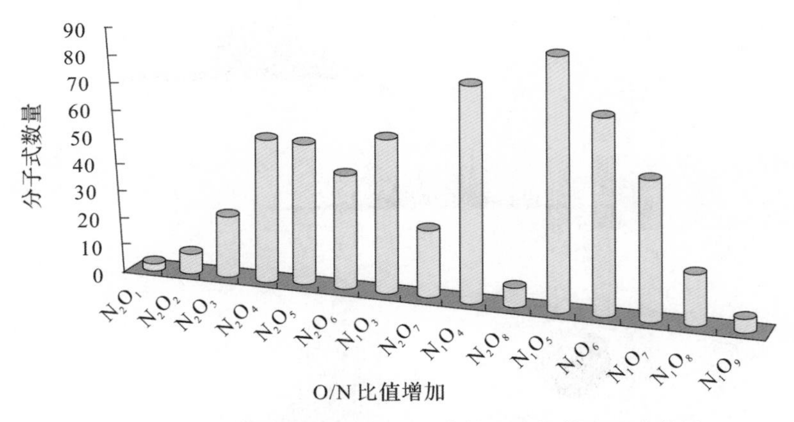

图 3-9　15 个按分子式 N 和 O 元素数量分组的分子式数量

VK 图 (图 3-10) 有机化合物氢碳比 (H:C) 与氧碳比 (O:C) 的比率可以用来显示该有机化合物组成特性 (Altieri *et al.*，2009)，相同区域点位代表具有相似结构特征的有机化合物 (如脂肪酸、木质素和稠环芳烃)(Kim *et al.*，2003)。洱海沉积物 DON 的 H:C 比值为 0~1.2(图 3-10)，证实了北部湖区沉积物 DON 中大多 (超过 68%) 含有木质素成分，而脂类和蛋白质为亚优势种类，相对丰度范围分别为 4.84%~18.96% 和 0.95%~19.99 %(表 3-11)，丰富的植物导致蛋白质成分比例较低 (0.95%)。

VK 图 *Y* 轴为 N:C(图 3-11)，结果表明洱海北部湖区沉积物含有一系列分子式相差 NCH_2O(N=1, 2, 3, …) 的有机化合物，且该系列有机化合物只含有一个氮原子 (表 3-12)，即该系列有机化合物形成 (可能受光照、氧化、微生物降解等因素影响) 并没有影响含氮原子结构的存在及含氮官能团功能 (即只改变了分子中 C 和 O 组成)，与 Kramer *et al*.(2004) 研究结果一致，证实了含氮杂环化合物因自身抗降解或分子环状结构紧密的特性而难以被去除。

此外，检出物不饱和度随有机分子中 CH_2O 组成单元的增长保持稳定 (图 3-12)，表明环和双键数量没有发生变化，则固定比例的 CH_2O 元素必然是通过单键或者其他不影响有机分子不饱和度的方式与分子主链连接。Altieri *et al.* (2009) 研究也得出了与本研究相近的结论，其在 DON 分析中认为部分含氮化合物是通过大气低聚反应而形成 (Kim *et al.*，2003)。

表 3-11　VK 图各分区物质百分比 (%)

沉积物类型	湖区	脂类	蛋白质	木质素	碳水化合物	不饱和碳氢化合物	浓缩芳香族物质
湖泊沉积物	北部	18.96	0.95	76.68	0	0.95	2.37
	中部	7.12	19.99	70.69	0.65	0.13	1.42
	中部 (20~30cm)	11.62	18.34	68.54	0.58	0.12	0.81
	南部	4.84	14.98	77.19	0.46	0.34	2.19
森林地区土壤	0~5cm	10.00	8.90	65.20	0.70	1.70	8.80
	25~50cm	15.60	11.10	64.80	1.20	0.90	3.00

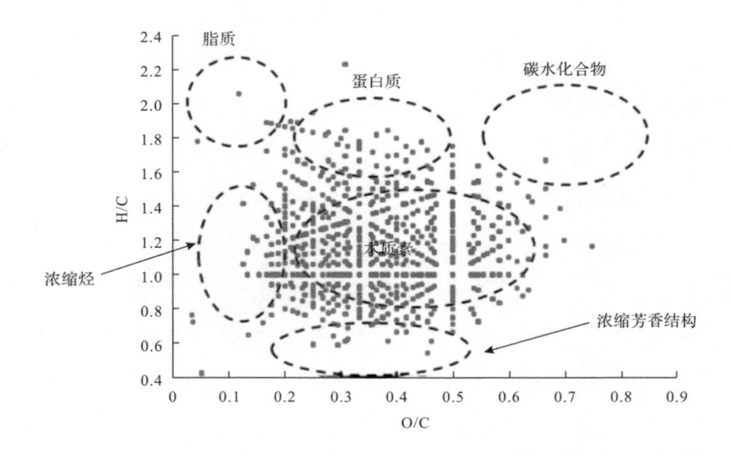

图 3-10　洱海北区湖区沉积物 DON VK 图

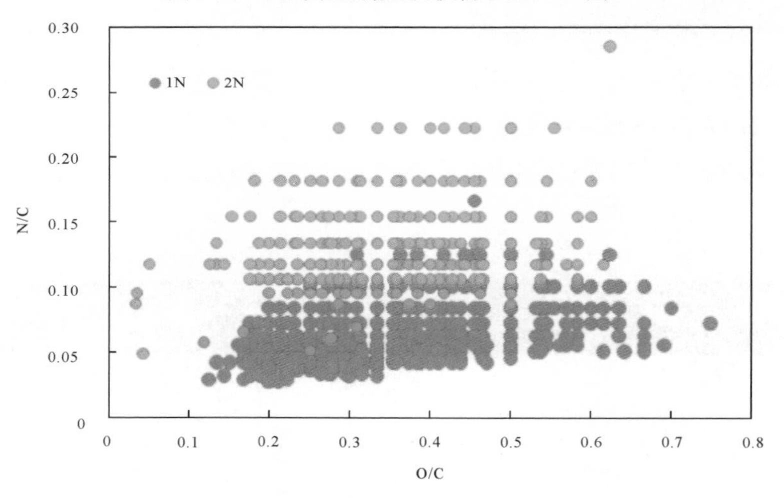

图 3-11　洱海沉积物 DON 分子元素比例

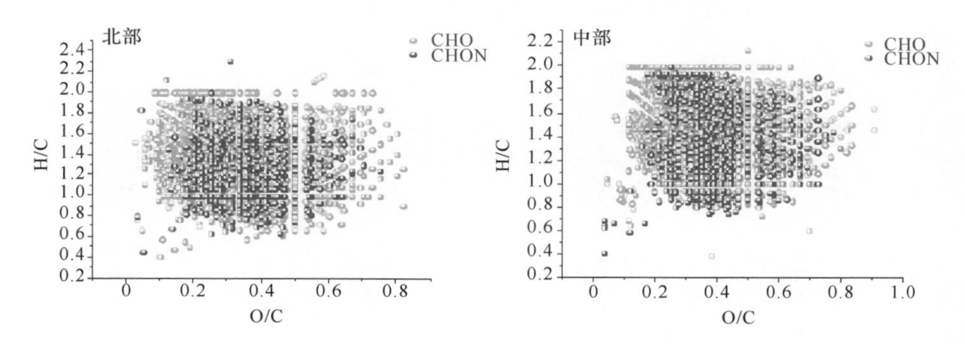

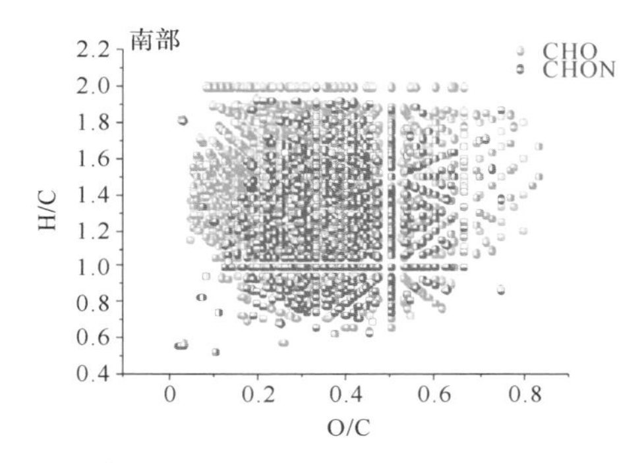

图 3-12　洱海各湖区沉积物 DON VK 图 (CHO 和 CHON 物质分列)

表 3-12　按照分子中 CH_2O 单元数量区分的 DON 性质列表

分子式	*m/z* 测定值	不饱和度	H : C	N : C	O : C
$C_8H_{10}N_1O_4$	184.06149	4	1.25	0.13	0.5
$C_9H_{12}N_1O_5$	214.07201	4	1.33	0.11	0.56
$C_{10}H_{14}N_1O_6$	244.08258	4	1.40	0.10	0.60
$C_{11}H_{16}N_1O_7$	274.096318	4	1.45	0.09	0.64
$C_{12}H_{18}N_1O_8$	304.10358	4	1.50	0.08	0.67
$C_8H_8N_1O_4$	182.04583	5	1.00	0.13	0.50
$C_9H_{10}N_1O_5$	212.05636	5	1.11	0.11	0.56
$C_{10}H_{12}N_1O_6$	242.06693	5	0.20	0.10	0.60
$C_{11}H_{14}N_1O_7$	272.07742	5	1.27	0.09	0.64
$C_{12}H_{16}N_1O_8$	302.08802	5	1.33	0.08	0.67
$C_{13}H_{18}N_1O_9$	332.09854	5	1.38	0.08	0.69
$C_8H_8N_1O_5$	198.04081	5	1.00	0.13	0.63
$C_9H_{10}N_1O_6$	228.05132	5	1.11	0.11	0.67
$C_{10}H_{12}N_1O_7$	258.06183	5	1.20	0.10	0.70

3. 洱海沉积物 DON 环境意义

1) 洱海沉积物 DON 行为特征

用 ESI-FT-ICR-MS 方法回答地球化学相关问题为从分子水平研究湖泊 DON 提供了新方向。本研究对比洱海湖中心区域沉积物表层与 20~30cm 深度样品，利用 VK 图分析了沉积物深度对 DON 的影响 (表 3-11)。

结果表明，较深 (20~30cm 深度) 沉积物 DON 的脂质和芳香烃类有机物含量较高。一般来说，表层沉积物富含物质往往是营养物质往下层沉积物转移过程中因生物或非生物反应而选择性留下物质；相反，较深沉积物所富含物质往往是原位生成。较深沉积物微生物活性较低，且会减少生物降解，从而导致脂质化合物积累 (Tremblay *et al.*，2007)。

此外，某些非生物过程 (如和间隙水一起由上层往下层沉积物转移) 可能有助于脂质化合物在较深层沉积物富集，而一些生物过程则与 DON 的再矿化有关，如 Tremblay *et al.*(2007) 观察到巴西河口 DON 运输过程中光照—生物降解作用会对芳香烃分子 (较低的不饱和度) 和低分子量分子 (低质核比) 造成一定损失。

Schmidt *et al.*(2009) 研究发现，沉积物孔隙水低质核比有机物往往有低不饱和度特性，并指出 DON 双价键含量 (从平均值 6.63 降为 5.91) 的降低以及 m/z 值的减少 (从平均值 310 降为 289) 意味着 DON 由表层迁移转化进入较深层沉积物。底层 DON 包括大分子 (如蛋白质和腐殖物质) 和小分子 (如氨基酸)，会发生再矿化过程 (Burdige and Komada，2015)；而再矿化所发生的反应 (例如水解和发酵) 会生成 m/z 值更小的小分子 (Schmidt *et al.*，2009)，与本研究结果一致，表明更深层沉积物 DON 的再矿化现象更明显。

2) 基于 DON 稳定性的洱海富营养化风险评估

洱海沉积物 DON 组成与木质素型森林土壤相似 (表 3-11)，特别是北部湖区沉积物 DON 成分与森林土壤最上层成分最相似，表明其具有相似的生态系统 (洱海北部湖区有丰富的沉水植物)。Bhatia *et al*.(2010) 通过 VK 图发现脂质区域有机物分子 (H:C>1.5) 主要是由微生物产生。然而，本研究得出了与之相反的结果，即脂肪族化合物由微生物产生较少，可能是受沉水植物影响所致。水下植物可能会直接和间接影响细菌群落的丰度和组成，而且沉水植物根系可影响沉积物养分分布，改变微生物多样性及分布，并加速微生物退化 (Zhang *et al*.，2014)。洱海北部沉积物微生物量高于中部和南部，北部湖区微生物活动增加的结果支持了生物降解率增加这一假设。

洱海沉积物 DON 有丰富的氧化含氮官能团，Kellerman *et al*.(2015) 指出沉积物降解会优先去除含氧化合物。因此，大量氮氧化合物较易被微生物降解，从而增加洱海潜在营养物释放风险。另一方面，也可看出沉水植物对富营养化湖泊有修复效果，使北部湖区沉积物保持低量有机质、低含氮量和脂肪族化合物，降低了该湖区的富营养化风险。

Ohno(2002) 研究表明，含氮成分的土壤有机质 (SOM) 与矿物表面土壤通过含氮物质发生相互作用，对土壤稳定性意义重大 (Kim *et al*.，2003)。也有研究认为，矿物质表面氨基丰富，内层直接键合形成具有强稳定性的芳香族有机质结构，降低了其生物可利用率，大大加强了土壤稳定性 (Hsu and Hatcher，2005)。因此，洱海沉积物具有含氮丰富的可溶性有机质，可减轻沉积物释放氮磷进入上覆水的风险。

此外，本团队研究还表明，洱海沉积物有机物腐殖化程度较高，而腐殖化过程被认为是隔离和缓冲土壤氮素向外界扩散的重要因素 (Kim *et al*.，2003)，因此，可以得出结论，洱海沉积物目前较稳定，其营养物质释放而致使上覆水富营养化的风险较低。

然而，洱海沉积物 DON 不饱和度明显较低 (表 3-13)。由此可见，相对于其他生态系统，洱海沉积物 DON 包含更少的芳香族化合物。Sleighter *et al.*(2014) 研究表明，DON 芳香度即含芳香族物质含量与其生物可利用性呈负相关。

表 3-13　不同生态系统 DON 不饱和度对比

生态系统	不饱和度均值
森林土壤	11.8
大陆架沉积物间隙水 (Schmidt *et al.*，2009)	8.40～8.95
高度城市化流域 (Mary and Gurpal，2016)	19
低城市化率流域 (Mary and Gurpal，2016)	18
洱海沉积物 (本研究)	6.44

所以，当前洱海沉积物 DON 结构较稳定，且外界环境条件等的改变有利于其释放 (如沉水植物消亡)，即目前洱海沉积物 DON 释放风险较小，但长期来看，洱海依然存在着较大潜在富营养化风险。

3.4　本章小结

洱海湿沉降样品 DON 浓度约占总氮 30%，多为氨基、酰胺类化合物；DON 含氮硫组分占 19.3%，多为硝基、氧基硫酸酯类，活性较强。对比两次湿沉降样品，9 月 25 日样品较 10 月 23 日样品化学性质更不稳定。洱海湿沉降样品含有较多脂类、蛋白类物质；$SUVA_{254}$ 与 A_{253}/A_{203} 均值较低，分别为 0.02 和 0.06，表明湿沉降样品芳香性较弱，且物质多数为二次反应生成；紫外与荧光检测均表明腐殖化程度较低，且湿沉降样品未检测到类腐殖质峰。尽管洱海湿沉降样品 DON 含量不高，但其组成包含较多氨基、硝基活性基团，且含氧基团较多，衍生出多种有机酸类低聚态物质，特别是一些硝酸、硫酸基团，增强了氧化性，对湖泊富营养化会产生一定影响。

洱海表层沉积物溶解性有机氮含量空间分布呈现南部 [(68.51 ± 5.54) mg/kg] ＞北部 [(66.60 ± 5.81)mg/kg] ＞中部 [(68.51 ± 5.54)mg/kg] 的趋势，北部与南部湖区受流域人类活动影响较大，沉积物有机质含量较高，其类蛋白物质较丰富；中部湖区水体较深，受水动力环流等影响，沉积物 DON 沉积效果明显；北部湖区受外源输入影响最大，其沉积物 DON 烯烃、芳环及环烷烃比重 (29.2%) 高于南部湖区 (8.31%)，而中部湖区贡献最少 (6.32%)，即外源输入对洱海湖体氮累积起到重要作用。

本团队首次利用 FT-ICR-MS 技术基于分子水平研究洱海湿沉降和沉积物 DON 组分特性，其中 FT-ICR MS 技术表征湿沉降 DON 存在较多脂类和蛋白类物质，EWD 含 CHO 基团物质占 70% 以上，且羧酸基团丰富，推测可能是由于发生酯化反应，进而生成了多种有机酸低聚物。检测到 C_9~C_{13} 和 O_2~O_5 物质含碳数与 DBE 变化说明 CH_4O 基团存在不饱和键，可能为酯基、酮基及醌基等结构，在大量羧酸存在条件下，易发生基团转化，表明洱海湿沉降 DON 组分具有较高 DBE 及 O/C 比值，存在较多羧酸酯类物质，且存在较多不饱和基团。湿沉降样品 DON 不饱和度较高物质占 57.2%，多为极性物质，水溶性增强，促进与有机质、金属离子等的吸附、络合，并发生氧化还原等反应，直接或间接影响湖泊水质。

FT-ICR-MS 技术检测洱海沉积物 DON 物质种类数，南部湖区 (1233 种，40.6%) ＞中部湖区 (766 种，42.44%) ＞北部湖区 (573 种，34.47%)，检测有机质总数与 DON 呈相似变化趋势。由 $(H/C)_{wa}$ 与 DBE_{wa} 等指数可知，洱海沉积物 DON 自北向南逐渐趋于稳定。

洱海沉积物含氮化合物大部分只含一个 N 原子，90% 以上含有一个 N 原子的 DON 至少含有 2 个氧原子，使其拥有类似于氨基酸的功能。因此，DON 氨基酸占比可能较小，但氨基酸氧化产物和低聚产物含量较多。大部分沉积物 DON 成分为木质素 (占总数的 68%)，表明洱海沉积物主要来自陆源。此外，洱海表层沉积物 DON 向下运输，通过沉积物剖面时受到生物和非生物作用，可能会发生再矿化过程，从而影响其不饱和度和 m/z 值，进而导致其生物有效性发生变化。

根据湿沉降和沉积物 DON 组分表征及分子特征结果可见，洱海等高原湖泊湿沉降样品 DON 多为二次反应生成，其组成包含较多氨基、硝基活性基团等，且含氧基团较多，衍生出多种有机酸类低聚态物，特别是一些硝酸、硫酸基团的存在，增强了氧化性，随湿沉降进入湖泊，会对富营养化产生较大影响。洱海表层沉积物溶解性有机氮含量总体较高，主要受流域人类活动影响较大，有机质含量高，其类蛋白物质较丰富；沉积物 DON 结构较稳定，释放风险较低，其含氮化合物多而杂，表明一定环境条件下，洱海等高原湖泊沉积物 DON 具有较大的潜在释放风险。

第 4 章　高原湖泊上覆水溶解性有机氮结构组分特征及指示意义

溶解性有机氮是湖泊、河流、河口和海洋等水体溶解性总氮 (DTN) 的重要组分，一般可占 DTN 的 20%~90%(Worsfold *et al.*，2008)。10%~70% 的 DON 能直接被微生物利用，且 DON 可被利用程度受其结构组分影响较大 (Watanabe *et al.*，2014)。因此，研究上覆水 DON 结构组分与含量特征及水质影响等对湖泊保护治理具有重要意义。

高原湖泊所处区域自然及环境条件较特殊，流域有机质丰富，光照充足，雨热同季，坝区经济特点明显。该区域湖泊受流域人类活动影响较大，导致湖泊上覆水 DON 含量及占 DTN 比例不容忽视，即 DON 对湖泊水污染及富营养化有重要影响，且表征上覆水 DON 结构组分不仅可判断其来源及生物有效性，还可指示湖泊水质状况。因此，本研究选择洱海等高原湖泊，研究上覆水与不同来源 DON 结构组分特征及指示意义，以期为高原湖泊水污染治理及富营养化防控提供科学基础。

4.1　高原湖泊洱海上覆水溶解性有机氮特征及指示意义

紫外和荧光等光谱技术能有效表征 DON 结构组分 (Birdwell and Engel，2010)，尤其是三维荧光光谱技术可鉴别痕量有机组分 (Henderson *et al.*，2009)，能够用于水环境溶解性有机物的识别和来源解析等研究，并被广泛运用于湖泊、河流和海洋等水体的监测与评价 (Peiris *et al.*，2011；Singh *et al.*，2010；Song *et al.*，2010)。本研究选择典型高原湖泊洱海，通过三维荧光光谱技术研究其上覆水 DON 结构组分特征，试图建立洱海上覆水 DON 三维荧光光谱特征参数与主要水质指标间关系，并探讨其环境指示意义，以期从结构组分角度，解析上覆水 DON 与洱海等高原湖泊富营养化间关系 (本研究采样点信息见李文章等，2016)。

4.1.1 洱海上覆水溶解性有机氮含量及分布特征

1. 洱海上覆水 DON 含量及季节性变化

洱海全湖上覆水 DON 含量为 0.08~0.31mg/L(图 4-1)，呈现春季 (0.28mg/L)> 夏季 (0.24mg/L)> 秋季 (0.20mg/L)> 冬季 (0.12mg/L) 的趋势，全年平均为 0.18mg/L。冬季外源输入 DON 量较少，加之水温较低，微生物代谢缓慢，导致由内源形成的 DON 组分较少，使冬季上覆水 DON 含量最低。春季微生物活性逐渐增强，内源释放量增加，且人类活动使外源输入逐步增多，故春季上覆水 DON 含量最高。夏季受外源输入影响，特别是夏季光照较强和降雨较多 (赵海超等，2013)，较多污染物随雨水进入洱海，且夏季微生物和藻类活性最高，DON 的消耗和代谢在很大程度得到增强，导致 DON 迁移转化量较大，含量次之；秋季 (特别是 9 月) 水体氮含量最高 (赵海超等，2011)，微生物和藻类代谢趋于稳定，并较夏季有一定程度减弱，而使 DON 含量略低于夏季。

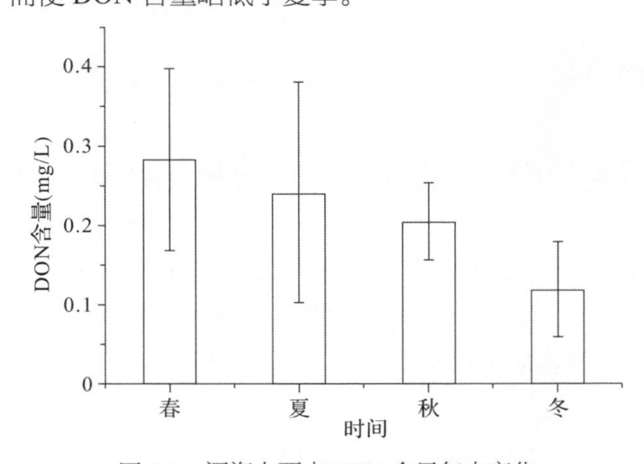

图 4-1 洱海上覆水 DON 含量年内变化

2. 洱海上覆水 DON 含量区域分布特征

洱海全湖上覆水不同混合层 DON 含量为 0.12~0.33mg/L(图 4-2)，远低于长江中下游富营养化湖泊，如太湖约 1.435mg/L(张运林和秦伯强，2001b)，鄱阳湖约0.42mg/L(刘倩纯等，2013)，洞庭湖约0.85mg/L(王雯雯等，2013)，即就上覆水 DON 含量而言，洱海 DON 含量较低。

具体而言，洱海表层上覆水 DON 平均含量为 0.205mg/L，中层为 0.214mg/L，底层为 0.195mg/L，即中层 > 表层 > 底层；空间分布的整体趋势为南部 > 北部 > 中部，不同层次 DON 含量南北分布一致。南部主要入湖河流波罗江 DON 平均浓度为 0.29mg/L，中部苍山十八溪 DON 平均浓度为 0.13mg/L，北部永安江、弥苴河 DON 平均浓度为 0.27mg/L，表明洱海 DON 含量与外源输入相关，即外源输入对洱海水质影响较明显，不同混合层规律性较明显，整体呈现表层、底层 DON 含量低，混合中层高，与洱海沉积物 DON 南、中、北区域释放速率结果一致。

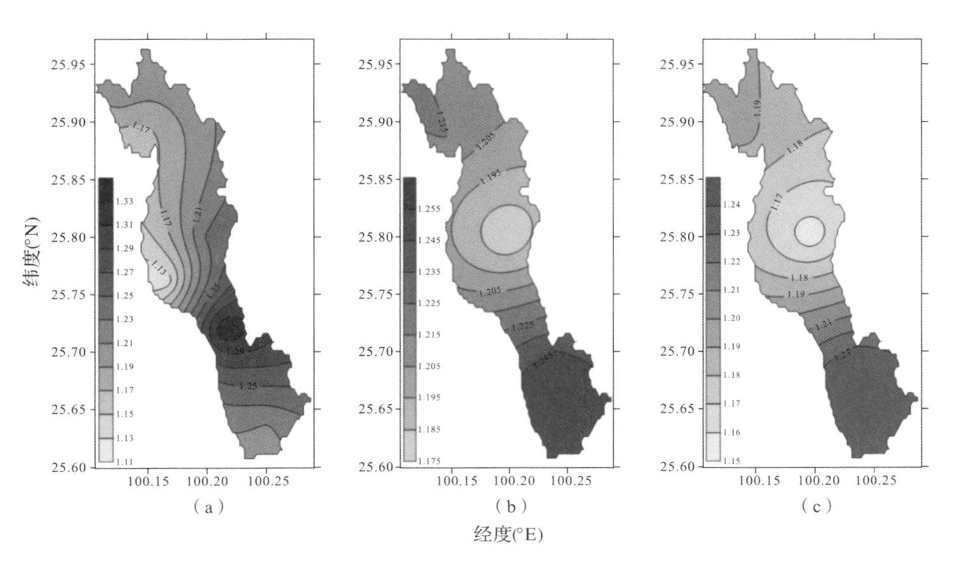

图 4-2　洱海上覆水不同混合层 DON 含量区域分布 (mg/L)

(a) 表层；(b) 中层；(c) 底层

3. 洱海上覆水 DON 含量垂向变化

洱海上覆水 DON 含量及垂向变化趋势如图 4-3 所示 (南部 EH142，北部 EH73，中部 EH105)，北部湖区 DON 含量为 0.16~0.24mg/L，呈现表层和底层浓度低，而中间水层浓度高的趋势，为沉积物高浓度营养盐向上扩散和外源输入向下沉积共同作用的结果。中部区域 DON 含量为 0.14~0.23mg/L，表层 DON 浓度最高，底层 DON 浓度最低，随深度增加 (0~4m 内)DON 浓度大幅降低，说明洱海中部湖区 DON 受浮游动植物和微生物等影响较大，动植物或微生物凋亡后随水体流动而部分在南部聚集，部分赋存于沉积物。南部区域 DON 含量为 0.24~0.27mg/L，其中表层 DON 浓度最高，底部最低，因为洱海南部靠近居民区，城市面源污染物等大量排入波罗江，导致南部湖区表层沉积物 DON 浓度较高，微生物可降解量较大，且随水深增加，表层及中层沉积物 DON 基本呈线性降低；受水体流动及风向等影响，南部湖区污染物向中北湖区转移较困难，环境容量较低。洱海保护治理应该重视南部区域的城市面源污染控制。

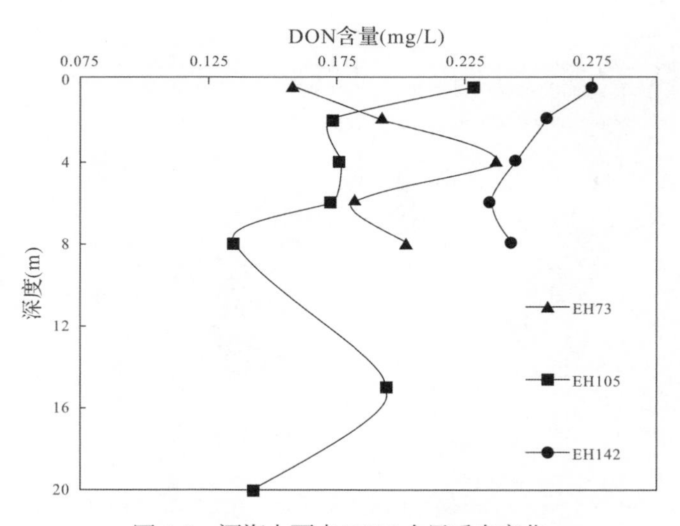

图 4-3　洱海上覆水 DON 含量垂向变化

4.1.2　洱海上覆水溶解性有机氮结构特征

1. 紫外特征

A_{253}/A_{203} 值表示 253nm 处与 203nm 处吸光度的比值，可作为反映 DON 取代基含量指标。E_2/E_3 和 E_4/E_6 值分别表示 250nm 处与 365nm 处吸光度和 465nm 处与 665nm 处吸光度比值，该值能够间接反映 DON 腐殖化程度、芳香度和分子量之间的关系 (Dorado *et al.*，2003；吴丰昌等，2010a)。洱海上覆水全年 DON 紫外光谱 A_{253}/A_{203} 指数变化为 0.23~0.28(平均值 0.26)，表明洱海上覆水 DON 芳香环取代基较少，主要以脂肪链为主，且取代基数量随季节变化不明显 (李鸣晓等，2010)。

DON 紫外光谱指数空间变化见表 4-1，可见洱海南部、中部、北部湖区 A_{253}/A_{203} 指数差别较小，平均值分别为 0.270、0.274 和 0.272，表明洱海表层水 DON 芳香环取代基中羰基、羧基、羟基、酯类含量较少，以脂肪链为主，其 DON 结构较稳定，不利于微生物吸附、降解。

表 4-1　洱海上覆水 DON 紫外指数

	点位	深度 (m)	A_{253}/A_{203}	E_2/E_3	E_4/E_6	$SUVA_{254}$	$SUVA_{280}$
北部	19	0.5	0.274	9.000	0.000	0.753	0.502
	46	0.5	0.271	7.778	0.000	0.762	0.523
	73	0.5	0.260	7.556	0.000	0.632	0.437
		2.0	0.273	6.545	0.625	0.759	0.539
		4.0	0.272	6.727	0.200	0.732	0.515
		6.0	0.273	7.200	0.286	0.695	0.496
		8.0	0.267	6.364	0.571	0.645	0.455

续 表

	点位	深度 (m)	A_{253}/A_{203}	E_2/E_3	E_4/E_6	$SUVA_{254}$	$SUVA_{280}$
中部	117	0.5	0.272	5.385	0.333	0.815	0.556
	105	0.5	0.275	5.727	1.125	0.840	0.593
		2.0	0.247	7.444	4.000	0.769	0.564
		4.0	0.267	16.000	1.000	0.908	0.629
		6.0	0.268	8.750	3.000	0.675	0.476
		8.0	0.276	7.889	0.200	0.792	0.524
		15.0	0.275	6.800	0.833	0.717	0.485
		20.0	0.269	6.273	0.750	0.727	0.506
南部	132	0.5	0.275	10.286	0.000	0.746	0.508
	142	0.5	0.265	5.385	0.571	0.676	0.484
		2.0	0.269	8.111	0.250	0.595	0.403
		4.0	0.263	13.800	0.000	0.657	0.458
		6.0	0.275	6.636	0.500	0.772	0.544
		8.0	0.260	8.750	0.000	0.684	0.480
	209	20.0	0.270	7.200	0.667	0.736	0.523

本研究 DON 的 $SUVA_{254}$ 值表明洱海上覆水 DON 芳香度易受季节性变化影响，其中冬季腐殖化程度最低 (平均 0.89)，秋季腐殖化程度最高 (平均 1.27)，与微生物和藻类凋亡等有关，夏季藻类生物量较高，而秋季藻类逐渐凋亡形成较多有机质 (闫金龙等，2014)。洱海上覆水 DON 的 $SUVA_{254}$ 值北部约为 0.716，中部约为 0.827，南部约为 0.719，均远小于 3，即 DON 主要组分为亲水性物质。洱海北部湖区永安江、弥苴河来水 $SUVA_{254}$ 的值约为 2.05，中部苍山十八溪来水 $SUVA_{254}$ 的值约为 1.7，南部波罗江水体 $SUVA_{254}$ 的值为 1.38，均高于上覆水 $SUVA_{254}$ 值，但低于沉积物间隙水 $SUVA_{254}$ 值。入湖河流水 DON 芳香度高，而上覆水芳香度低，表明洱海氮磷等污染物易被微

生物藻类降解，凋亡后向下层水富集，累积于沉积物。

洱海北部区域 DON 芳香度 (用 $SUVA_{254}$ 表示) 在垂直方向上先增加后减少，在 2m 深度处达到最大值 (0.76)；洱海中部区域 DON 芳香度整体趋势为先增大后减小，4m 深度处达到最大 (0.91)，但最大值两端均有一个极小值，后随水深增加逐渐减小；洱海南部区域 DON 总体趋势也是先增加后减小，由于南部水质的影响因素较多，表层 4m 深度内波动较大，芳香度随水深的增加而增加，在 6m 深度处达到最大值 (0.77)，而洱海浮游植物大多存在于 0~4m 深度范围，表明该区域 DON 受微生物和动植物等影响较大。

紫外光谱指数 E_2/E_3 和 E_4/E_6 值能间接反映 DON 分子量大小，E_2/E_3 和 E_4/E_6 值越高，相对分子量越小，腐殖化程度越低，聚合度越低 (吴丰昌等，2010；De and De，1987)。洱海上覆水 E_2/E_3 和 E_4/E_6 值均为冬季最小 (4.34 和 0.7)，夏季最高 (6.55 和 1.50)，秋季 (6.55 和 1.47) 略低于夏季，表明洱海夏季上覆水 DON 分子量最小，腐殖化程度最低，而冬季分子量最大，腐殖化程度最高，与微生物活性和藻类代谢等有较大关联，夏季活性最高，能利用较多大分子 DON，而冬季代谢较为缓慢。

由表4-1可知，洱海北部区域 E_2/E_3 平均值为 7.31 (6.36~9.00)，波动较大；中部区域 E_2/E_3 平均值为 8.03(5.39~16.00)，4m 深度处达到最大值 16.00；南部区域 E_2/E_3 平均值为 8.60(5.39~13.80)，4m 深度处达到最大值 13.80，即洱海北部区域沉积物 DON 相对分子量、腐殖化程度及聚合度最高，中部次之，南部最低。北部主要受弥苴河、永安江和罗斯江等入湖河流影响，入湖水量大，浮游生物和微生物吸附降解尚不完全，即洱海上覆水 DON 分子量由北至南呈递减趋势，主要受入湖河流输入影响。

南部和中部湖区垂向 4m 深度处 E_2/E_3 均出现最大值，表明该深度水层 DON 分子量最小，聚合度最低，而 4m 深度以下浮游生物较少，表明浮游生物对 DON 分子量分布影响较大。北部湖区水下 4m 深度处 E_2/E_3 无明显变化，主要是由于北部湖区入湖河流水量较大，纵向方向混合较为均匀所致。南部主要受波罗江来水影响，受城镇面源污染等影响较大，同时也受北中部湖区污染物转移等影响，污染来源较为复杂，易对水体产生不确定性影响。

2. 三维荧光光谱特征

荧光指数 (FI) 为在 370nm 激发波长下荧光光谱 450 和 500nm 处荧光强度比值，记为 $f_{450/500}$ 值，可用来区别有机质来源 (Cory and McKnight，2005)。自生源指标 (BIX) 为在 254nm 激发波长下，发射波长 380 与 430 nm 处荧光强度比值，该值大于 1 表明有机物主要由内源产生 (Huguet *et al.*，2009)。本研究陆源 DON 和微生物来源 DON 两个端源的 FI 值分别为 1.4 和 1.9(McKnight *et al.*，2001)；自生源指数 (BIX) 大于 1 时，间接表明 DON 主要来自内源代谢，而介于 0.6～0.7 时，表明主要为陆源输入，即受入湖河流水质和人类活动等影响较大 (Huguet *et al.*，2009)。

洱海上覆水 DON 荧光指数 FI 值全年变化为 1.59～1.70，自生源指数 BIX 为 0.77～0.83，表明洱海上覆水 DON 同时受外源输入和内源释放影响，洱海上覆水不同时间不同区域均受两者影响。由表 4-2 可知，洱海上覆水 DON 的 BIX 区域分布为 0.84～1.19(平均值 0.94)，表明上覆水 DON 主要受陆源和内源微生物共同作用，与上述 FI 指数反映的结果相一致，表明洱海污染治理需要控制内源释放，同时限制外源输入。

将三维荧光光谱分为 5 个区域，其中区域Ⅰ和Ⅱ所在范围分别为 *Ex*/*Em*=(200～250)nm/(260～320)nm 和 *Ex*/*Em*=(200～250)nm/(320～380)nm，主要代表有机物类型为色氨酸和酪氨酸等简单芳香蛋白类物质 (Ahmad and Reynolds，1999)；区域Ⅲ和Ⅳ所在范围分别为 *Ex*/*Em*=(200～250)nm/(＞380)nm 和 *Ex*/*Em*=(250～450)nm/(260～380)nm，其中区域Ⅲ主要代表类富里酸、酚类、醌类等有机物质，而区域Ⅳ主要代表溶性微生物代谢产物 (Mounier *et al.*，1999)；区域Ⅴ所在范围 *Ex*/*Em*=(250～450)nm/(＞380)nm，代表腐殖酸、类胡敏酸、多环芳烃等分子量较大、芳构化程度较高有机物 (Artinger *et al.*，2000)。

通过 Matlab 2007 软件计算各荧光区域积分体积 Φ_i(Ⅰ≤i≤Ⅴ)，分别得到具有同种荧光特性的总荧光强度，然后对各荧光积分体积标准化，得到各荧光区域积分标准体积 $\Phi_{i,n}$，可反映该物质各荧光组分含量，再计算各荧光区域积分标准体积占总积分标准体积的比例 $P_{i,n}$。区域Ⅰ和区域Ⅱ

均代表简单芳香类蛋白物质，故将两区域比例合并为$P_{\mathrm{I+II},n}$，用其来代表DON芳香蛋白物质含量；区域Ⅲ和区域Ⅴ均代表腐殖质类复杂有机物质，两个区域比例合并为$P_{\mathrm{III+V},n}$，用其代表DON腐殖质类物质含量。

洱海全年上覆水DON类蛋白组分$P_{\mathrm{I+II},n}$含量为15.53%~20.61%(平均18.53%)，类腐殖质组分$P_{\mathrm{III+V},n}$含量为65.22%~68.71%(平均67.22%)，微生物代谢组分$P_{\mathrm{IV},n}$含量为12.18%~15.76%(平均14.25%)，而DON腐殖质物质含量最大，约为67%。春季上覆水DON类蛋白组分$P_{\mathrm{I+II},n}$含量最大，微生物代谢产物组分$P_{\mathrm{IV},n}$含量最少，可能是由于春季沉积物释放量逐渐增多，且微生物活性尚低，对类蛋白组分消耗量较少所致。

表4-2　洱海表层上覆水DON荧光指数

	点位	深度(m)	$f_{450/500}$	BIX	$P_{\mathrm{I+II}}$	$P_{\mathrm{III+V}}$	P_{IV}
北部	19	0.5	1.631	0.907	0.177	0.620	0.204
	46	0.5	1.637	0.844	0.154	0.657	0.189
	73	0.5	1.632	0.890	0.201	0.588	0.211
		2.0	1.631	0.913	0.158	0.638	0.203
		4.0	1.630	0.859	0.175	0.636	0.189
		6.0	1.620	0.873	0.206	0.586	0.208
		8.0	1.625	0.922	0.198	0.581	0.221
中部	105	0.5	1.641	0.870	0.172	0.645	0.183
		2.0	1.645	1.364	0.128	0.583	0.288
		4.0	1.634	0.920	0.167	0.634	0.200
		6.0	1.655	0.881	0.160	0.649	0.191
		8.0	1.636	0.969	0.158	0.626	0.216
		15.0	1.628	0.904	0.168	0.650	0.182
		20.0	1.578	0.933	0.155	0.648	0.198
	117	0.5	1.633	0.924	0.161	0.645	0.194
南部	132	0.5	1.623	1.192	0.175	0.552	0.273
	142	0.5	1.640	0.846	0.183	0.628	0.189
		2.0	1.630	1.082	0.203	0.545	0.252
		4.0	1.635	1.154	0.194	0.547	0.259
		6.0	1.643	1.015	0.204	0.554	0.242
		8.0	1.632	1.121	0.187	0.555	0.258
	209	0.5	1.635	1.071	0.157	0.610	0.234

由表 4-2 可见，洱海上覆水 DON 主要组分为腐殖质类物质 (平均 61.82%)，且溶解性微生物产物 (平均 20.95%) 要高于类蛋白物质 (平均 17.24%)，腐殖质较为稳定，可能不利于水质净化，其中腐殖质类物质含量中部 > 北部 > 南部。北部湖区上覆水垂向 DON 中 $P_{\mathrm{I+II},n}$ 平均含量为 18.76%，$P_{\mathrm{III+V},n}$ 为 60.58%，$P_{\mathrm{IV},n}$ 为 20.65%；中部湖区上覆水 DON 中 $P_{\mathrm{I+II},n}$ 为 15.82%，$P_{\mathrm{III+V},n}$ 为 63.35%，$P_{\mathrm{IV},n}$ 约为 20.83%；而南部湖区 DON 中 $P_{\mathrm{I+II},n}$ 为 19.41%，$P_{\mathrm{III+V},n}$ 为 56.58%，$P_{\mathrm{IV},n}$ 为 24.01%。由此可见，洱海中部湖区腐殖质物质含量最多 (63.35%)，南部湖区类蛋白物质浓度和微生物代谢产物含量都较其他两个湖区低，其平均含量分别为 19.41% 和 24.01%。因为南部靠近居民区，上覆水微生物活性受居民生活影响较大，北中部污染物随水流向南部聚集，同时南部湖区也有污染物汇入，导致蛋白类物质高，微生物活性也较高，因此南部湖区更应控制污染。

洱海北部湖区 $P_{\mathrm{I+II},n}$ 所代表的上覆水 DON 类蛋白物质在 0.5~2.0m 深度出现较大程度衰减，由 20.06% 锐减到 15.82%，可能由于微生物代谢和污染物扩散转移共同作用；随水深增加，$P_{\mathrm{I+II},n}$ 的值先增加后减小，在 6m 处达到最大值 20.64%，表明污染物向下层水体富集，湖区表层与中层微生物活性较底层高。中部湖区 0.5~2.0m 深度出现 DON 类蛋白衰减层，由表层的 17.24% 降低到 12.83%；随水深增加，$P_{\mathrm{I+II},n}$ 值先增加后减小。南部湖区以 4m 水层浓度为轴，0~4m 先增加后减小，4m 到底层先增加后减小，可能是由于底层沉积物释放和表层沉积物污染共同向上覆水中层转移的结果。

洱海上覆水 DON 类蛋白组分含量 $P_{\mathrm{I+II},n}$ 不大于 20%，可能与其结构稳定有关，但部分类蛋白组分可向其他组分转化。北部上覆水 DON 最大组分腐殖质类物质随水深变化的趋势为先增加后减小，2m 处达到最大值 63.85%；中部湖区 DON 腐殖质含量随水深先急剧减小，后逐渐增加，2m 处达到最小值 58.33%；南部湖区 DON 腐殖质组分随水深先急剧减小，后趋于平衡，2m 处达到最小值 54.49%。由此可见，洱海上覆水 DON 腐殖质类物质在表层 0~2m 范围变化最大，即该区域 DON 腐殖质类物质转化最快。

洱海北部湖区上覆水DON微生物代谢产物含量随水深先递减后递增，

4m 处为最小值 (18.94%)；中部区域随水深增加，DON 微生物产物含量先增加后减小，2m 处达到最大值 28.83%；南部区域 DON 微生物代谢产物随水深增加，0~2m 内快速增加，而后含量趋于稳定。

总体来说，受环境因素如光照、溶解氧、风强和浮游动植物等影响，洱海上覆水 DON 在 0~4m 水深处各荧光组分转化较为剧烈，其蛋白组分超过 20% 可能会导致结构不稳定，故 DON 类蛋白组分始终低于 20%。

4.1.3　洱海上覆水溶解性有机氮结构特征与湖泊水质关系

为了揭示 DON 结构组分对洱海水质的指示意义，本研究分析了 DON 荧光紫外参数与洱海上覆水氮磷指标间关系 (表 4-3)。结果表明，类蛋白物质含量及类腐殖质比例 ($P_{\mathrm{I+II},n}/P_{\mathrm{III+V},n}$) 与上覆水 TN、DTN、DON 和 SRP 呈显著正相关 (R=0.467~0.552, P<0.05)；上覆水 DON 类蛋白物质含量与类腐殖质比例越高，其上覆水 TN、DTN、DON 和 SRP 含量越高，即 $P_{\mathrm{I+II},n}/P_{\mathrm{III+V},n}$ 越大，则氮和 SRP 含量越高，表明可根据类蛋白物质含量推测洱海上覆水水质状况，即类蛋白物质含量越高，洱海水质越差。

本研究洱海上覆水 DON 自生源指数 BIX 与总氮 (TN) 和硝氮呈显著正相关 (R=0.457~0.493, P<0.05)，表明 DON 来源与总氮和硝氮含量密切相关，BIX 可在一定程度上反映总氮和硝氮含量特征。DON 类蛋白物质含量 ($P_{\mathrm{I+II}}$) 与 DTN 和 SRP 呈正相关 (R=0.433~0.462, P<0.05)，表明 DON 类蛋白物质含量 ($P_{\mathrm{I+II}}$) 能够指示上覆水 DTN 和 SRP 含量特征。溶解性微生物代谢产物 (P_{IV}) 与总氮、溶解性总氮和硝氮显著相关，其中与总氮呈极显著正相关 (R=0.597, P<0.01)，可反映微生物氮代谢产物主要以无机氮为主，同时微生物代谢产物含量 (P_{IV}) 能间接反映无机氮含量。DON 含量与脲酶含量呈极显著正相关 (R=0.58, P<0.01)，而脲酶是重要氮代谢酶 (Hu *et al.*, 2014)，即 DON 含量特征能够间接反映上覆水微生物活性。

当 DON 含量高时，脲酶含量高，微生物活性相应提高，即水质净化能力可能增强。E_4/E_6 与 DTN、SRP 和脲酶活性呈显著负相关 (R^2=−0.620~−0.470,

P<0.05)，表明 E_4/E_6 能反映洱海上覆水的水质状况，即当 E_4/E_6 值较高时，水体氮磷含量较低，同时微生物活性也较低，水质较好。溶解性总氮 DTN 和 DON 呈极显著正相关 (R=0.949, P<0.01)，表明在一定程度上 DTN 含量能够指示 DON 含量特征，从而对水质有一定的指示作用。

表 4-3　洱海上覆水 DON 组分特征和水质指标相关分析

参数	硝氮 (mg/L)	TN (mg/L)	DTN	DON (mg/L)	SRP (mg/L)	TP (mg/L)	DTP(mg/L)	脲酶活性 (mg/(L · h))
DON(mg/L)	0.215	0.793**	0.949**	1.000	0.597**	0.115	−0.317	0.580**
$A_{253/203}$	−0.120	0.003	0.059	0.084	0.094	−0.206	−0.132	0.226
E_2/E_3	0.091	0.241	0.166	0.104	0.098	0.187	0.298	−0.068
E_4/E_6	0.004	−0.390	−0.457*	−0.430*	−0.620**	0.412	0.208	−0.607**
$f_{450/500}$	0.059	0.211	0.164	0.130	0.130	0.084	0.S355	0.037
BIX	0.457*	0.493*	0.370	0.291	0.002	−0.050	−0.164	0.209
$P_{\text{I+II}}$	0.153	0.303	0.433*	0.391	0.462*	−0.316	−0.359	0.165
$P_{\text{III+V}}$	−0.446*	−0.640*	−0.609*	−0.521*	−0.369	0.207	0.376	−0.337
$P_{\text{I+II}}/P_{\text{III+V}}$	0.283	0.467*	0.552**	0.484*	0.478*	−0.316	−0.405	0.242
P_{IV}	0.454*	0.597**	0.474*	0.391	0.157	−0.051	−0.233	0.311

注：* 在 0.05 水平 (双侧) 上显著相关，** 在 0.01 水平 (双侧) 上显著相关。

4.2　高原湖泊洱海不同来源溶解性有机氮特征及指示意义

过量氮输入是引起湖泊富营养化的重要原因。溶解性有机氮 (DON) 广泛存在于自然界，是多数天然水体氮的主要组成部分，在水生态系统氮循环过程中扮演着重要角色 (Bronk *et al.*，2007)。水体 DON 生物有效性差异一定程度上取决于其结构组分，而其结构组分较复杂，目前分析手段只能表征其中约 30% 的成分，且大部分结构组分 (如蛋白质、腐殖质等) 的存在形式及作用机理亟待解决。因此，研究 DON 含量及结构组分有助于分析评估湖泊 DON 生态功能及水质影响等问题。

紫外—可见吸收光谱技术能够反映有机组分的芳香性和分子量等信息，可在一定程度上评估有机物结构的稳定性，而三维荧光光谱能够很好地表征 DON 荧光组分，并识别其物质来源。本研究试图通过探究典型高原湖泊洱海不同来源 DON 含量与分布特征 (采样点信息见李文章等，2017)，利用三维荧光光谱与紫外—可见吸收光谱技术分析结构组分特征，探讨不同来源 DON 对洱海等高原湖泊水质的可能影响。

4.2.1　洱海不同来源溶解性有机氮含量及分布特征

洱海上覆水与沉积物间隙水不同形态氮空间分布结果见图 4-4，上覆水 DTN 和 DON 浓度分别为 0.310~0.449mg/L 和 0.052~0.249mg/L(平均 0.370 mg/L 和 0.109mg/L)，基本由南部向北部递减。间隙水 DTN 和 DON 浓度 (分别为 1.918~8.430mg/L 和 0.198~1.710mg/L，平均 5.828mg/L 和 0.773mg/L) 远高于上覆水的，而间隙水 DON 浓度空间分布表现为中部 > 南部 > 北部。洱海入湖河流 DTN 和 DON 浓度分别为 0.519~2.397mg/L 和 0.212~0.414 mg/L(平均 1.273mg/L 和 0.258mg/L)(图 4-5)。由此可见，洱海入湖河流 DON 浓度变化趋势为中部 (白石溪和中和溪)> 北部 (永安江和弥苴河)> 南部 (清碧溪和波罗江)。

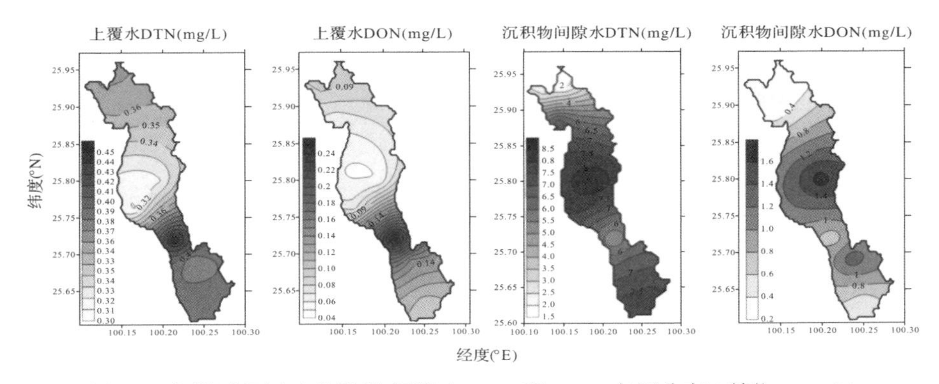

图 4-4　洱海上覆水与沉积物间隙水 DTN 和 DON 空间分布 (单位：mg/L)

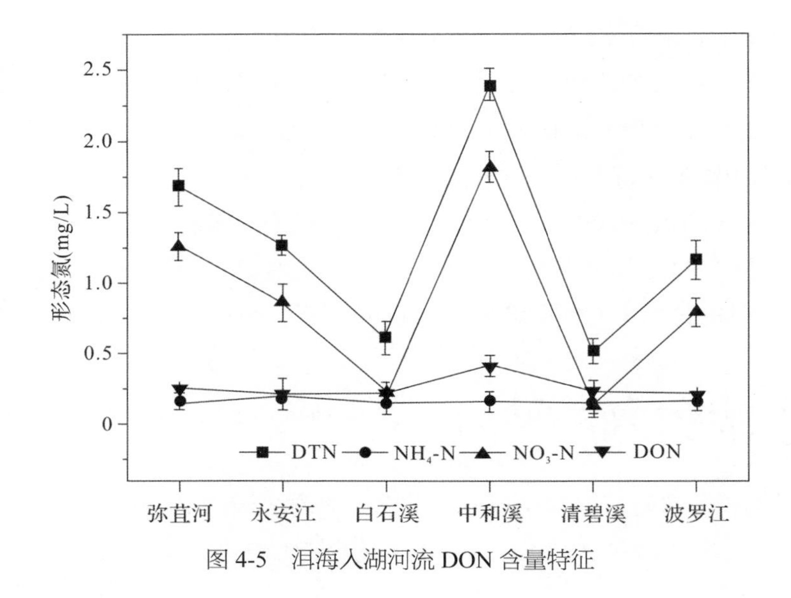

图 4-5　洱海入湖河流 DON 含量特征

洱海沉积物间隙水和入湖河流 DON 均以中部区域浓度最高，南部和北部相对较低。北部入湖河流流速较高，水体交换快，含氧量较高 (赵海超等, 2011)，一方面促进湖区上覆水氮代谢，加速 DON 的生成；另一方面，由于洱海水体水流方向为由北向南，部分污染物向下游转移，使该区域沉积物间隙水氮富集较少。中部入湖河流流经主要城镇区域，城市生活污水大量排入，造成入湖河流 DON 浓度较高 (0.319mg/L)，在湖泊环流等作用下，较多氮素富集于该区域上覆水。由于中部湖区水体较深，氧含量较少，DON 分解速率较慢，致使其沉积物间隙水氮富集浓度较高 (Li *et al.*, 2014)；同时由于中部湖区水深较深，环境容量较大，结果呈现中部湖区上覆水 DON 浓度最低。洱海南部水深较浅，有较多植被分布，且南部湖区为洱海下游，沉水植物残体分解和浮游植物根系等对含氮污染物的物理和生物吸附等作用致使该湖区上覆水氮含量较高。

洱海湿沉降 DTN 和 DON 浓度分别为 0.193~1.210mg/L 和 0.022~0.472mg/L(平均 0.688mg/L 和 0.256mg/L)。不同时间采集的湿沉降样品 DON 含量波动较大，可能与降雨量、空气污染物浓度等有关 (樊敏玲和王雪梅, 2010)，湿沉降输入对洱海上覆水 DON 影响的区域性变化较小。

由浓度分布结果可见，洱海沉积物间隙水和入湖河流 DON 均以中部区域浓度较高，而南部和北部区域相对较低，受人类活动影响明显。研究发现 (Johnson *et al.*，2013)，流域农用地和城市用地所占比例越大，产生可被检测 DON 量越多，与本研究结果较一致。

本研究洱海间隙水、入湖河流和湿沉降 DON 分别占 DTN 的 4.7%~20.3%、15.0%~44.0% 和 11.6%~43.3%(平 均 12.72%、24.70% 和 29.54%)，DON 与 DTN 呈正相关 (分别为 R=0.685，P=0.061，n=8；R=0.818，P=0.047，n=6；R=0.995，P=0.005，n=4)，表明洱海不同来源 DON 均为 DTN 的重要组成部分，DON 特征对洱海上覆水氮含量影响较大。

4.2.2 洱海不同来源溶解性有机氮光谱特征

1. 紫外—可见光谱特征

$SUVA_{254}$ 和 $SUVA_{280}$ 值是单位浓度有机物在 254nm 和 280nm 波长处的紫外吸收值，其中 $SUVA_{254}$ 反映 DON 的芳香性，该值越高，芳香性越强，而 $SUVA_{280}$ 与溶解性有机质平均分子量有较好相关性 (Wang *et al.*，2009)。E_3/E_4 值是有机物在吸收波长为 300nm 和 400nm 处紫外吸收值的比值。E_3/E_4<3.5 时湖泊水溶性有机物以腐殖酸为主，当该值 >3.5 时则以富里酸为主 (Abbt-Braun *et al.*，2004)。本研究不同来源 DON 光谱特征参数见表 4-4，不同湖区上覆水 DON 芳香性及平均分子量无明显变化，洱海上覆水 DON 以富里酸为主，北部和中部富里酸 DON 含量接近，低于南部。沉积物间隙水 DON 芳香性和平均分子量呈中部高、南北低的趋势，中部和北部湖区间隙水 DON 以腐殖酸为主，南部以富里酸为主。北部入湖河流带入大量腐殖质物质，芳香性和平均分子量较高，而中部和南部较低。

各来源水样 DON 的 $SUVA_{254}$ 平均值和 $SUVA_{280}$ 平均值依次为入湖河流 > 上覆水 > 间隙水 > 湿沉降，入湖河流 DON 的芳香化程度和分子量远高于其他三个来源及上覆水，表明洱海上覆水 DON 的芳香性由各来源因素共同作用，入湖河流是重要因素之一，但间隙水和湿沉降也是不可忽略的两个因素。洱海不同来源 DON 的 E_3/E_4 平均值均大于 3.5，反映洱海不同来源水体 DON 以富里酸为主，上覆水 DON 所含富里酸组分最高，其次为湿沉降和入湖河流，间隙水 DON 中富里酸最少，而富里酸为难降解组分 (Fu *et al.*，2006)，表明洱海上覆水中微生物活性较其他来源水体高，消耗了 DON 中易降解组分，使其富里酸组分占比增高。

与其他不同区域水体比较发现，本研究洱海入湖河流 DON 的 $SUVA_{254}$ 平均值远大于受污染严重的河北洨河 (0.72)(虞敏达等，2015)；上覆水 $SUVA_{254}$ 值和 $SUVA_{280}$ 值较水质良好的江苏宝应湖和处于富营养化阶段的太湖高 (胡春明等，2011)；同时，洱海沉积物间隙水 $SUVA_{254}$ 和 $SUVA_{280}$ 值高于重富营养化的乌梁素海 (郭旭晶等，2012)；湿沉降与山区湿沉降相比，其 $SUVA_{254}$ 值较低，芳香性较小 (Mladenov *et al.*，2012)，表明洱海上覆水、间隙水及入湖河流 DON 芳香性和分子量均较其他污染严重水体高，即洱海潜在富营养化风险较高。

已有研究指出，有机物的分子量及腐殖化程度越高，越难被微生物降解利用，其分子活性越低 (He Z *et al.*，2011)。故本研究洱海不同来源 DON(除湿沉降 DON) 较难被微生物利用，而湿沉降 DON 则与之相反，生物可利用性较高，但其总量较小 (约 7%)。以上结果也可能是洱海沉积物氮浓度较高而水质较好 (稳定在Ⅱ～Ⅲ类) 的重要原因之一。

表 4-4　洱海不同来源 DON 光谱特征参数对比

来源	位置 / 时间	光谱指数					文献
		$SUVA_{254}$	$SUVA_{280}$	E_3/E_4	FI	HIX	
上覆水	北部	0.63	0.46	5.74	1.63	2.71	本研究
	中部	0.63	0.44	5.68	1.65	2.79	
	南部	0.63	0.45	9.65	1.66	4.48	
	平均值	0.63	0.45	7.02	1.64	3.33	
间隙水	北部	0.27	0.20	3.38	1.81	2.73	
	中部	0.53	0.37	3.04	1.86	2.50	
	南部	0.38	0.30	4.23	1.82	3.12	
	平均值	0.39	0.29	3.55	1.83	2.78	

续　表

来源	位置 / 时间	光谱指数					文献
		$SUVA_{254}$	$SUVA_{280}$	E_3/E_4	FI	HIX	
入湖河流	北部	2.33	1.59	5.25	1.68	5.23	本研究
	中部	1.66	1.00	8.67	1.61	2.83	
	南部	1.75	1.17	3.25	1.68	4.20	
	平均值	1.91	1.25	5.72	1.66	4.09	
湿沉降	10 月 3 日	0.11	0.12	10.00	0.72	0.99	
	10 月 6 日	0.25	0.32	5.00	0.76	0.73	
	10 月 7 日	0.22	0.33	2.13	0.75	0.85	
	10 月 23 日	0.11	0.11	5.00	0.85	1.01	
	平均值	0.17	0.22	5.53	0.77	0.90	
太湖		0.60	—	—	—	—	胡春明等，2011
宝应湖		0.57	0.38	6.25	1.24	—	
乌梁素海间隙水		0.31	0.24	—	—	0.73	郭旭晶等，2012
河北洨河		0.72	—	—	—	0.61	虞敏达等，2015
落基山山脉湿沉降		1.35	—	—	1.35	0.50	Mladenov *et al.*，2012

2. 三维荧光光谱特征

三维荧光光谱显示本研究样品主要检测出 4 种荧光峰，选取 12 个代表性荧光图谱分析 (见图 4-6)，峰强度见表 4-5。类富里酸峰 A 位于激发波长 / 发射波长 (*Ex*/*Em*=(315～325)nm/(415～440)nm)，木质素及植物残体为主要来源；峰 C(*Ex*/*Em*=(310～360)nm/(370～450)nm) 为类腐殖酸物质，与类腐殖酸物质有关；峰 B 位于 *Ex*/*Em*=225/310nm，峰 D 位于 *Ex*/*Em*=275/310nm，均为类蛋白物质，来源于芳香性荧光蛋白和蛋白质相关组分 (Yeh *et al.*， 2014)。洱海不同来源 DON 荧光峰强度如表

4-5 所示，除湿沉降外，其他不同来源样品均检测出了峰 A，峰强度呈间隙水 > 上覆水 ≈ 入湖河流趋势，峰 C 只出现在北部上覆水和清碧溪样品，与紫外光谱结果一致，说明类富里酸荧光物质对洱海 DON 贡献较大，其中间隙水和入湖河流可能是上覆水 DON 类富里酸重要来源。此外，多数样品特别是入湖河流和湿沉降 (除弥苴河外) 均检测出了峰 D，间隙水峰强度最高，上覆水最低，即洱海生物活动较频繁，对不同来源 DON 影响较大。

FI 指数 (*Ex*=370nm，*Em*=450nm/*Em*=500nm) 可表征 DON 来源 (Birdwell and Engel,2010)。HIX(腐殖化指数) 为激发波长在 254 nm 处，发射波长在 435~480nm 与 300~345nm 波长范围内荧光强度平均值的比值，可用于反映 DON 腐殖化程度 (Ohno，2002)。陆源和生物来源两个端源的 FI 值分别是 1.4 和 1.9，即荧光指数 FI≤1.4 时类富里酸荧光物质主要由陆源输入，而当 FI≥1.9 时主要来源于生物活动 (McKnight *et al.*，2001a)。当 HIX 小于 4 时，荧光物质主要由生物活动产生。本研究洱海不同来源 DON FI 荧光指数和 HIX 指数见表 4-4。

洱海间隙水 DON 的 FI 指数平均值 (1.83) 高于上覆水和入湖河流平均值 (分别为 1.64 和 1.66)，表明其 DON 受陆源输入和生物活动共同作用；三者均高于富营养化的宝应湖 (平均值 1.24)，说明洱海 DON 受微生物影响较大。不同来源水体及上覆水 DON 受微生物和外源输入共同作用，可能是流域植被覆盖率较高，人类活动频繁，植被残体降解和人类生产生活产生大量富里酸，通过径流输入，并在沉积物中富集。此外，入湖河流 DON 样品的 HIX 指数较上覆水和间隙水高，三者远高于洨河 (平均值 0.61) 和乌梁素海间隙水 (平均值 0.73)，进一步反映洱海主要来源 (入湖河流和间隙水)DON 腐殖化程度较高，而湿沉降 DON 腐殖化程度较低 (平均 HIX 为 0.90)，与紫外光谱结果相一致。

表 4-5　洱海不同来源 DON 荧光峰强度

样品		峰强度			
		峰 A	峰 B	峰 C	峰 D
上覆水	19#	62.19	—	75.13	63.53
	46#	60.03	—	56.20	56.03
	73#	55.16	—	54.17	—
	105#	54.64	—	—	46.19
	117#	59.36	—	—	—
	132#	71.00	—	—	43.97
	142#	119.90	—	—	—
	209#	50.03	—	—	—
间隙水	19#	114.40	151.30	—	235.30
	46#	112.00	87.58	—	132.00
	73#	133.00	—	—	—
	105#	117.60	—	—	93.68
	117#	139.00	—	—	110.30
	132#	133.30	—	—	—
	142#	148.40	—	—	—
	209#	154.50	228.90	—	338.30
入湖河流	永安江	111.00	—	—	78.90
	弥苴河	82.09	—	—	—
	白石溪	67.56	—	—	56.27
	中和溪	64.06	48.69	—	65.03
	清碧溪	59.86	—	47.70	55.04
	波罗江	98.15	—	—	86.52
湿沉降	10 月 3 日	—	—	—	121.90
	10 月 6 日	—	—	—	42.56
	10 月 7 日	—	—	—	36.33
	10 月 23 日	—	—	—	84.84

为定量分析洱海不同来源 DON 结构组分特征，采用 FRI 分析法对不同来源 DON 荧光光谱图进行分区分析。$P_{\mathrm{I},n}$ 和 $P_{\mathrm{II},n}$ 均由简单芳香蛋白物质产生，可将两个区域归为一类 $P_{\mathrm{I+II},n}$，而 $P_{\mathrm{III},n}$ 和 $P_{\mathrm{V},n}$ 均由类腐殖质复杂有机物质产生，可将这两个区域归为一类 $P_{\mathrm{III+V},n}$。洱海不同来源

DON 的 $P_{i,n}$ 百分比见表 4-6，上覆水 DON 的 $P_{\mathrm{I+II},n}$ 为 8.45%~16.59%(平均值为 14.95%)，$P_{\mathrm{III+V},n}$ 为 63.93%~77.71%(平均值为 68.23%)；间隙水 DON 的 $P_{\mathrm{I+II},n}$ 为 11.53%~23.15%(平均值为 16.13%)，$P_{\mathrm{III+V},n}$ 为 58.92%~75.95%(均值为 68.76%)。

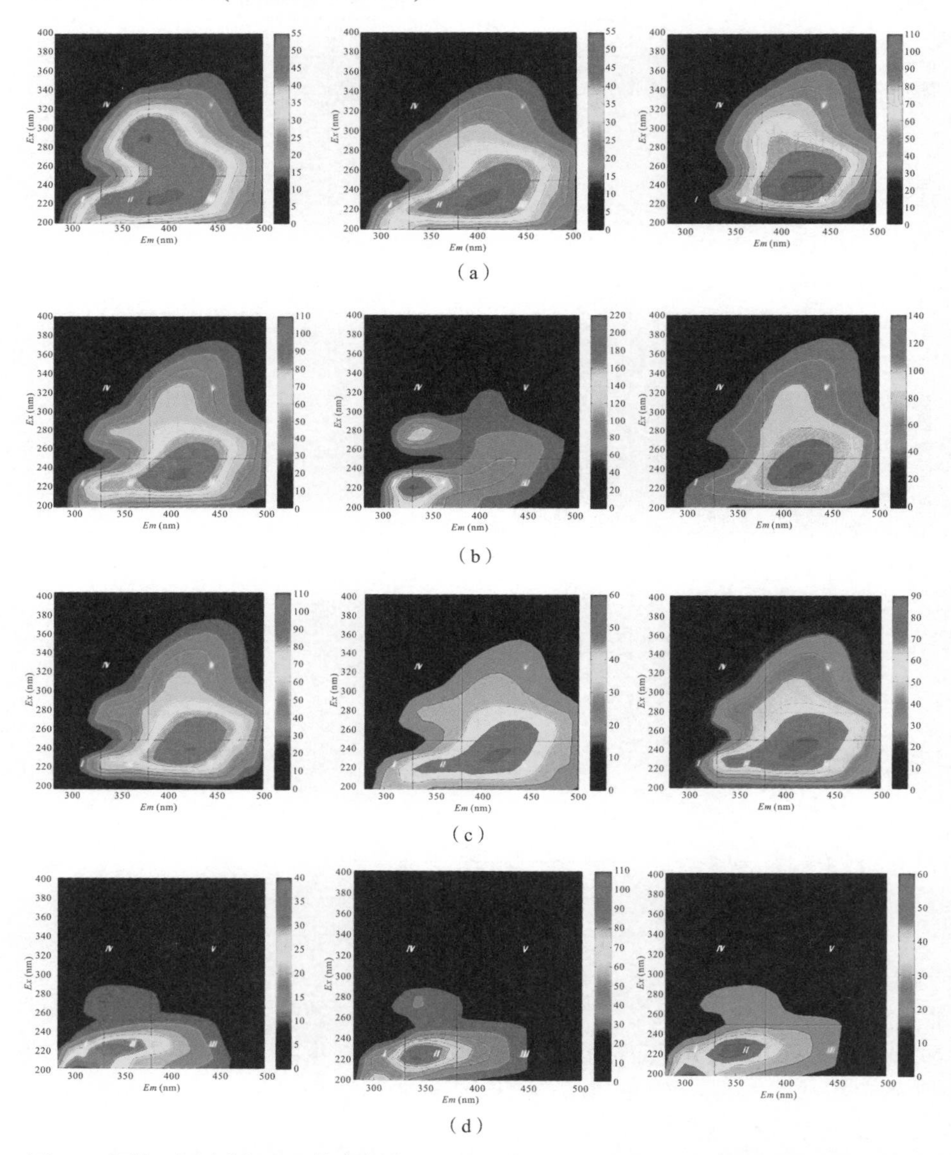

图 4-6　洱海不同来源 DON 荧光光谱。(a) 上覆水；(b) 间歇水；(c) 入湖河流；(d) 湿沉降

洱海入湖河流 DON 类蛋白与上覆水和间隙水相近 ($P_{Ⅰ+Ⅱ,n}$ 平均值为 13.38%)，但 DON 类腐殖质所占比例较高，$P_{Ⅲ+Ⅴ,n}$ 平均值为 72.43%。洱海湿沉降 DON 的 $P_{Ⅰ+Ⅱ,n}$ 为 33.12%~36.24%(平均值为 30.38%)，$P_{Ⅳ,n}$ 为 14.57%~17.49%，其 DON 类蛋白所占比重较大。

研究还发现，洱海上覆水、沉积物间隙水和入湖河流 DON 均以类腐殖质物质为主，类蛋白物质较少，生物可利用性较低；而湿沉降 DON 的芳香性和腐殖化程度相对较低，DON 类蛋白含量较高，较易被生物利用，表明洱海湿沉降能提高上覆水 DON 生物有效性，即短时高效的湿沉降氮输入很可能增加洱海藻类爆发风险，该结果可从另一方面支持解释洱海水华爆发大都在雨季的原因 (朱荣等，2015)。

表 4-6　洱海不同来源 DON $P_{i,n}$ 百分比

不同来源 DON	$P_{i,n}$ 百分比 (%)							
	$P_{Ⅰ,n}$	$P_{Ⅱ,n}$	$P_{Ⅲ,n}$	$P_{Ⅳ,n}$	$P_{Ⅴ,n}$	$P_{Ⅰ+Ⅱ,n}$	$P_{Ⅲ+Ⅴ,n}$	$P_{Ⅲ+Ⅴ,n}/P_{Ⅰ+Ⅱ,n}$
上覆水	0.04	0.09	0.22	0.18	0.47	0.13	0.69	6.08
间隙水	0.06	0.10	0.23	0.15	0.46	0.16	0.69	5.13
入湖河流	0.04	0.09	0.25	0.14	0.48	0.13	0.72	5.61
湿沉降	0.14	0.20	0.26	0.16	0.23	0.35	0.49	1.42

4.2.3　洱海不同来源溶解性有机氮组分结构特征与湖泊水质间关系

为揭示 DON 与其光谱学特征参数及各指标间关系，研究分析了洱海不同来源 DON 与光谱参数等指标的相关关系 (见表 4-7)。上覆水 DON 中类腐殖质与类蛋白物质含量比例 ($P_{Ⅲ+Ⅴ,n}/P_{Ⅰ+Ⅱ,n}$) 与其 DON 浓度呈极显著正相关 (R=0.894，P<0.01)，说明上覆水类腐殖质与类蛋白物质含量比例能够反映上覆水 DON 浓度变化，即该值越高，其 DON 浓度越高。$SUVA_{254}$ 和

$SUVA_{280}$ 与 DON 也具有显著相关性 (分别为 R=0.754，P<0.05；R=0.755，P<0.05)，表明上覆水芳香化程度和分子量较高时，DON 浓度也较高。该结果可能与 DON 降解阶段有关，较大分子量和较高芳香性可能是由于处于降解的初级阶段。

表 4-7　洱海不同来源 DON 光谱参数间关系

	$P_{\mathrm{III+V},n}/P_{\mathrm{I+II},n}$	$SUVA_{254}$	$SUVA_{280}$	NH_4-N	NO_3-N	DOC
上覆水 DON	0.894**	0.754*	0.755*	0.291	−0.712*	0.875**
间隙水 DON	0.749*	0.768*	0.761*	0.458	−0.725*	0.685
入湖河流 DON	0.102	−0.053	0.096	0.481	−0.146	0.442
湿沉降 DON	0.793	0.978*	0.991**	0.963*	1.000**	0.995**

注：* $P < 0.05$ ；** $P < 0.01$。

此外，上覆水 DON 和 DOC 呈显著正相关 (R=0.875，P<0.01)，说明洱海上覆水 DON 与溶解性有机质有较强同源性，上覆水 DON 为溶解性有机质重要组分。同样，$P_{\mathrm{III+V},n}/P_{\mathrm{I+II},n}$、$SUVA_{254}$ 和 $SUVA_{280}$ 与间隙水 DON 浓度呈显著正相关 (R=0.749，P<0.05；R=0.768，P<0.05；R=0.761，P<0.05)，说明类腐殖质与类蛋白物质含量比例、芳香性及分子量可间接反映间隙水 DON 浓度。入湖河流 DON 与各参数并无明显相关性，表明入湖河流 DON 并非直接影响洱海各湖区 DON 含量。

McKenna(2003) 研究指出，层序聚类分析法 (HCA) 是一种能把所有对象分为更小群组或有别于其他对象相似群组的分析方法，相似性距离越短，相似性越高。本研究通过 HCA 分析，由系统树图反映不同来源洱海 DON 特征的异同 (图 4-7)。空间上，上覆水样品和入湖河流样品的相似性距离最小，组成第一个相似群组，与此群组最接近的是间隙水样品，差异最大的是湿沉降样品。间隙水 DON、入湖河流 DON 和上覆水 DON 三者的结构组分具有较高的相似性，表明入湖河流 DON 对上覆水 DON 结构组分的影响较大，其次是间隙水 DON。

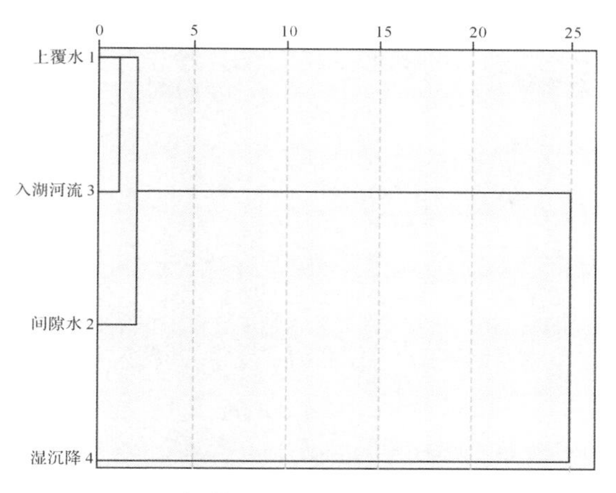

图 4-7　洱海不同来源 DON 聚类分析

4.3　高原湖泊上覆水溶解性有机氮特征及指示意义

溶解性有机氮 (DON) 是构成河流、湖泊、湿地及海洋水体总溶解性有机氮 (TDN) 的重要组分 (Zhang *et al.*，2016a)，且可加速富营养化和藻华爆发 (Lusk and Toor，2016a)。自然环境条件下，DON 易受光照影响而氧化，表明 DON 分子有光吸收特性 (Vähätalo and Zepp，2005)。DON 和发光溶解性有机质生成有关，DON 组分可与腐殖质类物质结合 (Biers *et al.*，2007)。因此，表征上覆水 DON 结构组分可揭示湖泊 DON 演变过程，并指示水质状况。云南高原湖泊大多具有封闭或半封闭特征，光照充足，雨热同季，受人类活动影响较大，湖泊富营养化机制较独特。本研究选择洱海、程海和泸沽湖等不同营养水平高原湖泊，试图通过研究上覆水 DON 结构组分特征，揭示高原湖泊 DON 特征及对湖泊富营养化指示意义 (本研究采样点信息见许可宸，2018)。

4.3.1 高原湖泊上覆水溶解性有机氮组分特性

1. 高原湖泊上覆水理化特性

本研究所选三个不同营养水平高原湖泊水体理化指标结果见表 4-8。各湖泊差异较大，从洱海、程海到泸沽湖，总氮浓度由 (0.815 ± 0.193)mg/L 下降至 (0.296 ± 0.089)mg/L。洱海中部及南部湖区 TN 值较为接近，北部湖区值则明显较高，总溶解性有机氮 DON 值和 TN 值表现出相同的分布趋势；程海上覆水 DON 浓度明显高于洱海，而泸沽湖上覆水 DON 浓度值则最低。

表 4-8　不同营养水平高原湖泊水体物理化学指标

湖泊	湖区	理化特征参数（平均值 ± 变）					
		TN (mg/L)	DTN (mg/L)	TOC (mg/L)	TP (mg/L)	DON (mg/L)	Chl a (mg/L)
洱海	北部	0.925 ± 0.169	0.504 ± 0.173	32.798 ± 3.167	0.026 ± 0.010	0.326 ± 0.126	7.24 ± 0.143
	中部	0.767 ± 0.107	0.390 ± 0.109	34.540 ± 4.260	0.024 ± 0.016	0.294 ± 0.146	6.823 ± 0.210
	南部	0.787 ± 0.280	0.459 ± 0.151	34.573 ± 3.225	0.025 ± 0.012	0.361 ± 0.183	8.565 ± 0.421
程海	东部	0.714 ± 0.030	0.607 ± 0.058	24.847 ± 1.707	0.035 ± 0.020	0.579 ± 0.036	5.645 ± 0.243
	西部	0.673 ± 0.028	0.548 ± 0.061	24.505 ± 0.981	0.028 ± 0.006	0.526 ± 0.105	4.897 ± 0.453
泸沽湖	湖心	0.211 ± 0.011	0.09 ± 0.042	2.431 ± 0.591	0.006 ± 0.003	0.095 ± 0.044	2.353 ± 0.276

2. 高原湖泊上覆水 DON 紫外及荧光光谱特征

$SUVA_{254}$ 值已被广泛用于评价 DOM 芳香性 (Weishaar *et al.*，2003)，A_{253}/A_{203} 值可用于反映取代基含量，E_2/E_3 值可反映 DON 腐殖化程度及分子量 (Dorado *et al.*，2003)，FI_{370} 和 BIX 可解析有机物来源 (Wolfe *et al.*，2002；Huguet *et al.*，2008)。本研究显示，程海和洱海上覆水 DON

$SUVA_{254}$ 值明显较低 (表 4-9)，表明该湖泊上覆水 DON 主要由生物源亲水物质组成 (Zhang *et al.*，2016b)；而泸沽湖上覆水 DON 的 $SUVA_{254}$ 值则较高 (平均值 2.368)，与其他两个湖泊相比，泸沽湖上覆水 DON 腐殖化程度高，分子活性较低 (He *et al.*，2015)；洱海上覆水 DON 的 E_2/E_3 值明显高于泸沽湖和程海，A_{253}/A_{203} 值也是洱海较高 (均值为 2.69)，表明洱海上覆水 DON 分子量较高，腐殖化程度较低，且含有更多羧基、羟基、羰基及酯类物质等。

表 4-9　高原湖泊上覆水 DON 紫外—可见光谱参数和荧光指数

湖泊	湖区	参数				
		A_{253}/A_{203}	E_2/E_3	$SUVA_{254}$	FI_{370}	BIX
洱海	北部	0.270 ± 0.012	7.310 ± 0.014	0.495 ± 0.026	1.586 ± 0.081	0.985 ± 0.009
	中部	0.269 ± 0.012	8.036 ± 0.011	0.541 ± 0.023	1.604 ± 0.066	0.977 ± 0.010
	南部	0.268 ± 0.036	8.595 ± 0.009	0.486 ± 0.027	1.592 ± 0.051	1.039 ± 0.013
程海	东部	0.101 ± 0.036	3.392 ± 0.036	0.289 ± 0.008	1.373 ± 0.091	1.024 ± 0.026
	西部	0.105 ± 0.017	2.993 ± 0.066	0.303 ± 0.012	1.376 ± 0.086	1.099 ± 0.022
泸沽湖	湖心	0.131 ± 0.006	2.138 ± 0.042	2.368 ± 0.007	1.788 ± 0.103	1.220 ± 0.011

为了表征湖泊 DON 来源，定量了三个湖泊上覆水 DON 的 FI_{370}(该数值表示发射波长为 370nm 时，激发波长为 450nm 的峰强与激发波长为 500nm 的峰强比值)(Zhang *et al.*，2010；表 4-9)。泸沽湖 FI_{370} 值接近 1.9，而程海和洱海接近 1.4，即泸沽湖 DON 类富里酸物质主要来源于生物作用，而洱海和程海则更多是陆源富里酸。泸沽湖 BIX 值大于 1(1.220)，表明生物发挥重要作用，而其他两个湖泊的 BIX 值均接近 1，表明洱海和程海上覆水 DON 是受内源的生物作用和外源输入共同影响。

3. 高原湖泊上覆水 DON 的 EEM-PARAFAC 表征

利用 PARAFAC 模型分析，从 39 个样本中得到洱海 4 个组分 (E1～E4)，

19 个样本中得到程海 3 个组分 (C1~C3)，9 个样本中得到泸沽湖 3 个组分 (L1~L3)(图 4-8 和表 4-10)。部分荧光组分表现出极高的相似性，E2、C3 和 L2 的激发 / 发射波长均为 210/310nm，本研究得到的组分与之前研究得出的内源酪氨酸荧光组分相近。E4、C2 及 L3 组分激发 / 发射波长都接近 (210~225)/360nm，本研究得到的组分和之前研究得到的内源类色氨酸组分相接近 (Coble，1996；Zhang *et al.*，2010)。

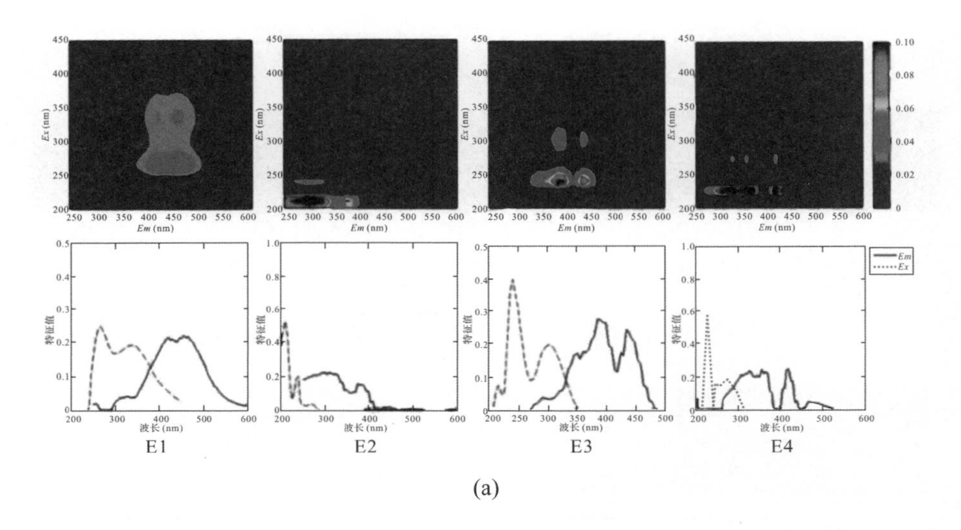

(a)

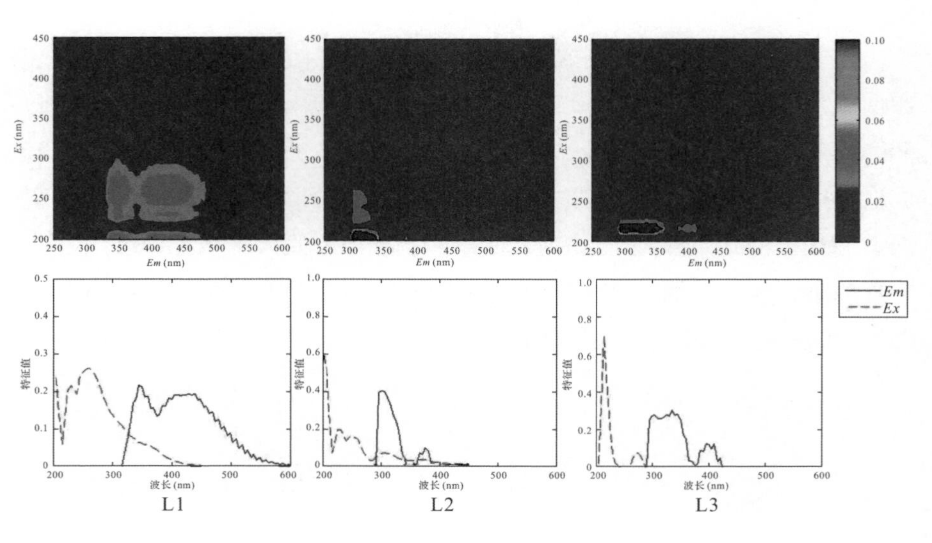

(b)

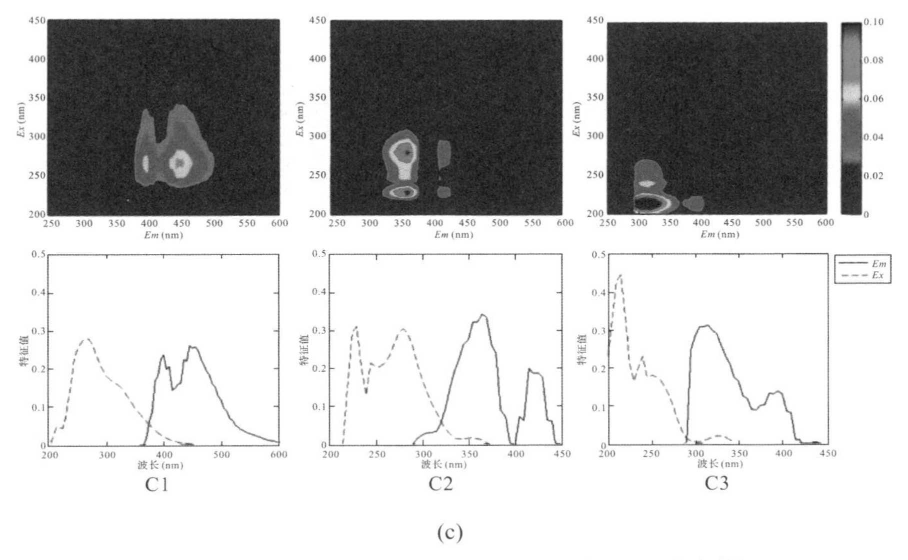

图 4-8　PARAFAC 模型显示不同湖泊上覆水 DON 荧光特征

(a) 洱海；(b) 程海；(c) 泸沽湖

表 4-10　PARAFAC 模型确定湖泊上覆水 DON 荧光组分激发和发射最大值光谱特性

湖泊	组分	*Ex*/*Em* (nm)	峰名[a] (*Ex*/*Em*) (nm)	与 PARAFAC 对比 (nm)	探究来源
洱海	E1	260/420(460)	A (230～260)/(380～460)	C1: <250(310)/416[b]	陆栖和海洋腐殖质
	E2	210/310	B (225～230)/(305～310)	C3: <225(275)/322[c]	原生酪氨酸荧光
	E3	240/400 (460)	A (230～260)/(380～460)	C2-P: 265/445[d]	陆栖和海洋腐殖质
	E4	225/360(420)	T (225～230)/(340～350)	C4: 230/334[c]	原生色氨酸荧光
程海	C1	270/450	A (230～260)/(380～460)	C2-P: 265/445[d]	陆栖和海洋腐殖质
	C2	210(280)/360	T (225～230)/(340～350)	C4: 230/334[c]	原生色氨酸荧光

续 表

湖泊	组分	*Ex*/*Em* (nm)	峰名[a] (*Ex*/*Em*) (nm)	与 PARAFAC 对比 (nm)	探究来源
	C3	210/310	B (225~230)/(305~310)	C3: <225(275)/322[c]	原生酪氨酸荧光
泸沽湖	L1	240/330	T (230~260)/(380~460)	C1: <230/344[e] C6: 280/328[f] C4: 280/318[g]	原生色氨酸荧光 蛋白质上游离的或结合的氨基酸
	L2	210/310	B (225~230)/(305~310)	C3: <225(275)/322[c]	原生酪氨酸荧光
	L3	210/360	T (225~230)/(340~350)	C4: 230/334[c]	原生色氨酸荧光

[a]Coble, 1996, 2007；[b]Williams *et al*., 2010；[c]Zhang *et al*., 2010；[d]Zhang L *et al*., 2013a；[e]Yao *et al*., 2011；[f]Murphy *et al*., 2008；[g]Yamashita and Jaffé, 2008

4.3.2 高原湖泊上覆水溶解性有机氮来源特征

根据紫外—可见光谱及荧光光谱结果可见，相比于其他两个湖泊，洱海上覆水 DON 有更大的分子量，其腐殖化程度较低。洱海和程海受外源输入和微生物作用影响相近，而泸沽湖主要受内源作用影响。研究云南高原 38 个湖泊上覆水 DON，得到 4 个荧光组分，即 C1、C2、C3 和 C4，其中 C3 组分 (激发 / 发射波长为 210(260)/310nm) 与本研究 E2、C3 和 L2 组分表现出很高相似度，而 C4 组分 (激发 / 发射波长为 210/360nm) 则和本研究 E4、C2 和 L3 组分表现出很高相似度。由此可见，云南高原湖泊上覆水都含有此两种组分 (为方便讨论将其命名为 S1 和 S2)，可能是云南高原环境条件有利于此两种内源荧光组分的产生。

线性拟合检验不同组分荧光强度与上覆水各理化指标含量间关系，结果见表 4-11。由表可见，本研究三个湖泊上覆水 DON 的 S1 和 S2 荧光组分均显著相关，表明 S1 和 S2 相应组分来源相同或演变过程相近

(Zhang *et al.*，2010)。E1 和 E3、E2 和 E4 间则不显著相关，即其来源不同。FI 和 BIX 值间、S1 和 S2 荧光强度，特别是 L2 和 L3 组分也显著相关，表明随 S1 和 S2 荧光强度升高，上覆水内源 DON 含量也在升高 (McKnight *et al.*，2001b)，即上覆水生物源 DON 占比也在增大。

表 4-11 高原湖泊上覆水 DON 荧光组分与水质指标间关系

指标	组分									
	E1	E2	E3	E4	C1	C2	C3	L1	L2	L3
TOC	0.059	0.253	0.114	0.313	0.048	0.305	0.320	0.239	0.449	0.200
TN	0.097	0.199	0.296	0.346	0.743*	0.510	0.535	0.356	0.366	0.368
DTN	0.120	0.100	0.022	0.179	0.664	0.518	0.541	0.701	0.487	0.728*
DON	0.118	0.064	0.085	0.013	0.513	0.429	0.455	0.564	0.311	0.563
TP	−0.123	0.044	−0.063	0.127	0.375	0.747	0.782	0.684	0.422	0.466
Chl a	−0.050	0.386	0.121	0.374	−0.101	−0.496	−0.402	0.348	−0.017	0.045
FI	−0.217	0.333*	−0.086	0.306*	0.238*	0.467*	0.465**	0.544**	0.886***	0.650**
BIX	−0.133	0.382*	−0.208	0.392*	0.472*	0.492*	0.510**	0.467**	0.791***	0.680***
E1	1.000	—	—	—	—	—	—	—	—	—
E2	−0.432	1.000	—	—	—	—	—	—	—	—
E3	0.794**	−0.189	1.000	—	—	—	—	—	—	—

续 表

指标	组分									
	E1	E2	E3	E4	C1	C2	C3	L1	L2	L3
E4	−0.260	0.854***	0.206	1.000	—	—	—	—	—	—
C1	—	—	—	—	1.000	—	—	—	—	—
C2	—	—	—	—	0.739**	1.000	—	—	—	—
C3	—	—	—	—	0.785**	0.966***	1.000	—	—	—
L1	—	—	—	—	—	—	—	1.000	—	—
L2	—	—	—	—	—	—	—	0.722**	1.000	—
L3	—	—	—	—	—	—	—	—	0.872***	1.000

注：*$P\leq0.05$；**$P\leq0.005$；***$P\leq0.001$。

4.3.3 高原湖泊上覆水溶解性有机氮组分的指示意义

本研究湖泊上覆水 DON 组分荧光强度及相对丰度见图 4-9 所示。由洱海到程海到泸沽湖，营养水平逐渐下降，其 DON 内源荧光组分 S1 和 S2 占比逐渐增加；相反，不显著相关组分 (E1、E3、C1 和 L1) 对总荧光强度贡献则逐渐减小。本研究 C3 和 C4 组分在 DON 总荧光强度的占比随营养水平由富营养到中营养，再到贫营养，逐渐增加 (Zhang *et al.*，2010)，而 C3 和 C4 组分、S1 和 S2 对应荧光组分则表现出极高的相似性。因此，可以推测，本研究荧光组分 S1 和 S2 的相对丰度对云南高原湖泊营养水平有一定指示意义。

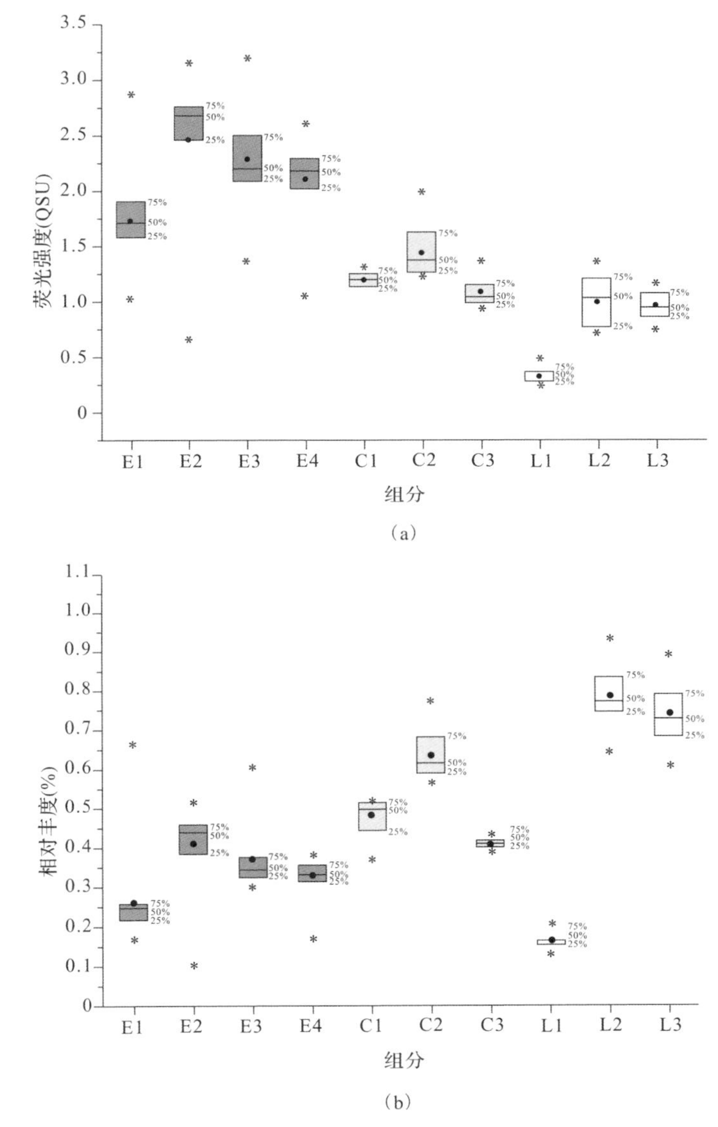

图 4-9　(a) 荧光强度；(b) 湖泊不同荧光组分相对丰度

如表 4-12 所示，与平原湖泊相比，云南高原湖泊上覆水 DON 含量相对较低，且含有部分独特组分。同样使用 EEM-PARAFAC 模型，Yao *et al.* (2011) 在对鄱阳湖进行研究时发现了三种类腐殖质组分和一种类蛋白质组分，并没有和本研究发现的 S1 及 S2 组分表现出任何相似性，即荧光组分 S1 和 S2 在高原湖泊有更高的存在概率。

通过 EEM-PARAFAC 模型研究太湖 DON 特征，发现了两种类色氨酸、两种类腐殖质及一种类酪氨酸荧光物质，即太湖上覆水五种荧光物质同样没有与本研究 S1 和 S2 组分表现出任何相似性 (Yao *et al.*，2011)，进一步证实了 S1 和 S2 的独特性。云南高原湖泊上覆水 DON 及组分的生成与演变通常会受外源输入影响，高原湖泊上覆水 DON 含量低于平原湖泊，同时组分荧光强度也会较低。外源组分输入则受海拔影响更加明显，解释了海拔最高的泸沽湖中 S1 和 S2 的荧光强度和相对丰度高于洱海和程海的原因。随海拔升高，紫外线 b 的照射强度也在升高，会导致 DON 光降解速率加快，使 DON 稳定性降低，进而改变 DON 结构。可以推测高强度的 UV-b 照射会改变 DON 演变特征，促使内源组分 S1 和 S2 生成。高海拔还会导致外源 DON 向湖泊输入量下降 (Jansson *et al.*，2008；Zhang *et al.*，2010)。基于以上原因可见，通常情况下，高原湖泊外源氮输入量低于平原湖泊，但内源 S1 和 S2 组分在高原湖泊更容易生成。因此，高原湖泊水污染治理及富营养化防控应更加关注内源 S1 和 S2 组分的存在及指示意义。

表 4-12　湖泊上覆水 DON 光谱特征参数比较

湖泊	荧光组分	*Ex*/*Em*(nm)	本研究组分	荧光强度	与本研究近似的组分
云贵高原 38 个湖泊	C1 C2 C3 C4	255(350)/471 235(290)/397 225(275)/322 225(285)/344	S1 (E2，C3，L2): (210～225)/360nm S2 (E4，C2，L3) (210～225)/310nm	相近	C4～S1 (E2，C3，L2); C3～S2 (E4，C2，L3)
太湖	C1 C2 C3 C4 C5	230/344 235(300)/404 250(355)/461 230(270)/306 275/321		大一些	无
潘阳湖	C1 C2 C3 C4	260(350)/445 235(300)/395 205/440(280) 230(280)/335		大一些	无

4.4 本章小结

溶解性有机氮结构组分特征能很好地指示湖泊水质状况。紫外和荧光光谱可有效表征有机物结构组分，尤其是三维荧光光谱能够鉴别痕量有机组分，而各荧光紫外组分指标和水质指标间存在相关性。本研究洱海上覆水 DON 含量总体较低，为 0.08~0.31mg/L；春季 (0.28mg/L)> 夏季 (0.24mg/L)> 秋季 (0.20mg/L)> 冬季 (0.12mg/L)，平均 0.18mg/L；南部 > 北部 > 中部；中层 > 表层 > 底层。洱海上覆水 DON 受外源输入和内源释放共同影响，其芳香度易受季节性变化影响，其中冬季腐殖化程度最低 (平均 0.89mg/L)，秋季最高 (平均 1.27mg/L)；官能团取代基较少，主要以脂肪链为主。DON 各荧光组分在 2m 水深范围内转化最为明显，随水深增加，变化较为缓慢，浮游藻类对其有关键性作用。

受地形和污染影响，洱海上覆水 DON 含较多腐殖质类物质，腐殖化程度呈北部 > 中部 > 南部的趋势，且类蛋白物质含量与类腐殖质比例越高，其上覆水 TN、DTN、DON 和 SRP 含量越高，表明类蛋白物质含量可指示上覆水营养状况，即类蛋白物质含量越高，洱海水质越差；BIX 可在一定程度上反映总氮和硝氮含量特征，DON 类蛋白物质含量 $P_{\mathrm{I+II}}$ 能够指示上覆水 DTN 和 SRP 含量变化特征；DON 含量可间接反映上覆水微生物活性，当 DON 含量高时，脲酶含量高，微生物活性相应也较高。

洱海上覆水 DTN 和 DON 浓度分别为 0.310~0.449mg/L 和 0.052~0.249mg/L(平均分别为 0.370mg/L 和 0.109mg/L)，DTN 和 DON 浓度总体由南向北递减；间隙水 DTN 和 DON 浓度 (分别为 1.918~8.430 mg/L 和 0.198~1.710mg/L，平均 5.828mg/L 和 0.773mg/L) 较上覆水高，DON 浓度呈中部 > 南部 > 北部的趋势。入湖河流 DTN 和 DON 浓度分别为 0.519~2.397mg/L 和 0.212~0.414mg/L(平均 1.273mg/L 和 0.258mg/L)，DON 浓度变化趋势为中部 (白石溪和中和溪)> 北部 (永安江和弥苴河)> 南部 (清碧溪和波罗江)。间隙水和入湖河流 DON 均以中部区域浓度最高，南部和北部相对较低。湿沉降样品 DTN 和 DON 浓度分别为 0.193~1.210mg/L

和 0.022～0.472mg/L(平均 0.688mg/L 和 0.256mg/L)，不同时间采集湿沉降样品 DON 含量波动较大；间隙水、入湖河流和湿沉降 DON 分别占 DTN 的 4.7%～20.3%、15.0%～44.0% 和 11.6%～43.3%(平均 12.72%、24.70% 和 29.54%)。DON 与 DTN 呈正相关，表明洱海不同来源 DON 均为 DTN 重要组成部分，DON 对水体氮含量影响较大。洱海各来源 DON 均受内源和外源共同影响，且主要荧光组分以类腐殖质为主，而类蛋白组分较少，表明洱海上覆水 DON 生物有效性较低。

EEM-PARAFAC 模型研究表明，洱海上覆水包括两个外源组分 (E1 和 E3) 和两个内源组分 (E2 和 E4 在内的)，程海上覆水包括一个外源组分 (C1) 和两个内源组分 (C2 和 C3)，泸沽湖上覆水包括三个内源组分 (L1、L2 和 L3)。基于以上结果，可总结为一种内源类色氨酸组分 S1(E4、C3 和 L2) 与一种内源类酪氨酸组分 S2(E2、C2 和 L3)，即 S1 和 S2 组分普遍存在于高原湖泊，而平原湖泊很少发现。S1 和 S2 组分相对丰度可指示云南高原湖泊营养水平，且具有相似的来源和演变过程；随 S1 和 S2 荧光强度升高，上覆水内源 DON 含量升高，即上覆水生物源 DON 占比增大。

综合分析洱海、泸沽湖及程海等高原湖泊研究结果可见，高原湖泊上覆水 DON 含量总体较低，且含较多腐殖质类物质，腐殖化程度较高，受内源和外源共同影响，其中受内源影响更显著。其主要荧光组分是以类腐殖质为主，类蛋白组分较少，表明洱海等高原湖泊上覆水 DON 生物有效性较低。各组分及荧光指数和水体指标显著相关，能够一定程度上指示水质状况，并可预测其演变方向。通常情况下，高原湖泊外源氮输入量低于平原湖泊，但内源 S1 和 S2 组分在高原湖泊更容易生成，即高原湖泊水污染治理及富营养化防控要更加注意 S1 和 S2 组分的指示意义。

第 5 章　高原湖泊沉积物溶解性有机氮结构组分特征及指示意义

溶解性有机氮 (DON) 是湖泊氮素重要形态之一，相比于总氮及无机氮，对 DON 的研究较薄弱。伴随对 DON 重要性认识的不断深入，针对其含量及结构特征等研究报道增加较快，相关研究方法也得以快速发展。如综合应用三维荧光光谱、紫外—可见光谱和红外光谱等方法分析 DON 特定结构组分及取代基种类，通过傅里叶变化离子回旋共振质谱仪 (FTICRMS) 等方法从分子水平表征 DON 结构特征，以期进一步揭示湖泊 DON 转化过程及机制。DON 作为沉积物有机氮最活跃组分，直接参与了湖泊氮矿化及植物吸收等氮循环过程，对湖泊营养水平有较大影响和较好指示作用。因此，综合研究沉积物 DON 含量、结构组分特征及与湖泊营养水平间关系对湖泊保护治理具有重要意义。

基于此，本研究针对高原湖泊沉积物 DON 时空分布及水质影响和沉积物不同分子量 DON 特征等开展研究，通过高原湖泊沉积物 DON 组分及湖泊指示和不同营养水平湖泊沉积物 DON 结构组分等方面的对比，综合揭示高原湖泊沉积物 DON 结构组分及对湖泊的指示意义，对阐明高原湖泊氮循环过程和富营养化机理具有重要意义。

5.1 高原湖泊洱海沉积物溶解性有机氮时空分布特征及水质影响

DON 是沉积物和土壤主要可溶性氮库，也是微生物和植物等潜在可利用氮源 (Jones and Willett，2006)。部分低分子量 DON 组分，如游离氨基酸 (free amino acid，FAA) 等是微生物重要氮源，能被直接吸收 (Jones and Shannon，2004，2005)。林素梅等 (2009) 研究指出，有机氮是湖泊沉积物最主要氮形态，DON 则是主要的有机氮库组分。以往关于 DON 的研究，主要集中在河口 (Boyer *et al.*，2006；Bricker *et al.*，2007)、森林 (Chen *et al.*，2005；Yang *et al.*，2012) 及湿地土壤 (Elliott and Brush，2006) 等方面，针对湖泊沉积物 DON 的研究较少，事实上湖泊沉积物 DON 含量及占比均不可忽视。高悦文等 (2012) 对洱海表层沉积物 DON 的研究表明，其占 DTN 质量比约为 40%。根据土壤研究结果，DON 生物活性较高，且在林地和农田生态系统养分循环及物质转化等过程中发挥着重要作用 (Kalbitz *et al.*，2000)。鉴于沉积物 DON 含量及分布等对湖泊水质的重要影响 (Zehr，1988)，本研究以洱海为高原湖泊代表，研究其沉积物 DON 含量及时空分布特征，并探讨其与湖泊水质间关系，以期为深入揭示高原湖泊富营养化机制提供理论和数据支撑 (本研究采样点位见李文章等，2017)。

5.1.1 洱海表层沉积物溶解性有机氮含量特征

洱海表层沉积物 DON 含量为 2.85~140.47mg/kg，平均值为 (59.01±32.12)mg/kg(表 5-1)；空间分布总体呈现北部 > 中部 > 南部的趋势，特别是北部东岸红山湾湖区及中部海潮河区域，其沉积物 DON 含量明显高于其他区域 (> 120mg/kg)。相比于长江中下游污染严重的湖泊，洱海沉积物 DON 含量较低 (108.90~292.31mg/kg)，而与污染程度较轻的湖泊相比，洱海沉积物 DON 含量与其基本相当 (17.18~100.39mg/kg)(高跃文，2012)。为了总体把握洱海表层沉积物 DON 含量及分布状况，比较了 DON

在DTN中的占比(表5-1)。具体而言，洱海北部湖区沉积物DON平均含量为(78±17)mg/kg，占DTN的比例为(31±6)%；中部湖区DON平均含量为(64±15)mg/kg，占DTN的比例为(25±7)%；南部湖区DON平均含量为(54±13)mg/kg，占DTN的比例为(22±7)%。

由此可见，洱海北部湖区沉积物DON含量较高，占DTN的比例也较高，主要是因为该湖区受村落生活及农业面源等污染影响，特别是北部永安江流域入湖河流冲积扇下缘区域，受畜禽粪便及农田面源污染较重；中西部区域受苍山十八溪影响，区域村落和农田污染也较严重；南部湖区为出湖口区，沉积物DON所占DTN比例低于平均值(66.49±17)mg/kg。

沉积物有机质来源主要包括自生源和陆源输入，而沉积物C/N比值可用来判断有机质来源(李玲伟等，2010)。本研究洱海南部湖区沉积物C/N比值为7~27，平均值为13，表明该湖区沉积物DON受陆源输入和湖泊自生共同影响，其有机碳主要来源于陆源输入，而沉积物表层DON主要以陆源输入为主，沉积物下层则主要来源于湖泊自生。以上结果与该区域水生植物季节性生长及分布等结果一致(李玲伟等，2010)。

表5-1　洱海表层沉积物DON含量特征

点位	DIN(mg/kg)		DON				DOM	C:N
	NH_4^+-N	NO_3^--N	(mg/kg)	(kg/ha)	%(DTN)	%(TN)	(g/kg)	
N1	129.30	17.71	84.83	40	37	3.6	28.44	12
N2	148.78	31.13	94.89	24	35	1.5	133.13	22
N3	173.82	12.88	75.24	30	29	1.6	31.08	7
N4	176.56	12.34	55.80	18	23	1.0	148.91	27
M5	173.10	19.32	59.82	28	24	1.8	25.74	8
M6	224.57	16.10	52.39	17	18	1.7	31.10	10
M7	116.10	50.67	81.19	28	33	3.1	31.47	12
S8	159.19	14.49	64.60	24	27	1.3	51.67	11
S9	141.80	16.64	56.21	15	26	0.9	46.82	7
S10	227.37	17.18	39.95	15	14	1.0	42.45	11
均值	167.06	20.85	66.49	24	26	1.8	57.08	13
CV%	37	12	17	8	25	2	45	6

5.1.2 洱海表层沉积物溶解性有机氮季节变化特征

沉积物释放是湖泊水体DON的主要来源之一(Vanderbilt *et al.*, 2003)，且季节性变化较大。洱海表层沉积物DON含量季节性变化总体呈现夏季 > 春季 > 秋季 > 冬季的趋势(中部区域春季与秋季变化差异不明显；图5-1)。其中夏季洱海表层沉积物DON平均值(39.07±9.71)mg/kg，明显高于其他季节；春季平均值为(27.70±12.91)mg/kg，与秋冬两季相差不大；冬季含量最低，为(18.85±4.80)mg/kg。由此可见，洱海表层沉积物DON含量季节变化较为明显，可能的影响因素包括温度、水量、风浪及生物活动强度等方面(罗专溪等，2010；Kroeger *et al.*，2006)。

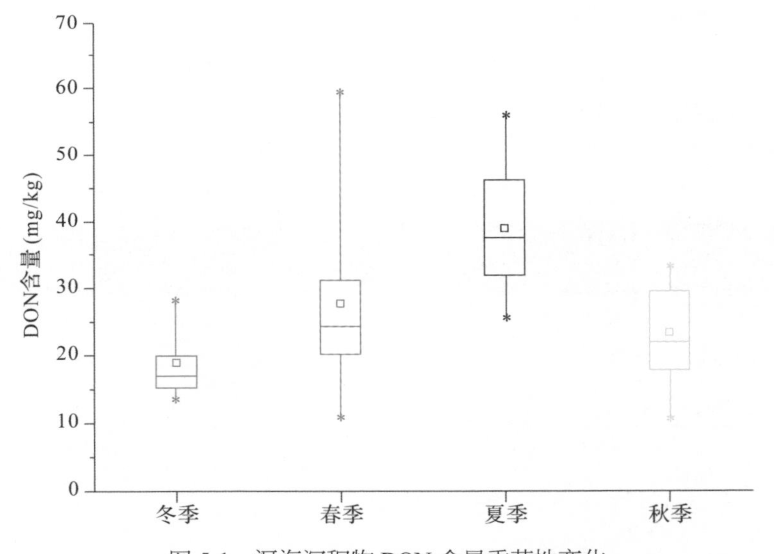

图5-1 洱海沉积物DON含量季节性变化

北部与南部湖区沉积物DON含量分布规律为夏季 > 春季 > 秋季 > 冬季，而中部湖区与北部和南部略有差异之处为DON含量在秋季高于春季。DOC与DON含量变化规律差异较大，北部湖区DOC含量与DON含量变化规律一致，而南部与中部呈现春季 > 夏季 > 秋季 > 冬季的规律。根据数据变异结果可见，洱海沉积物 DOC 与 DON 含量季节性变化较大 (表 5-2)。

表 5-2　洱海表层沉积物 DON 和 DOC 季节性区域分布特征

点位	DON(mg/kg)				DOC(mg/kg)			
	冬季	春季	夏季	秋季	冬季	春季	夏季	秋季
北部	18.77	31.47	33.87	24.28	307.40	490.72	490.80	451.42
均值 (SD)	27.10(6.89)				435.08(87.12)			
中部	20.50	22.89	38.06	25.38	274.20	413.74	351.41	321.74
均值 (SD)	26.71(2.09)				340.27(58.40)			
南部	17.30	27.50	47.02	20.58	296.03	538.48	426.64	321.74
均值 (SD)	28.10(3.99)				395.72(110.68)			

5.1.3　洱海沉积物溶解性有机氮垂向变化特征

为了进一步认识洱海沉积物 DON 含量变化，本团队研究了 6 个柱状沉积物样品 (由北向南)DON 含量。结果表明，洱海沉积物 0~10cm 深度 DON 含量范围为 2.30~7.63mg/kg(表 5-3)，占 DTN 的比例为 45.01%~60.70%；10~20cm 深度沉积物 DON 含量范围为 2.62~7.06 mg/kg，占 DTN 比例为 38.30%~55.21%；20~30cm 深度与 30~40cm 深度 DON 含量变化差异较小，占 DTN 的比例为 40.2%~56.0%。由此可见，随沉积深度增加，洱海沉积物 DON 所占 DTN 比例随之增大，且在 20cm 水深后变化趋于平缓。就不同湖区而言，中部湖区 DON 含量大于北部与南部湖区，而湖滨区域 (浅水区) 变化差异明显小于中部较深湖区。

表 5-3 洱海柱状沉积物氮含量垂向分布

柱状样	Z1	Z2	Z3	Z4	Z5	Z6
0～10cm 深度						
NH_4^+-N	2.70(0.66)	2.72(0.69)	4.02(2.21)	3.57(0.76)	4.55(0.25)	3.33(0.25)
NO_3^--N	0.11(0.08)	0.15(0.05)	0.51(0.31)	0.28(0.05)	0.39(0.11)	0.07(0.02)
DON	2.30(0.42)	3.38(0.12)	3.32(0.64)	5.18(0.27)	7.63(0.87)	2.38(0.02)
10～20cm 深度						
NH_4^+-N	4.91(0.13)	4.37(0.38)	8.14(0.03)	4.60(0.06)	5.00(0.13)	4.18(0.32)
NO_3^--N	0.10(0.04)	0.10(0.06)	0.94(0.04)	0.53(0.04)	0.56(0.02)	0.04(0.02)
DON	3.31(0.01)	5.51(0.12)	7.06(0.32)	6.20(0.15)	4.31(0.25)	2.62(0.23)
20～30cm 深度						
NH_4^+-N	5.44(0.13)	5.00(0.13)	8.23(0.09)	5.13(0.06)	5.13(0.06)	4.00(0.45)
NO_3^--N	0.24(0.04)	0.22(0.02)	0.90(0.08)	0.59(0.06)	0.52(0.04)	0.08(0.03)
DON	4.78(0.34)	6.52(0.58)	6.82(0.01)	7.28(0.60)	4.77(0.01)	2.96(0.8)
30～40cm 深度						
NH_4^+-N	6.34(0.63)	6.25(0.38)	8.66(0.13)	6.07(0.63)	5.00(0.25)	4.32(0.25)
NO_3^--N	0.42(0.00)	0.47(0.11)	0.88(0.01)	0.56(0.00)	0.27(0.01)	0.08(0.00)
DON	4.55(0.02)	7.05(0.03)	7.08(0.55)	6.89(0.53)	6.47(0.73)	3.76(0.02)
40cm 以下深度						
NH_4^+-N	0.40(0.01)	0.30(0.00)	0.30(0.00)	0.14(0.00)	0.31(0.01)	0.10(0.04)
NO_3^--N	0.11(0.00)	0.11(0.00)	0.15(0.00)	0.12(0.01)	0.13(0.00)	0.09(0.03)
DON	0.11(0.33)	0.33(0.00)	8.29(0.14)	0.45(0.02)	0.27(0.01)	0.22(0.07)

5.1.4　洱海沉积物溶解性有机氮影响因素

洱海沉积物溶解性有机碳、氮及磷含量均值分别为(516.63±117.50)mg/kg、(25.23±21.54)mg/kg和(2.89±1.23)mg/kg(图5-2)。由图5-2结果可见，随深度增加，洱海沉积物DON含量逐渐降低，而DOC与DOP含量则略有增大趋势。白军红等(2002)在湿地生态系统氮垂直空间分布差异研究中发现，表层土壤氮水平分层差异显著高于下层，且受水分影响较大；下层土壤氮分层差异因形态不同而异，如硝态氮含量由中间带向两侧递减，而铵态氮的变异方向与表层变异相反，因为硝态氮具有迁移性和易淋失性，其空间分异最为显著，而铵态氮则相对较稳定，易被土壤胶体所吸附不易向下淋失，空间分层差异程度最小。由此可见，洱海沉积物DON含量随沉积深度的增加而降低，且在10~20cm深度沉积层趋于稳定。

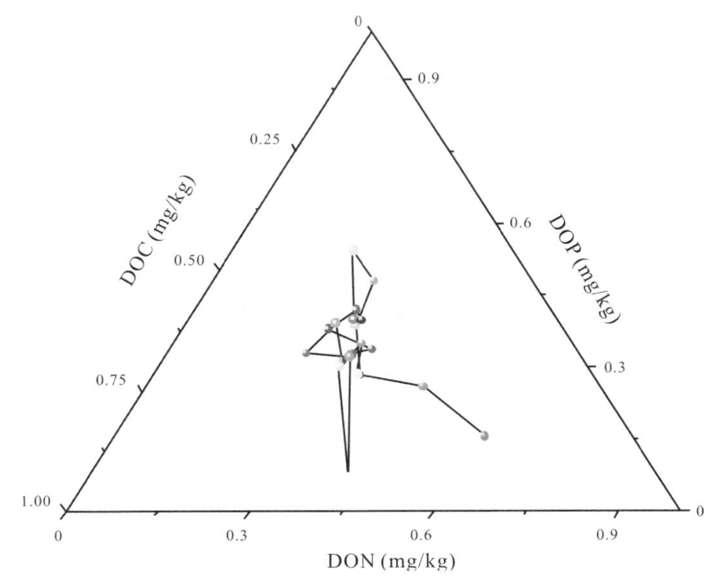

图5-2　洱海沉积物溶解性有机氮及铵态氮、硝态氮含量比例三元相图

注：其中红色为表层样分布点，依连线深度逐渐增大

沉积物 DOC 和 DOP 变化与洱海不同湖区水生植物分布相关。熊汉锋和王运华 (2005) 曾模拟研究了水生植物生长，随温度升高，水生植物分解释放到水体的碳量增加；与此同时，还有磷的积累，其中受温度、氧浓度及氮浓度影响较大，通过直接影响异养细菌和其他微生物活动而间接影响有机质变化。熊礼明 (1992) 研究表明，土壤磷主要来源于成土母质和动植物残体归还等，土壤类型和气候条件等均会影响其含量，且通常情况下磷以正磷酸盐形态存在于土壤，大部分与有机质结合。

洱海柱状沉积物氮分布结果表明 (图 5-3)，溶解态氮含量与沉积物深度显著正相关，且随深度增加，中部湖区沉积物氮含量增长幅度高于

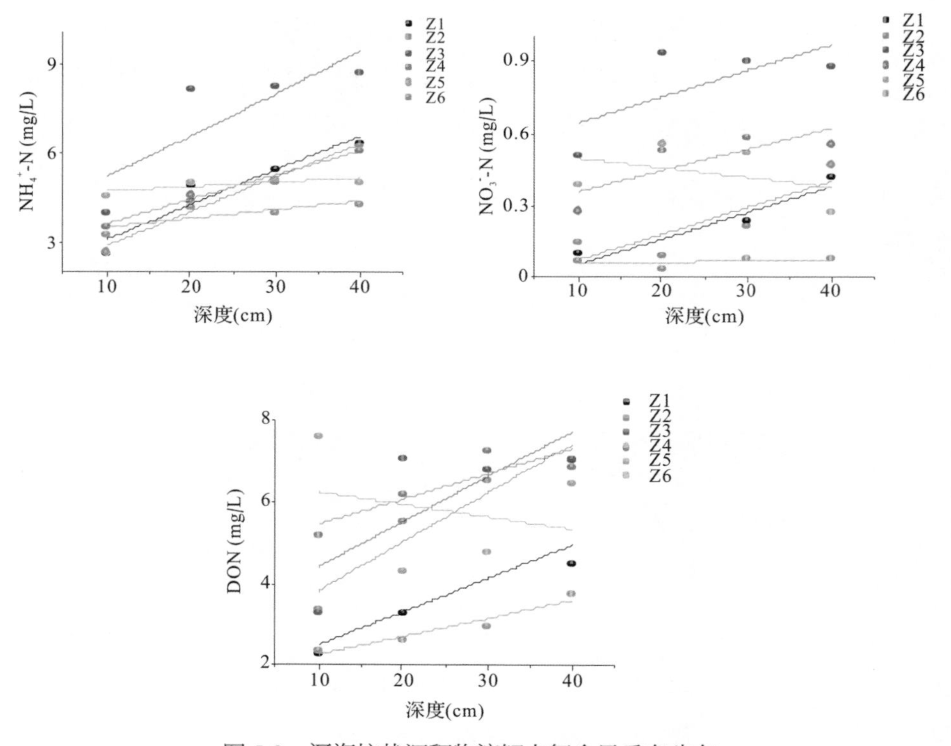

图 5-3　洱海柱状沉积物溶解态氮含量垂向分布

表 5-4 洱海沉积物溶解态氮含量相关系数表

系数	Z1	Z2	Z3	Z4	Z5	Z6
A_m	0.107	0.108	0.107	0.090	−0.040	0.007
B_m	−0.05	−0.035	0.540	0.265	0.535	0.05
R^2_m	0.856	0.720	0.477	0.668	0.153	0.227
A_n	0.010	0.010	0.010	0.009	−0.004	0
B_n	−0.050	−0.035	0.540	0.265	0.535	0.050
R^2_n	0.856	0.720	0.477	0.668	0.153	0.227
A_p	0.082	0.120	0.110	0.062	−0.030	0.044
B_p	1.680	2.610	3.310	4.835	6.550	1.810
R^2_p	0.845	0.916	0.601	0.758	0.064	0.922

注：表中 A、B 对应线性相关性公式 $y=AX+BY$ 中的系数，R^2 代表相关系数；对应的脚注 m、n、p 分别代表 NH_4^+-N、NO_3^--N、DON。

北部与南部湖区。相比其他两个湖区，北部湖区变化幅度线性较强，且沉积物 DON 含量与深度呈显著正相关 (表 5-4；$R^2 > 0.845$)。

5.1.5 沉积物溶解性有机氮对洱海水质影响

洱海表层沉积物 DON 含量总体呈现北部 > 中部 > 南部的趋势 (图 5-4)，其均值为 (59.01 ± 32.12)mg/kg；垂向分布 (> 10cm) 随深度增加呈递增趋势 (2.62~7.28mg/kg)。洱海表层沉积物 DON 和 DTN 值高于黄土高原地区红油土和淋溶褐土 (杨绒等，2007) 的 39.10mg/kg 和 41.80 mg/kg；然而占 DTN 比例 (26%) 却小于以上两地区，分别为 68.28% 和 68.57%，表明洱海沉积物 DON 库占总氮库比重可能偏小，但对洱海来说，沉积物 DON 对水质可能有较大影响。

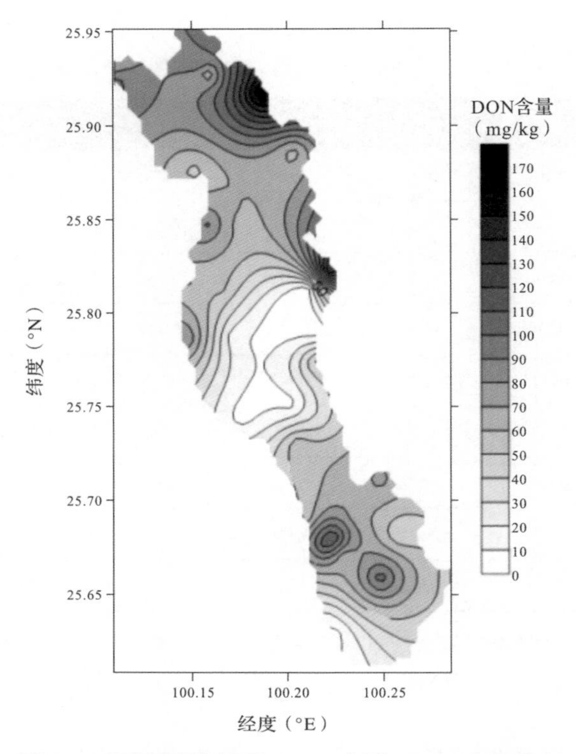

图 5-4　洱海表层沉积物 (10cm 深度)DON 含量分布

洱海沉积物 DON 含量变化较大，夏季偏高，春季区域波动较大，冬季最低，且变化波动较小。吴雅丽等 (2014) 对太湖氮的研究表明，冬、春季太湖水体氮含量较高，主要受春耕及水位等因素影响，一方面氮输入量加大，另一方面冬季水位较低起到浓缩作用；而夏季降雨量增加，氮浓度被稀释。沉积物夏季与冬季 DON 含量较高，显然沉积物 DON 与 DOC 的相关性也并不显著，但考虑到界面因素，夏季水体 DON 含量降低，与沉积物 DON 形成浓度差，促使沉积物 DON 在垂向上迁移，使得 DON 在垂向呈现表层 (0～10cm) 与深层 (＞30cm) 间的“驼峰”效应 (图 5-5)，针对沉积物—水界面氮释放通量的研究也证明了这一结论。李斌和肖淑燕 (2014) 的研究也表明，有机氮可矿化为无机氮，并不断向上覆水释放。

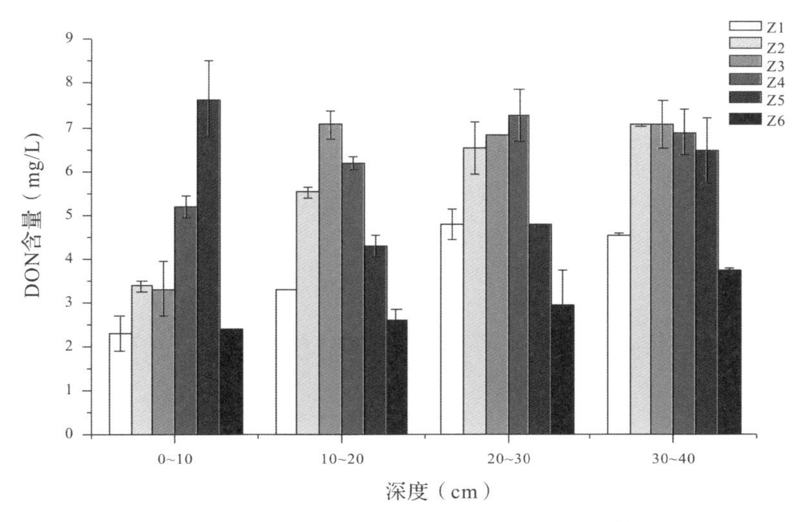

图 5-5　洱海不同深度柱状沉积物 DON 含量差异

DON 作为沉积物活跃氮组分，易于与上覆水交换，也容易被生物直接利用，促进藻类生长，进而增加富营养化风险。洱海北部与南部湖区主要受外源影响，如施肥、牲畜及城市面源污染等。夏季洱海表层沉积物 DON 含量相比其他季节偏高，而冬季偏低。温度、溶解氧等对 DON 影响主要是影响氮矿化与释放等过程。有机质种类、来源及植被分布等因素 (王淼等，2015) 对洱海沉积物 DON 具有明显影响，且可通过 C/N 比值表示。Thornton and McManus(1994) 研究河口碳、氮同位素及 C/N 值等，认为一定程度上 C/N 指标对沉积物内源负荷及有机质来源等有较好指示作用。

5.2　高原湖泊洱海沉积物不同分子量溶解性有机氮特征及与水质关系

DON 作为沉积物有机氮最活跃组分之一，也是湖泊氮循环的重要储存库，直接参与了湖泊生态系统氮的固定、矿化及植物吸收等氮循环过程。DON 结构复杂，目前对其认识尚不足，已知结构的 DON 主要是小分子的氨基酸、胺、核苷酸等，其余大部分高分子组分，如多肽、蛋白质及腐殖质等结构尚不明确。因此，从分子量角度研究是深入认识DON结构组成特征的有效方法之一。

本研究以洱海为高原湖泊代表，研究其沉积物不同分子量DON空间分布及光谱特征，并探讨对湖泊富营养化的指示意义。研究成果对进一步揭示洱海等高原湖泊富营养化机理具有重要意义(本研究采样点信息见程杰等，2014)。

5.2.1 洱海沉积物不同分子量溶解性有机氮空间分布及影响因素

1. 洱海沉积物不同分子量DON含量及空间分布特征

用彼得森采泥器在洱海采集了9个表层沉积物(0~10cm)样品，采样点位置及样品的基本理化特征见表5-5和5-6。洱海沉积物不同分子量DON含量结果见图5-6，分子量最大组分含量$\omega_{>10k\text{-}N}$为5.33~31.76 mg/kg，平均值为12.83mg/kg，占ω_{DON}的比例为20.0%~51.7%(平均值为32.2%)，与ω_{DON}呈极显著正相关(R=0.914，P<0.01)；其空间分布与ω_{DON}大致相同，最高值分布区域也与ω_{DON}相同，最低值出现在以EH1号采样点为代表的北部红山湾与永安江冲积扇下缘区。

表5-5 采样点位置及描述

编号	地理位置	采样点描述	经纬度
EH1	红山湾	永安江冲积扇下缘，受畜禽业及农业面源污染较重	25° 55'54.58"N
			100° 9'13.48"E
EH2	沙坪湾浅水区	罗时江入湖河口处，沉水植物分布广泛	25° 56'8.27"N
			100° 5'57.50"E
EH3	北部	弥苴河冲积扇下缘	25° 55'11.17"N
			100° 7'31.15"E

续　表

编号	地理位置	采样点描述	经纬度
EH4	中部	沉积物矿物质含量高	25° 50'7.78"N
			100° 11'31.48"E
EH5	中部湖心	洱海水深最深处	25° 47'59.49"N
			100° 11'49.25"E
EH6	中部西岸	苍山十八溪冲积扇下缘	25° 45'43.3"N
			100° 9'59.4"E
EH7	南部	南部湖心平台的上边缘，受北部来水和下环流的影响	25° 43'51.70"N
			100° 12'7.34"E
EH8	湖心平台	该区域水生植物退化严重	25° 41'24.91"N
			100° 14'5.35"E
EH9	南部	波罗江冲积扇下缘	25° 38'3.07"N
			100° 15'2.24"E

分子量较大的组分 $\omega_{3\sim10k\text{-}N}$ 与 $\omega_{1\sim3k\text{-}N}$ 的空间分布总体均呈现南部 > 中部 > 北部的趋势，$\omega_{3\sim10k\text{-}N}$ 占 ω_{DON} 的比例较大，为 25.8%~58.5%(平均值为 37.8%)，与 ω_{DON} 呈显著正相关 (R=0.649，P<0.05)，而 $\omega_{1\sim3k\text{-}N}$ 占 ω_{DON} 的比例较小，为 2.9%~34.8%(平均值为 17.8%)，与 ω_{DON} 的相关性不显著 (P=0.807)。沉积物 DON 小分子组分 $\omega_{<1k\text{-}N}$ 为 2.17~6.26mg/kg，平均值为 4.35mg/kg，占 ω_{DON} 的比例为 7.0%~20.9%(平均值为 12.3%)，与 ω_{DON} 相关性不显著 (P=0.259)；空间分布总体呈现北部 > 南部 > 中部的趋势，最高值在以 EH3 号采样点为代表的北部弥苴河冲积扇下缘，最低值在以 EH4 号采样点为代表的洱海中部湖区。

表 5-6　洱海采样点沉积物理化性质

采样点	ω_{TN} (mg/kg)	ω_{TP} (mg/kg)	ω_{TOM} (g/kg)	CEC (cmol(+)/kg)
EH1	2399.99	1032.04	30.86	23.13
EH2	1985.24	1172.40	37.23	14.01
EH3	4941.81	839.97	77.76	22.59
EH4	1643.14	1033.78	21.22	77.74
EH5	2967.75	945.78	36.31	33.66
EH6	3664.21	974.82	50.18	34.44
EH7	5590.77	786.14	83.98	31.06
EH8	5111.42	703.38	76.44	25.95
EH9	3914.15	982.53	53.94	26.93

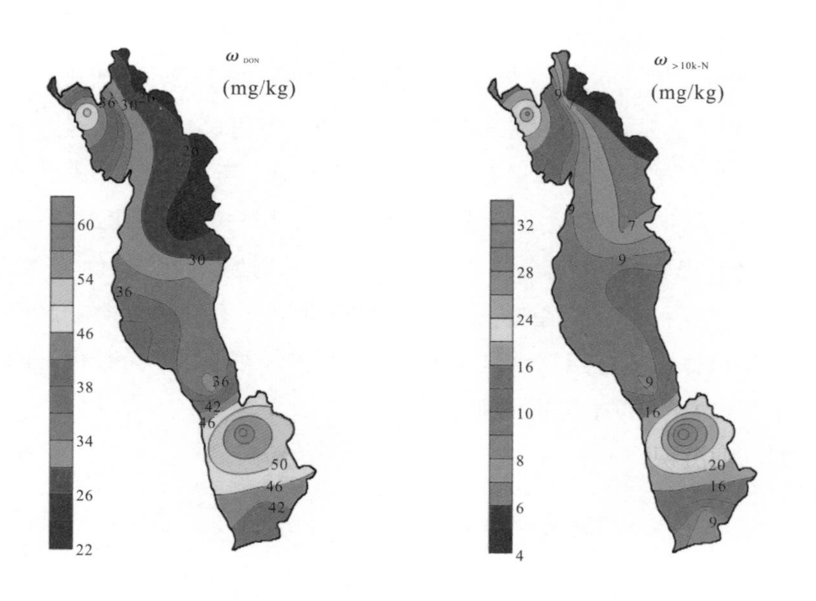

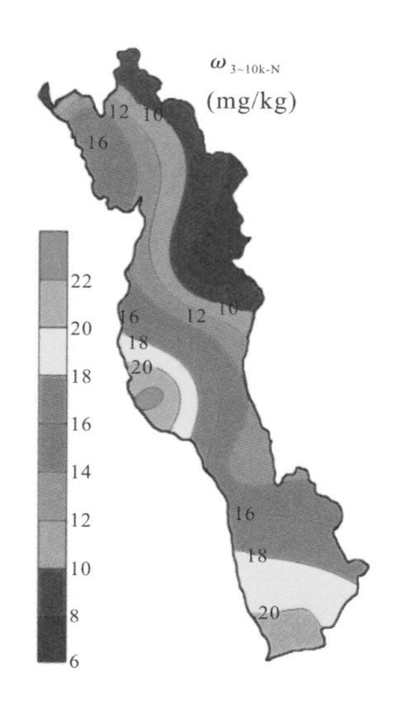

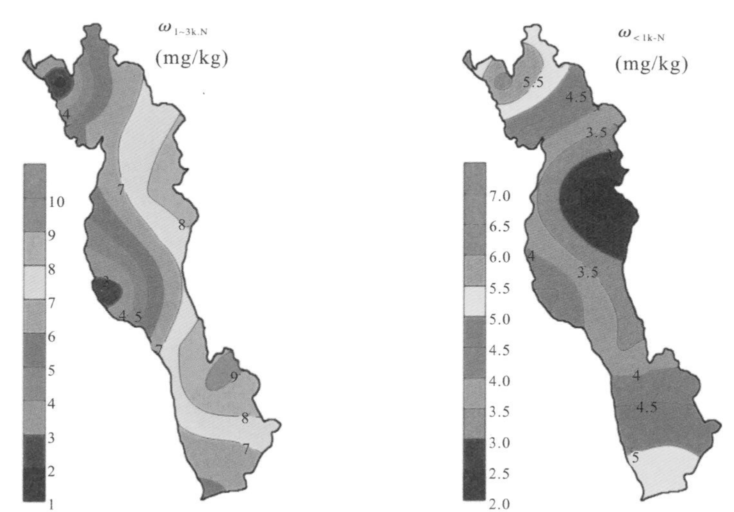

图 5-6　洱海沉积物不同分子量 DON 含量空间分布

2. 洱海沉积物不同分子量 DON 空间分布影响因素

造成 ω_{DON} 分布差异的原因可能主要是由于不同湖区沉积物 DON 来源不同。DON 是有机质的重要组成部分，而有机质来源在一定程度上也可指示沉积物 DON 来源。沉积物 C/N 比值可辨别其来源，一般认为，来源于湖泊自生新鲜有机质的 C/N 比值为 3~8，而 C/N 比值大于 8 时，沉积物有机质受两种物源共同影响，且 C/N 比值越大，陆源输入有机质所占比例也越大 (吕晓霞等，2005)。

不同湖区 (北部、中部、南部) 沉积物有机质 C/N 比值分别为 7.46~10.88、7.10~7.94 和 7.99~8.71，表明洱海沉积物有机质受湖泊自生和陆源输入共同影响，且北部湖区陆源输入 DON 所占比例较大。洱海水流总体由北向南 (魏中青等，2005)，在水动力作用下，陆源输入 DON 随水流方向逐步累积，南部水体交换相对较慢，有利于陆源输入 DON 累积，而且南部湖心平台自 2003 年水生植物衰退后，沉积物表面沉积了大量植物碎屑，湖泊自生 DON 所占比例较大，使该区域沉积物 ω_{DON} 最高。主要入湖河流——弥苴河、罗时江及永安江经由北部进入洱海，携带大量陆源 DON 并在北部累积，造成该区域沉积物 ω_{DON} 较高。中部水深较深，无水生植物分布，湖泊自生 DON 含量较少，且由于湖泊环流作用，水流较快，不利于陆源输入 DON 累积，使得 ω_{DON} 较低。

洱海沉积物不同分子量 DON 含量与其理化性质的相关关系见表 5-7。ω_{DON} 与 ω_{TN}、ω_{TOM} 均呈显著正相关，与 Chen *et al*.(2005) 的研究结果一致，表明洱海沉积物 DON 和总氮、总有机质间关系密切，也反映了 DON 在沉积物氮循环过程中的重要性。$\omega_{>10k\text{-}N}$ 与 ω_{TOM} 也呈显著正相关，表明洱海沉积物 DON 以大分子为主。$\omega_{<1k\text{-}N}$ 与 CEC 呈显著负相关，与 Filep and Rékási (2011) 研究发现的 DON 含量随 CEC 增加而减少的结论一致，表明小分子 DON 更容易从沉积物释放。另外，ω_{DON} 及 $\omega_{>10k\text{-}N}$ 均与 ω_{TP} 呈显著负相关，由于目前关于磷对 DON 影响的报道尚不多见，推测可能与洱海入湖氮磷的非同源性有关。

表 5-7 洱海沉积物不同分子量 DON 与其理化性质相关关系

项目	ω_{TN}	ω_{TP}	ω_{TOM}	CEC
ω_{DON}	0.755*	−0.776**	0.738*	−0.334
$\omega_{>10k\text{-}N}$	0.612	−0.689*	0.656*	−0.259

续　表

项目	ω_{TN}	ω_{TP}	ω_{TOM}	CEC
$\omega_{3\sim10k\text{-}N}$	0.596	−0.452	0.497	−0.298
$\omega_{1\sim3k\text{-}N}$	−0.013	−0.253	−0.060	0.342
$\omega_{<1k\text{-}N}$	0.281	−0.037	0.332	−0.720*

注：n=9，* 为 P<0.05，** 为 P<0.01。

5.2.2　洱海沉积物不同分子量溶解性有机氮含量与水质关系

洱海沉积物不同分子量DON与DOC、DOP间相关关系如表5-8所示，总DON含量ω_{DON}与ω_{DOC}呈显著正相关，与Goodale *et al*.(2000)的研究结果一致，表明一定程度上，洱海沉积物DON迁移转化与DOC有关。作为溶解性有机质(DOM)的重要组分，DON与DOC均会参与有机质降解、利用及转化等复杂的物理、化学和生物过程，部分可为水生生物提供养分，部分为难降解组分，可累积于底层沉积物。

由此可以推断，洱海沉积物DON含量变化与DOC具有相似趋势。此外，ω_{DON}与$\omega_{3\sim10k\text{-}C}$呈极显著正相关，且$\omega_{DON}$中$\omega_{3\sim10k\text{-}N}$所占比例也较大，推测DON含氮官能团可能大部分分布在分子量为3～10kDa的DOM中，分子量最大组分$\omega_{>10k\text{-}N}$与ω_{DON}、$\omega_{<1k\text{-}C}$之间均呈显著正相关，印证了洱海沉积物DON迁移转化与DOC有关，也表明洱海沉积物DON平均分子量略大于DOC。$\omega_{3\sim10k\text{-}N}$与$\omega_{3\sim10k\text{-}C}$、$\omega_{DOP}$间呈极显著正相关，进一步确认了洱海沉积物DON含氮官能团主要分布在分子量为3～10kDa的DOM，同时表明3～10kDa的DOM还含有大量有机磷官能团。

$\omega_{1\sim3k\text{-}N}$与不同分子量DOC、DOP的相关系数均为负值，且与$\omega_{>10k\text{-}C}$、$\omega_{1\sim3k\text{-}P}$显著负相关，可能暗示该组分DON相对于DOC、DOP来说，更容易被水生生物利用。$\omega_{<1k\text{-}N}$与不同分子量DOC、DOP不显著相关，表明洱海小分子组分DON迁移转化相对独立。

目前针对湖泊沉积物DON与DOC、DOP间的耦合关系的研究尚未达成一致观点，对于DON与DOC、DOP耦合作用机理的认识还不够完善。不同来源 DON 与 DOC 之间的耦合关系不同，如 Aitkenhead-Peterson *et al.* (2003) 研究表明，来自同一外源的 DON 和 DOC 具有显著线性相关关系，耦合关系密切，但 Lutz *et al.*(2011) 针对美国东部流域的研究发现，DON 和 DOC 含量之间不显著相关。本研究则表明，洱海沉积物不同分子量 DON 与 DOC、DOP 之间的耦合关系较密切，DON 迁移转化与 DOC 有关，有机氮磷官能团主要分布在 3～10kDa 的 DOM 组分，且相较于 DOC、DOP 来说，1～3kDa 的 DON 组分生物有效性更高。

表 5-8　洱海沉积物不同分子量 DON 与 DOC、DOP 相关关系

项目	ω_{DOC}	$\omega_{>10k-C}$	$\omega_{3\sim10k-C}$	$\omega_{1\sim3k-C}$	$\omega_{<1k-C}$	ω_{DOP}	$\omega_{>10k-P}$	$\omega_{3\sim10k-P}$	$\omega_{1\sim3k-P}$	$\omega_{<1k-P}$
ω_{DON}	0.739*	0.444	0.801**	0.608	0.591	0.611	0.630	0.277	0.342	0.246
$\omega_{>10k-N}$	0.700*	0.468	0.528	0.494	0.658*	0.364	0.456	0.072	0.329	0.025
$\omega_{3\sim10k-N}$	0.592	0.428	0.924**	0.476	0.347	0.830**	0.723	0.429	0.484	0.460
$\omega_{1\sim3k-N}$	−0.574	−0.736*	−0.292	−0.181	−0.575	−0.450	−0.249	−0.055	−0.883**	−0.127
$\omega_{<1k-N}$	0.628	0.493	0.442	0.575	0.576	0.520	0.112	0.386	0.553	0.430

注：n=9，* 为 P<0.05，** 为 P<0.01。

5.3　高原湖泊沉积物溶解性有机氮组分特征及指示意义

湖泊是开放水体，接纳八方来水，流域人类活动对水土资源等影响最终都会在沉积物有所反映。DON 是沉积物 DOM 的重要组分，由含氮官能团组成，同时 DON 也是微生物和浮游植物等氮源之一。富营养化湖泊水华藻类快速生长过程中，其氮源会不断发生变化，而沉积物 DON 释放则是影响氮源的重要一环。因此，研究建立湖泊营养水平与沉积物 DON 间

关系，对深入认识湖泊富营养化机制具有重要意义。

云南高原湖泊山高谷深，多分布在断裂带，系地层断裂成湖。该区域湖泊具有一定的封闭一半封闭特点，换水周期较长，相对东部平原湖泊而言，生态系统更加脆弱。湖泊营养水平不仅与外源污染输入直接相关，沉积物内源释放也是重要的影响因素之一。本研究试图比较云南典型高原湖泊滇池、洱海、泸沽湖和程海沉积物 DON 结构组分特征及差异，以期揭示沉积物有机氮组分结构对高原湖泊营养水平的指示意义。

5.3.1　高原湖泊溶解性有机氮含量特征

本研究高原湖泊沉积物 DON 含量范围为 12~120mg/kg，占总氮的 0.2%~1.6%，其中滇池含量最高 (平均 67.60mg/kg)，程海最低 (平均 18.64mg/kg)(表 5-9)。按照 GB3838—2002《地表水环境质量标准》，处于中营养水平的程海，其上覆水维持在Ⅱ和Ⅲ类，但沉积物营养盐含量比贫营养水平的泸沽湖低一些，可能是由于泸沽湖水体较深，生物残体累积引起沉积物 DON 含量较高；而其上覆水 DON 含量较低，则表明泸沽湖沉积物 DON 释放速率较小。

表 5-9　高原湖泊沉积物与上覆水主要理化指标

湖泊		沉积物					上覆水		
		TN (mg/kg)	DON (mg/kg)	OM (mg/kg)	pH	DOC (mg/kg)	TN (mg/L)	TP (mg/L)	Chl a (mg/L)
程海	北部	2866.5	12.71	47.93	8.9	767.33	0.82	0.047	5.76
	中部	1755	28.64	18.09	8.91	334.00	0.78	0.043	5.98
	南部	2515	14.56	26.10	9.14	637.00	0.72	0.045	8.82
泸沽湖	湖心	6851.33	31.86	57.94	6.32	874.45	1.42	0.042	1.43

续 表

湖泊		沉积物					上覆水		
		TN (mg/kg)	DON (mg/kg)	OM (mg/kg)	pH	DOC (mg/kg)	TN (mg/L)	TP (mg/L)	Chl a (mg/L)
洱海	北部	4706.94	34.78	85.39	7.37	665.87	0.53	0.02	15.65
	中部	2988.25	31.70	59.31	7.28	484.40	0.52	0.02	15.65
	南部	5021.91	44.05	46.98	7.37	651.13	0.61	0.02	17.93
滇池	草海	23232.67	55.42	396.64	—	—	5.43	0.31	224.03
	北部	9804.90	113.16	104.04	—	—	4.06	0.15	102.69
	南部	10698.73	34.21	108.21	—	—	2.65	0.12	98.61

长江中下游湖泊沉积物DON含量为48~106mg/kg，平均值76.9 mg/kg；渤海湾入海河流沉积物DON含量变化为23~46mg/kg，平均值28.8mg/kg；沼泽地土壤DON含量为1.5~21.5mg/kg，平均值11.5mg/kg。由此可见，本研究程海与洱海沉积物DON含量较长江中下游湖泊和渤海湾入海沉积物普遍偏低，而较土壤偏高，可能与程海和洱海作为高原断陷湖泊以石灰岩和变质岩为主，水深较深，沉积作用稳定，沉积物有机质分解速率较慢，大量有机质富集等因素有关；而长江中下游湖泊富营养化严重，外源输入有机质较多，且分解矿化作用强(Wang *et al.*, 2011)。洱海沉积物DON含量较程海和泸沽湖高，该结果与湖泊水污染有关。另外，滇池水污染严重，自净能力差，水交换速率低，导致大量污染物在湖底沉积，沉积物DON含量较高(陈永川等，2007)，有较大释放风险(王淼等，2015)。

通过对湖泊沉积物DON含量与其他指标的相关性分析可见(表5-10)，DON含量与沉积物TN(R^2=0.70，P<0.05)、DOC(R^2=0.62，P<0.05)、上覆水TN(R^2=0.67，P<0.05)均呈显著正相关，与华飞等(2015)对山口湖的研究结果相一致。由沉积物TN、TOC含量等均是湖泊污染程度的指示指标可见，沉积物DON浓度随其污染程度增加而增大。

表 5-10 高原湖泊沉积物 DON 与其沉积物及上覆水指标相关分析结果

	沉积物				上覆水		
	TN	DON	OM	DOC	TN	TP	Chl a
TN	1	0.698*	0.960**	−0.656*	0.926**	0.954**	0.964**
DON		1	0.340	−0.617*	0.670*	0.491	0.526
OM			1	−0.578	0.848**	0.930**	0.935**
DOC				1	−0.790**	−0.752*	−0.805**
TN					1	0.965**	0.952**
TP						1	0.979**
Chl a							1

注：* 和 ** 分别表示显著水平 $P<0.05$ 和 $P<0.01$，$n=10$。

5.3.2 高原湖泊沉积物溶解性有机氮结构组分特征

1. 三维荧光光谱与紫外光谱特征

$SUVA_{254}$ 值是单位浓度的水溶性有机物在 254nm 下的紫外吸光度值，可反映物质的芳香性 (Nishijima and Speited，2004；Shao *et al.*，2009)。根据相关研究结果，大分子量有机物质较小分子量的有较高含量的芳香族和不饱和共轭双键结构 (Peuravuori *et al.*，2002；程杰等，2014)。A_{253}/A_{203} 可以反映芳香环的取代程度和取代基种类，A_{253}/A_{203} 越大，芳香环取代基中的羰基、羟基、羧基和酯基种类越多；反之，则取代基以脂肪链为主 (李文章等，2016)。E_2/E_3、E_4/E_6 与 DON 的腐殖化程度、芳香聚合度及分子量之间显著负相关 (Dorado *et al.*，2003)，而吴丰昌等 (2010) 研究则认为分子量与 E_4/E_6 之间的相关性并不显著。

由表 5-11 可知，洱海沉积物 DON 的 $SUVA_{254}$ 值最高，平均为 1.22；程海 (0.36) 和泸沽湖 (0.34) 相对较低，滇池最低 (0.27)，表明洱海沉积物 DON 的芳香性和芳香环取代基种类最多，滇池最少。滇池沉积物 DON 分子量远低于洱海，与钱伟斌等 (2016) 研究结果一致。洱海沉积物 DON 芳香性和分子量较高，芳香环取代基中羟基、羧基、羰基等活性官能团较多，能较好地固定营养盐，对维持和稳定洱海良好水质有积极作用。

表 5-11　不同湖泊沉积物 DON 光谱参数

湖泊	紫外—可见光谱参数				荧光光谱参数		来源
	$SUVA_{254}$	E_2/E_3	E_4/E_6	A_{253}/A_{203}	FI	BIX	
程海	0.36 ± 0.13	7.71 ± 0.51	5.59 ± 4.28	0.03 ± 0.01	1.63 ± 0.07	0.64 ± 0.07	本研究
泸沽湖	0.34 ± 0.10	9.30 ± 1.93	3.61 ± 1.74	0.03 ± 0.01	1.68 ± 0.03	1.23 ± 0.22	本研究
洱海	1.22 ± 0.15	6.09 ± 2.28	2.31 ± 0.23	0.31 ± 0.08	1.66 ± 0.07	0.72 ± 0.08	本研究
滇池	0.27 ± 0.09	8.13 ± 1.82	6.11 ± 1.39	0.18 ± 0.03	1.98 ± 0.24	0.77 ± 0.12	本研究
土壤	6.87 ± 0.70	—	4.53 ± 0.29	—	—	1.83 ± 0.20	Hur *et al.*，2009
酸性沉积物	2.30 ± 1.04	—	5.23 ± 0.33	—	—	1.51 ± 0.14	Hur *et al.*，2009
太湖	0.03 ± 0.02	—	—	0.210 ± 0.195	—	—	Zhang *et al.*，2016
鄱阳湖	0.05 ± 0.02	—	—	0.195 ± 0.035	—	—	Zhang *et al.*，2017
东湖	0.04 ± 0.01	—	—	0.275 ± 0.015	—	—	Zhang *et al.*，2018

另外，云南高原湖泊沉积物 DON 的 $SUVA_{254}$ 值为 0.27~1.22，土壤和酸性沉积物腐殖化程度较高原湖泊高。长江中下游湖泊沉积物腐殖化程度较高原湖泊低，因为污染越严重的湖泊沉积物，其 DON 腐殖化程度越高，积累腐殖质量越高(易文利等,2011),即高原湖泊相对长江中下游湖泊而言，沉积物氮磷污染较严重。

A_{253}/A_{203} 值从大到小依次为洱海 > 滇池 > 程海 > 泸沽湖，E_2/E_3 比值依次为泸沽湖 > 滇池 > 程海 > 洱海，表明洱海沉积物 DON 各组分芳香性和腐殖化程度最高，主要以大分子为主。泸沽湖沉积物 DON 各组分取代基主要以脂肪链为主，腐殖化程度最低，主要以小分子为主。滇池和程海芳香环取代基种类较多，而腐殖化程度较低，芳香环取代基种类较少，腐殖化程度较高，主要是因为洱海植物残体沉积时间较长，腐殖化程度较高，芳香性高。泸沽湖流域发展对水环境影响较小，沉积物 DON 主要受水位变化和湖区微生物活动等影响，组分较单一，腐殖化程度较低。程海属于断陷湖泊，污染相对较轻，而滇池则污染较为严重。

FI 是激发光波长 370nm 时，荧光发射光谱中 450 和 500nm 处荧光强度比值，可用来区别有机质来源 (Wolfe *et al.*，2002)。BIX 可作为沉积物 DON 溯源指标，陆源 DON 和生物来源 DON 两个端源 $f_{450}/_{500}$ 值分别为 1.4 和 1.9(Wang *et al.*，2009)。滇池 DON 的 FI 指数最高为 1.98，表明滇池沉积物 DON 主要以生物来源为主；程海、洱海、泸沽湖 FI 指数相差不大 (1.63~1.68)，表明三个湖泊沉积物 DON 是陆源和生物源共同作用的结果。其中泸沽湖 BIX 指数最高为 1.23，范围为 0.97~1.60，表明泸沽湖沉积物 DON 以自生源为主；程海、洱海、滇池 BIX 指数均小于 1，分布为 0.64~0.77，表明泸沽湖沉积物 DON 受上覆水浮游动植物和沉积物微生物作用影响明显，以自生源成分为主。程海具有较少的新自生源组分，与程海为封闭型湖泊、水源主要靠地下水及雨水供给、陆源输入相对较少等有关，表明该湖泊主要是较老化的类腐殖质；洱海和滇池则具有中度新自生源特征，与 FI 指数反映的结果相一致，表明高原湖泊保护治理在控制外源输入的同时，也要重视沉积物内源释放控制。相比高原湖泊沉积物，土壤与酸性沉积物的 BIX 值均大于 1，则表明其 DON 主要以内生源为主。

2. 高原湖泊沉积物 DON 的 EEMs-PARAFAC 组分特征

三维荧光—激发发射矩阵光谱 (EEMs) 是研究 DON 来源及动力学特征的荧光光谱分析技术。平行因子分析法 (PARAFAC) 可对不同营养水平湖泊沉积物 DON 荧光图谱进行深入的分析，可对不同荧光组分进行定性与定量，已有学者应用此手段对亚马逊河、刚果河 (Soencer *et al.*, 2010)、珠江、九龙江 (Yang *et al.*，2011) 及长江 (甘淑钗等，2013) 等流域水体及沉积物 DON 开展研究。本研究通过 EEMs-PARAFAC 模型，将荧光谱图分为五个组分 (图 5-7 和表 5-12)，包括两类陆生腐殖质类物质、两类蛋白类色氨酸物质及一类蛋白类酪氨酸物质；其中 C1 组分为单一激发波长陆源类腐殖质物质，为类富里酸物质；C2、C4 及 C5 组分可被认定为类蛋白质物质，C2 组分主要以类色氨酸物质为主，C4 组分主要以类酪氨酸物质为主，而 C5 组分发射波长相对于 C2 组分发生了蓝移现象，相对于 C4 组分发生了红移现象，是类色氨酸和酪氨酸物质混合物；C3 组分具有 2 个激发峰和 1 个发射峰，属于陆源腐殖质类物质，主要为类腐殖酸物质。

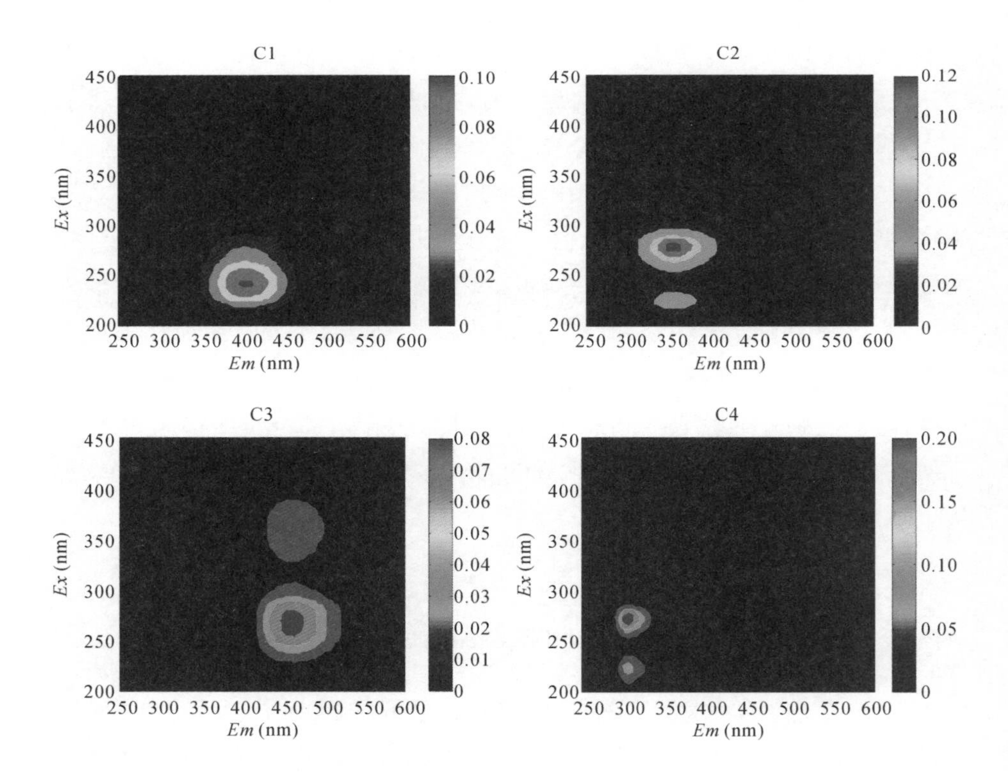

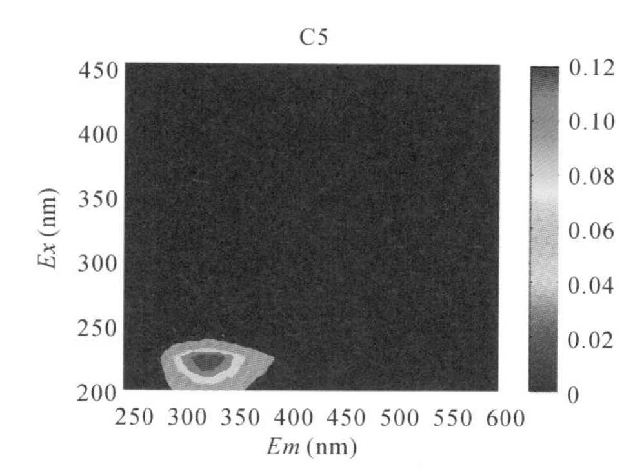
C5
Ex (nm)
Em (nm)
450
400
350
300
250
200
250 300 350 400 450 500 550 600
0.12
0.10
0.08
0.06
0.04
0.02
0

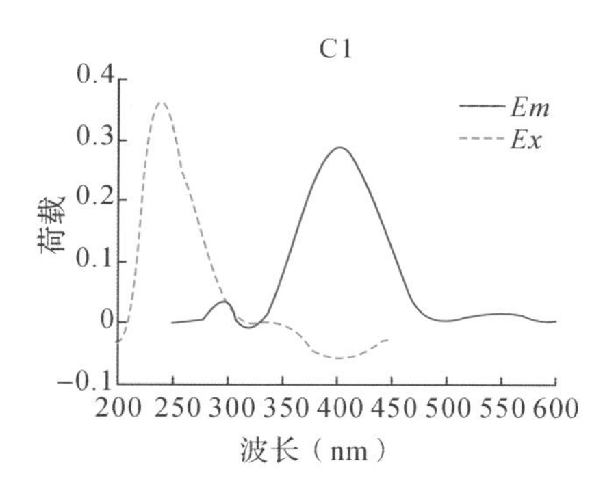
C1
Em
Ex
荷载
波长（nm）
0.4
0.3
0.2
0.1
0
−0.1
200 250 300 350 400 450 500 550 600

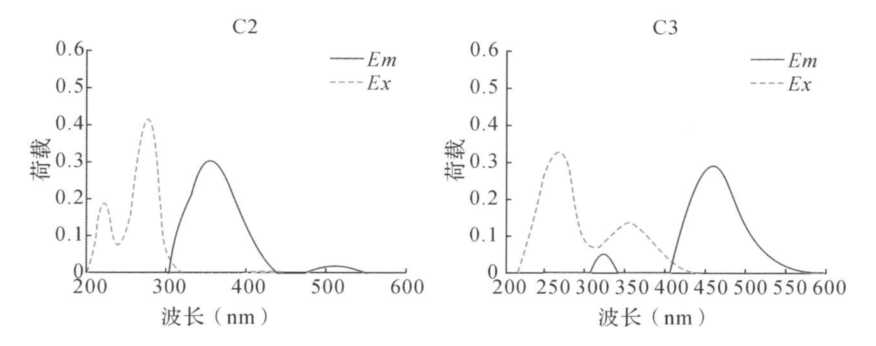
C2
Em
Ex
荷载
波长（nm）
0.6
0.5
0.4
0.3
0.2
0.1
0
200 300 400 500 600
C3
Em
Ex
荷载
波长（nm）
0.6
0.5
0.4
0.3
0.2
0.1
0
200 250 300 350 400 450 500 550 600

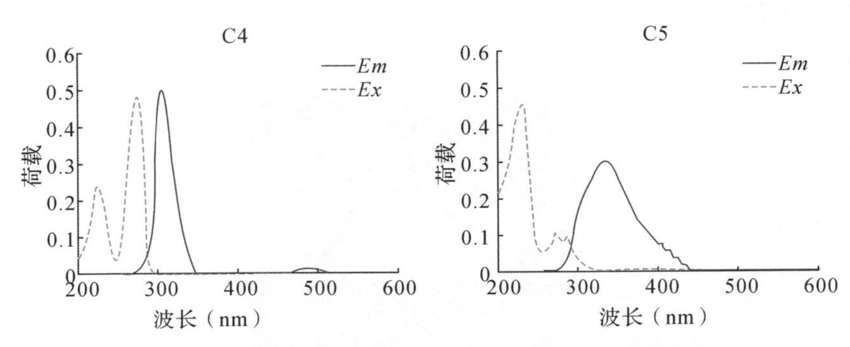

图 5-7　不同湖泊沉积物五组分三维荧光图（平行因子模型结果）

表 5-12　平行因子分析五组分三维荧光峰对应来源

荧光组分	本研究 *Ex*/*Em* (nm)	参考		
		Ex/*Em* (nm)	描述	引用
C1	240/405	235/425	陆生腐殖质物质（类富里酸）	Wang *et al*.(2014)
C2	225(280)/355	230(280)/330	蛋白类物质	Lv *et al*.(2014)
		290/352	蛋白类色氨酸物质	Murphy *et al*.(2011)
		220(275)/342	蛋白类物质	Guo *et al*.(2012)
		225(275)/350	色氨酸类物质	Elfrida *et al*.(2014)
C3	270(360)/455	250(370)/464	陆生腐殖质类物质（类腐殖酸）	Murphy *et al*.(2011)
		250(360)/475	陆生腐殖质类物质	Wang *et al*.(2014)
		270(350)/458	陆生腐殖质类物质 A 峰和 C 峰	Lv *et al*.(2014)
C4	220(270)/305	270/304	蛋白类酪氨酸物质	Murphy *et al*.(2011)
		225(275)/302	蛋白类络氨酸物质	Zhang *et al*.(2016a)
C5	225(270)/325	220(275)/339	蛋白类物质（色氨酸和酪氨酸）	Guo *et al*.(2010)

本研究湖泊沉积物荧光图谱均有 C1、C2、C3、C4 成分，其中洱海和泸沽湖 C5 组分较少，洱海南部未出现 C5 成分 (图 5-8)。C1 和 C3 属于类腐殖质物质，C2、C4 和 C5 属于类蛋白物质。泸沽湖腐殖质相对含量为 36%~44%，类蛋白相对含量为 56%~64%，腐殖质含量较类蛋白少，说明该湖泊沉积物 DON 主要以类蛋白为主。程海、洱海腐殖质含量 (74%) 较类蛋白 (26%) 高，沉积物 DON 组分主要以陆源腐殖质为主，表明沉积物 DON 受上覆水浮游植物和沉积物微生物作用影响不明显，主要受外源输入影响较大。滇池草海污染严重，腐殖质含量较类蛋白高，而外海沉积物 DON 腐殖质物质与类蛋白物质相差不大，即滇池受内源和陆源共同作用。

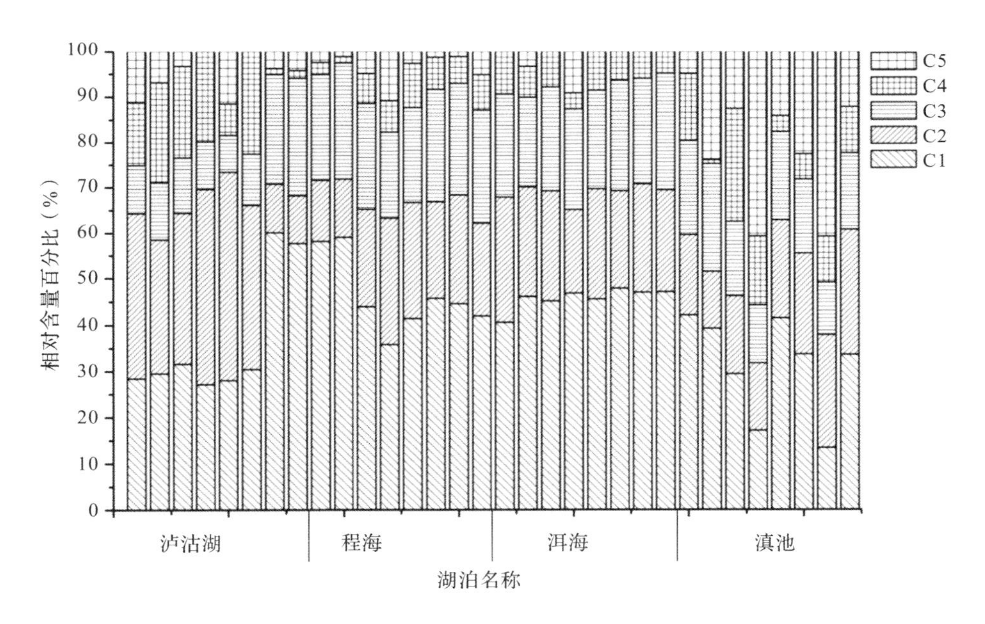

图 5-8　荧光成分相对含量百分比

3. PARAFAC 组分主成分 (PCA) 分析

以平行因子分析得到五种荧光组分最大荧光强度值作为分析因子，应用 SPSS 软件进行主成分分析 (principal component analysis)，根据特征方差大于 1 的原则得到 2 个主成分。其中第 1 主成分方差贡献率为 60.56%，第 2 主成分的方差贡献率为 33.31%，两主成分的方差累计贡献率达到 93.87%，已经包含了原始组分中的大部分信息，可用两主成分对各湖泊沉积物 DON 荧光强度进行评价。本研究主成分分析各组分载荷大小如图 5-9 所示，第 1 主成分载荷值较高的主要是 C1、C3，第 2 主成分中载荷值较高的主要是 C2、C4 和 C5，第 1 主成分代表了陆源类腐殖质，其次是以第 2 主成分为代表的内源类蛋白物质。

主成分分析各湖泊得分如图 5-10 所示，横坐标可以看成陆源蛋白物质污染，纵坐标可以看成类腐殖质物质污染。除泸沽湖纵坐标得分大于横坐标外，各取样点因子得分基本均为横坐标大于纵坐标。因此，高原湖泊沉积物 DON 组分主要来源于蛋白类物质。程海和洱海沉积物类蛋白物质污染较严重，通常被认为类蛋白物质来源于浮游植物和微生物降解。由于高原湖泊浮游植物活动较活跃，且为封闭或半封闭湖泊，因而内源 DON 所占比例较高，与前文紫外和荧光指数结果相一致。

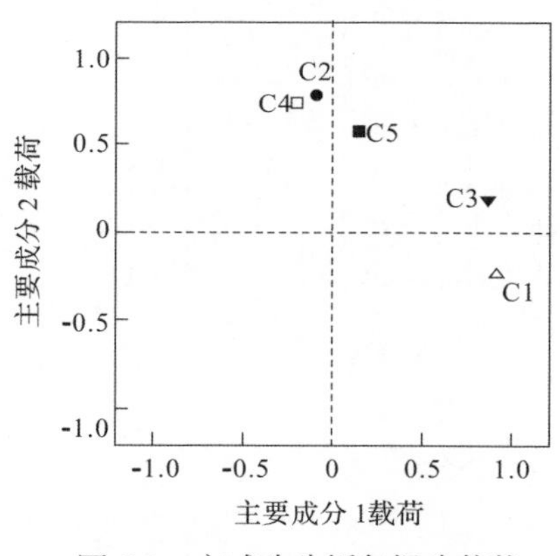

图 5-9　主成分分析各组分载荷

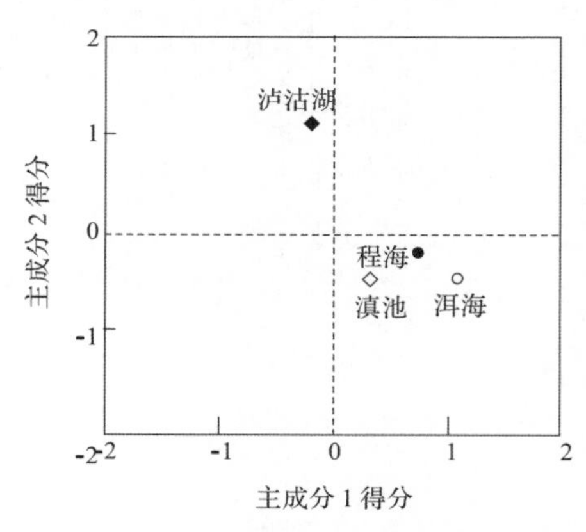

图 5-10 主成分分析各湖泊得分

组分 C1 荧光峰对应传统意义上的 A 峰，组分 C3 包含两荧光峰 C 峰和 A 峰，来源于陆源输入。组分 C1 和 C3 载荷图位置较接近，因而来源基本相似。进一步研究荧光强度相关性可知，各组分荧光强度 (C1/C3) 的

相关系数为 r=0.86，说明来源具有一定的相似性，也与其他学者的研究结论类似。组分 C2 和 C5 的荧光峰由传统意义上的 T 峰和 B 峰组成；组分 C4 包含两个荧光峰 B 峰和 T 峰，因为组分 C4 所包含的荧光峰和组分 C2 相同，且载荷图位置比较靠近，因而来源应该与 C2 相似。组分 C5 载荷图位置偏离 C2 与 C4，并且荧光强度与 C2 和 C4 不显著相关，表明组分 C5 的来源可能与 C2 和 C4 不尽相同。由此可见，本研究湖泊沉积物 DON 的陆源输入组成可能存在一定差异。

5.3.3　沉积物溶解性有机氮组分与高原湖泊营养水平间关系

为明确沉积物 DON 组分对湖泊营养水平的指示关系，将各湖泊沉积物 DON 组分分为 A(C1+C3)(类腐殖质) 和 B(C2+C4+C5)(类蛋白质) 两类，其中 A 和 B 是应用平行因子算法分类之后各物质荧光强度的总和。A、B 类同营养指数的相关性如图 5-11 所示。类腐殖质荧光强度同营养指数 TLI 显著线性正相关，而类蛋白物质荧光强度同营养指数 TLI 显著线性负相关，可以解释为随湖泊营养水平升高，类腐殖质荧光强度增大，但类蛋白物质荧光强度减小。高原湖泊沉积物 DON 主要是由类腐殖质和类蛋白物质组成，类腐殖质含量占主导。微生物代谢消耗一定碳源，当类腐殖质含量高时，可提供微生物碳源，引起微生物代谢活动增加，必然会引起 DO 含量降低，而 DO 又是 TLI 指数的重要指标，因而类腐殖质荧光强度同营养水平线性相关。沉积物类蛋白物质主要来源于浮游植物和微生物对污染物质的降解，必然会消耗 DO，引起水体 DO 含量下降，而 DO 又是 TLI 指数的重要指标，因而类蛋白物质的荧光强度同营养水平显著线性负相关。

程海与洱海同属中营养湖泊，由图 5-12 可见，其沉积物 DON 各组分荧光强度显著正相关，而贫 / 重营养水平湖泊沉积物 DON 各组分荧光关系并不显著，即中营养湖泊沉积物 DON 各组分相对较稳定，利用荧光手段能更好指示湖泊营养水平。湖泊富营养化演变过程中，中营养化水平湖泊沉积物 DON 腐殖质物质与蛋白质类物质荧光强度可作为上覆水营养状况的指示指标，可更好地指示湖泊营养水平。

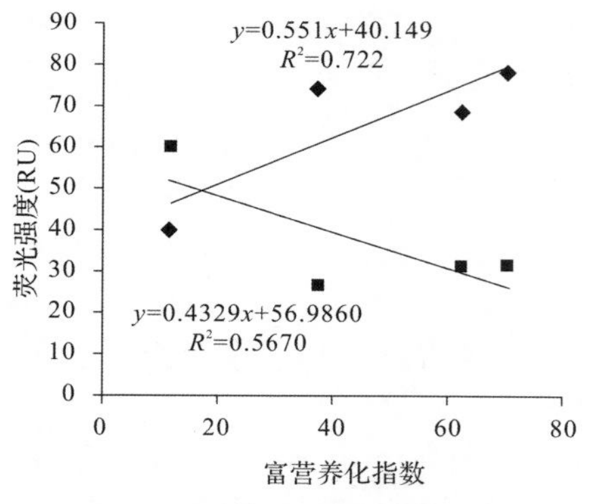

图 5-11　荧光强度与营养指数线性关系

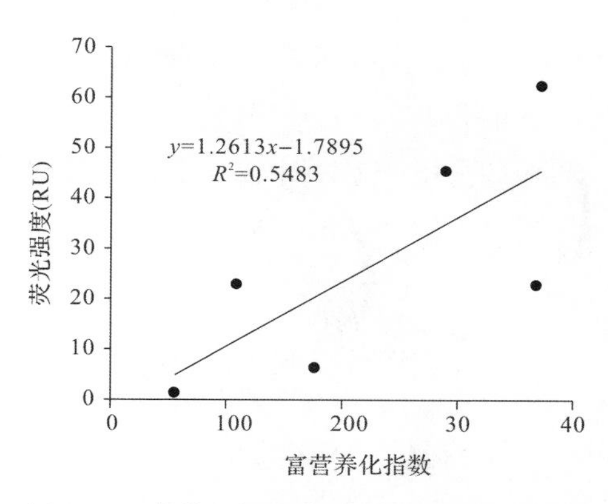

图 5-12　程海与洱海腐殖质与类蛋白物质荧光强度线性关系

5.4　不同营养水平湖泊沉积物溶解性有机氮结构组分特征及指示意义

云贵高原湖泊多为封闭或半封闭湖泊，换水周期长，易富营养化，是我国湖泊富营养化问题较为严重的湖区之一。其中滇池是我国富营养问题最严重的湖泊之一；洱海水质较好，沉积物营养盐含量较高是其重要的特征。我国东部平原浅水湖泊受流域城市化影响较大，大多数处于富营养化状态，其中太湖水污染较严重；武汉东湖为我国最大的城市湖泊，污染也较严重；鄱阳湖近年来氮磷等浓度不断升高。本研究选取五个典型湖泊，洱海、滇池、鄱阳湖、武昌东湖、太湖，通过紫外—可见光吸收光谱、三维荧光光谱和 GCMS 方法，比较五个典型湖泊沉积物 DON 结构组分特征，以期更深入探究洱海等高原湖泊沉积物 DON，试图揭示沉积物 DON 组分结构特征与湖泊水体营养水平间关系。

5.4.1　不同营养水平湖泊沉积物溶解性有机氮紫外—可见光谱特征

本研究湖泊沉积物 DON 紫外—可见光谱指数见表 5-13，云南高原湖泊沉积物 DON 的 $SUVA_{254}$ 指数 (平均值 1.18) 和 A_{253}/A_{203} 指数 (平均值 0.34) 明显高于东部平原湖泊 (平均值分别为 0.45 和 0.23)，其中滇池 E_4/E_6 指数 (17~37) 最高值，洱海 (2.05~2.38) 最低，东部平原湖泊介于前两者之间。

表 5-13　湖泊沉积物 DON 紫外—可见光谱指数和三维荧光光谱指数

湖区	营养水平	湖泊	紫外—可见光谱指数			三维荧光光谱指数	
			$SUVA_{254}$	A_{253}/A_{203}	E_4/E_6	FI	HIX
云贵高原	中营养水平	EH1	1.26	0.39	2.50	1.77	1.71
		EH2	1.05	0.24	2.05	1.65	0.92
		EH3	1.35	0.31	2.38	1.67	2.13
	中度富营养	DC1	1.19	0.41	37.00	1.49	0.62
		DC2	1.03	0.35	17.00	1.60	1.05
	平均值		1.18	0.34	12.19	1.64	1.29
东部平原	轻度富营养	TH1	0.12	0.14	1.00	1.76	0.84
		TH2	0.64	0.28	6.00	1.53	0.72
	轻度富营养	DH1	0.33	0.26	8.50	1.61	0.76
		DH2	0.52	0.29	4.80	1.62	0.77
	中营养水平	PYH1	0.38	0.16	6.75	1.58	0.72
		PYH2	0.69	0.23	4.18	1.37	0.49
	平均值		0.45	0.23	5.21	1.58	0.72

5.4.2　不同营养水平湖泊沉积物溶解性有机氮三维荧光光谱特征

本研究湖泊沉积物 DON 可检测出四种主要荧光峰，荧光峰强度见表 5-14，峰强度总体呈东部平原湖泊大于云贵高原湖泊的趋势。FI 指数和

HIX 指数见表 5-14 所示，样品 DON 的 FI 值为 1.4~1.9。Huguet *et al*. (2009) 指出，当 HIX 小于 4 时，荧光物质主要由生物活动产生，腐殖化程度较低。本研究各湖泊沉积物 DON 的 HIX 指数均在 4 以下。

表 5-14　湖泊沉积物 DON 荧光峰强度

湖区	营养水平	湖泊	三维荧光峰			
			峰 A	峰 B	峰 C	峰 D
云贵高原	中营养水平	EH1	125.2	227.0	170.8	
		EH2	127.8	177.1	129.0	99.56
		EH3	122.7	175.1	152.7	
	中度富营养	DC1	298.4	183.8	341.9	
		DC2		308.3	241.3	
东部平原	轻度富营养	TH1	168.2	129.5		62.34
		TH2	234.1	140.6	241.6	82.97
	轻度富营养	DH1	201.2	166.7		188.10
		DH2	270.2	203.6	193.0	182.70
	中营养水平	PYH1	154.7			164.00
		PYH2	162.4		131.6	131.90

云南高原湖泊沉积物 DON 有类腐殖酸峰 A、类富里酸峰 C 和类蛋白峰 B，几乎不存在类蛋白峰 D(除 EH2 点外)，东部平原湖泊则以类腐殖酸峰 A、类蛋白峰 B 和类蛋白峰 D 为主，部分点位有类富里酸峰 C(图 5-13)。

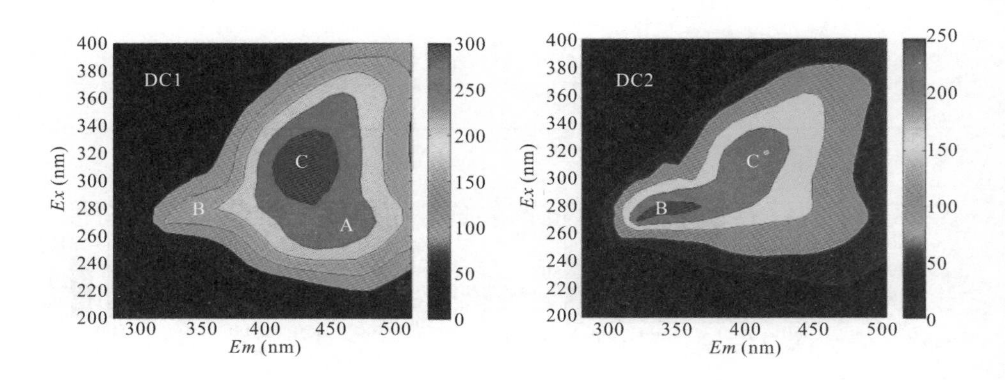

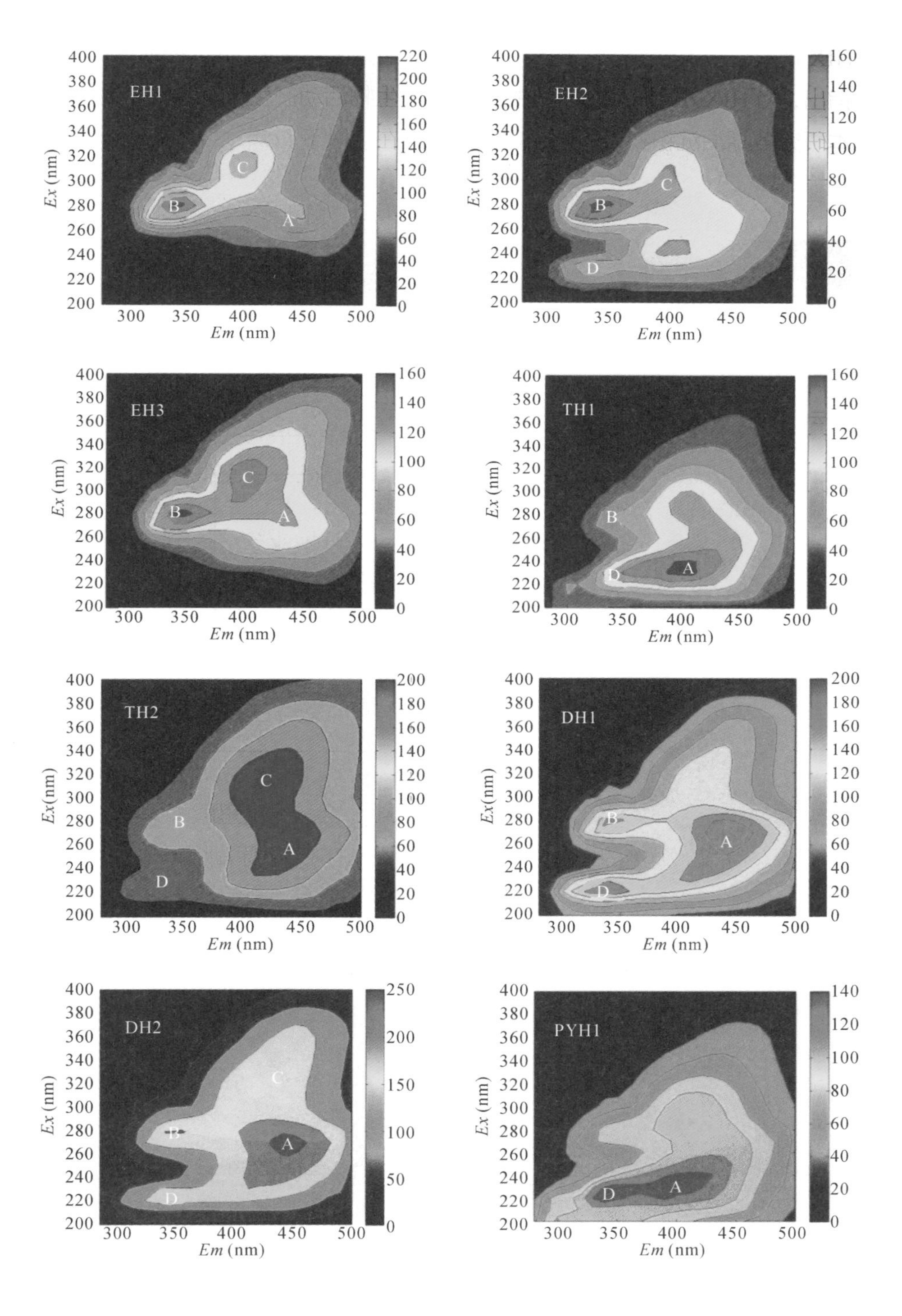
EH1
EH2
EH3
TH1
TH2
DH1
DH2
PYH1
A
B
C
D
Ex (nm)
Em (nm)

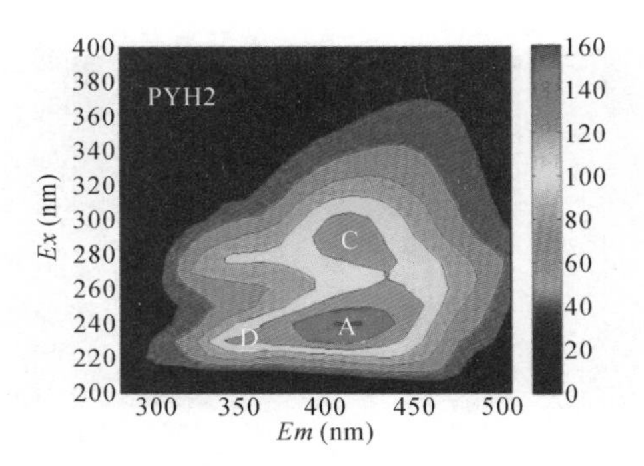

图 5-13　本研究湖泊沉积物 DON 三维荧光图

通过荧光光谱区域积分法 (FRI) 可定量研究不同结构 DON 组分强度 (Wen *et al.*，2003)。本研究湖泊沉积物样品 DON 三维荧光图较多，特选取五个有代表性样品进行分析 (见图 5-14)。

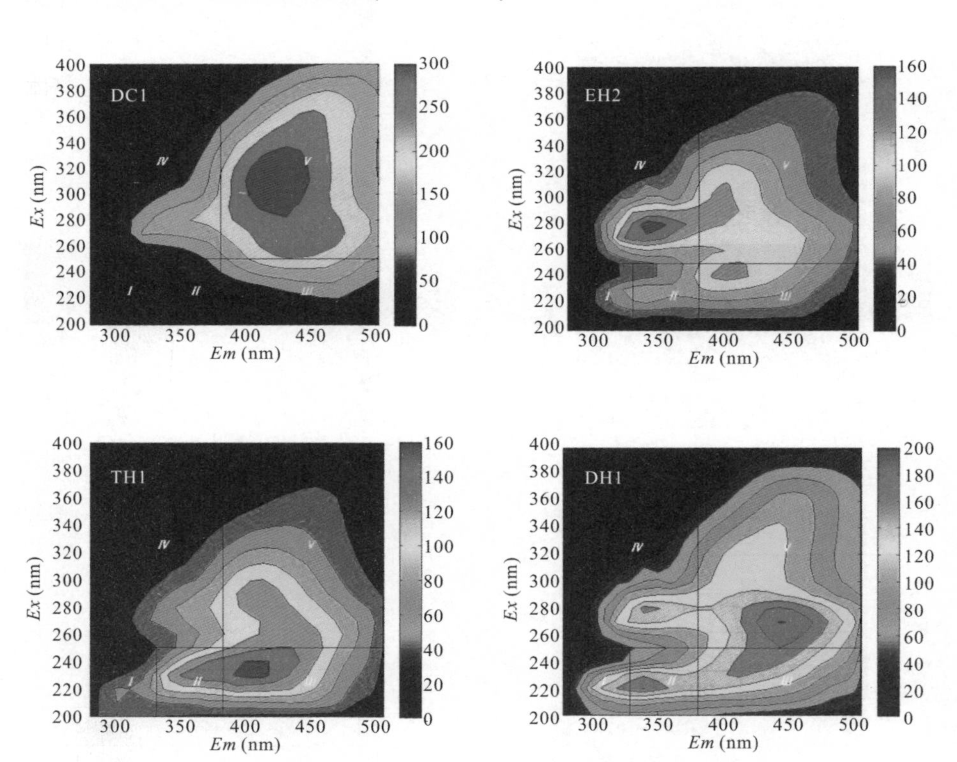

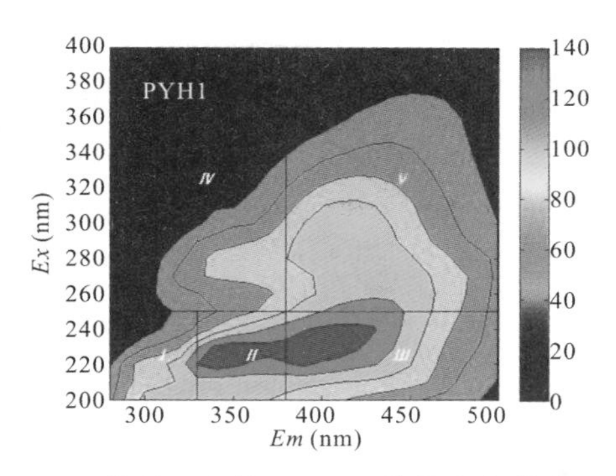

图 5-14　湖泊沉积物 DON 三维荧光光谱分区图

不同湖泊沉积物 DON 的 $P_{i,n}$ 比例见表 5-15 和图 5-15。本研究湖泊沉积物 DON 的 $P_{i,n}$ 比例区别较大，各采样点对应的区域Ⅰ和区域Ⅱ共同划分为 $P_{\text{Ⅰ}+\text{Ⅱ},n}$，所占比例为 1.9%~18.0%，远低于 $P_{\text{Ⅲ}+\text{Ⅴ},n}$ 的（反映结构复杂的类腐殖质 DON，由区域Ⅲ ($P_{\text{Ⅲ},n}$) 和区域Ⅴ ($P_{\text{Ⅴ},n}$) 共同划分），区域Ⅳ ($P_{\text{Ⅳ},n}$) 所占比例为 11.4%~30%。云南高原湖泊沉积物 DON 的 $P_{\text{Ⅲ}+\text{Ⅴ},n}$ 值 (74%) 总体高于东部平原湖泊的 (71.9%)。

表 5-15　湖泊沉积物 DON 三维荧光光谱分区与其 $P_{i,n}$ 组分

湖区	营养水平	湖泊	$P_{\text{Ⅰ}}$	$P_{\text{Ⅱ}}$	$P_{\text{Ⅲ}}$	$P_{\text{Ⅳ}}$	$P_{\text{Ⅴ}}$	$P_{\text{Ⅲ}+\text{Ⅴ},n}/P_{\text{Ⅰ}+\text{Ⅱ},n}$
云贵高原	中营养水平	EH1	0.005	0.014	0.069	0.26	0.652	37.947
		EH2	0.034	0.068	0.165	0.227	0.506	6.578
		EH3	0.010	0.027	0.100	0.224	0.639	19.973
	中度富营养	DC1	0.007	0.015	0.112	0.114	0.752	39.273
		DC2	0.009	0.016	0.065	0.300	0.610	27.000
	平均值		0.013	0.028	0.102	0.225	0.632	26.154
东部平原	轻度富营养	TH1	0.050	0.081	0.187	0.152	0.530	5.473
		TH2	0.010	0.018	0.072	0.249	0.651	25.821
	轻度富营养	DH1	0.023	0.042	0.163	0.142	0.630	12.200
		DH2	0.045	0.103	0.238	0.145	0.469	4.777
	中营养水平	PYH1	0.066	0.114	0.233	0.140	0.446	3.772
		PYH2	0.033	0.071	0.172	0.204	0.520	6.654
	平均值		0.038	0.072	0.178	0.172	0.541	9.783

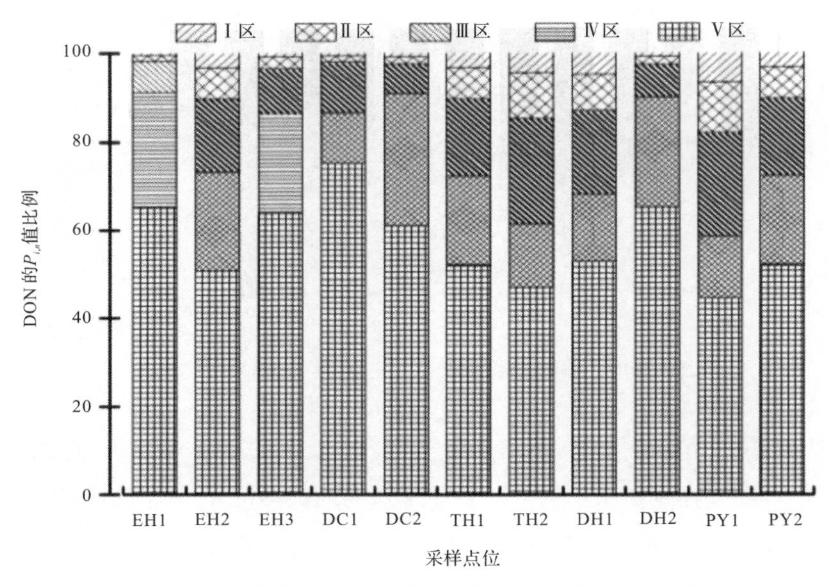

图 5-15　湖泊沉积物 DON 三维荧光光谱 $P_{i,n}$ 值比例

5.4.3　不同营养水平湖泊沉积物低分子量挥发性 / 半挥发性溶解性有机氮

本研究湖泊沉积物低分子量挥发性 / 半挥发性 DON 结果显示，各湖泊检出含氮化合物种类分别为滇池 70 种，洱海 68 种，太湖 91 种，东湖 63 种，鄱阳湖 28 种。不同采样点各类 DON 相对含量见图 5-16，其中洱海沉积物以含氮杂环类 DON 分布最广泛，各洱海湖区均可被检出，相对含量为 12.9%~65.0%；滇池沉积物以含氮杂环类与胺类 DON 相对含量较高，平均值为 38.8% 和 37.9%；太湖沉积物以含氮杂环类和胺类 DON 为主，其中含氮杂环类 DON 相对含量最高，平均值达 50.0%，其次为胺类 DON，平均值为 26.4%；东湖沉积物含氮杂环类 DON 平均相对含量高达 59.9%，而胺类、氨基类等含氮化合相对含量所占比例均较低，即东湖沉积物以含氮杂环类 DON 为主；鄱阳湖沉积物 DON 胺类化合物相对含量最高，均值达 47.2%。

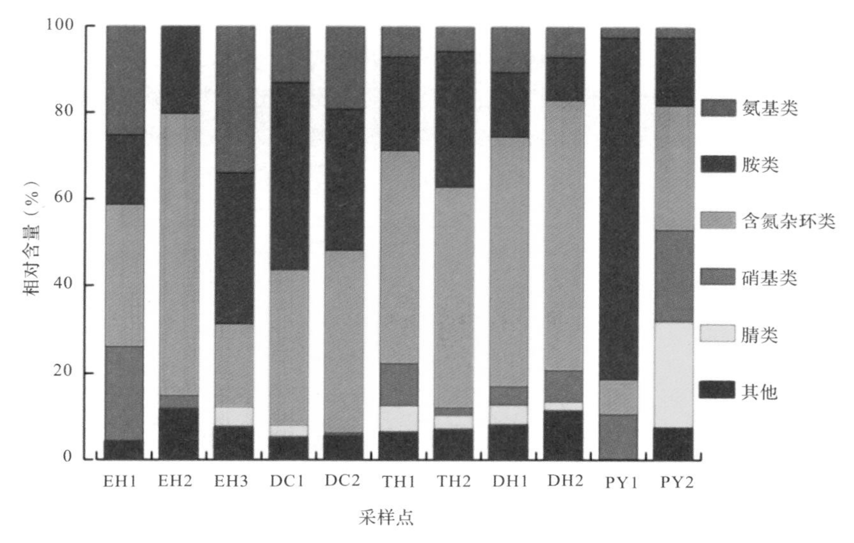

图 5-16 不同湖泊沉积物 DON 各组分所占百分比

根据 DON 紫外—可见光谱结果可见，云南高原湖泊沉积物 DON 芳香性和芳香环取代基种类高于东部平原湖泊，即 DON 结构稳定性和对营养盐的固持能力较东部平原湖泊高。FRI 结果显示，云南高原湖泊沉积物类腐殖质 DON 含量高于东部平原湖泊，FI 指数也指示云南高原湖泊沉积物类腐殖质中的类富里酸荧光物质趋于陆源输入。云南高原湖区森林覆盖率较高，入湖森林径流 (含类腐殖质 DON) 较多，且湖泊水生植物衰败沉积等是导致含类腐殖质 DON 较多的重要原因。因此，本研究表明，相对于东部平原湖泊，云南高原湖泊沉积物 DON 结构相对稳定，不利于生物利用。

5.4.4 沉积物溶解性有机氮结构组分的指示意义

1. 不同营养水平湖泊沉积物理化性质

本研究选择了五个典型湖泊，其基本特征参数见表 5-16。利用彼得森采泥器采集表层 (0~10cm) 沉积物样品开展研究。

表 5-16　本研究所选湖泊特征

湖泊（缩写）	位置	湖泊面积 (km²)	平均深度 (m)	营养水平	采样点数目
洱海 (EH)	25° 35' ~ 25° 58' N 100° 5' ~ 100° 17' E	249	10.50	M	3
滇池 (DC)	24° 29' ~ 25° 28' N 102° 29' ~ 103° 01' E	298	4.40	ME	2
太湖 (TH)	30° 55' ~ 31° 58' N 119° 53' ~ 120° 36' E	2338	1.90	E	2
武昌东湖 (DH)	30° 33' ~ 114° 23' E	32	2.21	E	2
鄱阳湖 (PYH)	28° 24' ~ 29° 46' N 115° 49' ~ 113° 10' E	3210	5.10	M	2

注：ME: 中度富营养；E: 轻度富营养；M: 中营养水平。

沉积物基础数据见表 5-17，云南高原湖泊沉积物营养盐含量总体高于东部平原湖泊，其中处于中度富营养化的滇池，其沉积物营养盐浓度最高，洱海上覆水为Ⅱ到Ⅲ类水质 (Ni *et al.*，2015a)，但沉积物营养盐含量相对较高，特别是处于南部的 EH1 和北部的 EH3 采样点。富营养化较严重的太湖，其沉积物 TN 含量较武昌东湖和鄱阳湖高，TP 含量相对较低，其中 TH1 采样点的 TP 含量为本研究采样点最低值 (451.74mg/kg)。武昌东湖位于武汉市中心城区，承接大量外源污染，其沉积物污染较严重。鄱阳湖年水位变化较大，处于中营养，其沉积物营养盐水平较低。

我国东部平原湖区河湖关系密切，水位因降水季节分配不匀等原因而导致变幅大，风浪及水力冲刷等对湖泊沉积物影响较大。同时，流域城镇化水平总体较高，工业废水、农业和城市面源污染等输入是导致长江中下游湖泊富营养化的主要因素。云贵高原湖泊多为断陷湖泊，入湖河流多，出湖河流少，水体停留时间较长，流域生态环境变化和人类活动等对湖泊生态系统影响较大，大量流域 DON 极易在湖内沉积。因而，云南高原湖泊沉积物 DON 与东部平原湖泊定有明显差异。

表 5-17　沉积物样品理化性质

点位	TN (mg/kg)	TP (mg/kg)	OM(%)	DTN (mg/kg)	NH_4^+-N (mg/kg)	NO_3^--N (mg/kg)	DON (mg/kg)	DOC (mg/kg)
EH1	4941.81	839.97	7.76	129.26	46.56	29.88	52.82	602.34
EH2	2967.75	945.78	3.31	61.13	19.69	16.82	24.62	295.96
EH3	3914.15	982.53	5.39	125.65	38.08	26.25	61.32	670.52
DC1	5235.03	1910.18	3.33	736.86	577.52	75.02	84.32	1050.26
DC2	3264.33	2370.93	2.08	699.68	354.48	276.27	68.93	610.34
TH1	1170.67	451.74	2.87	89.67	41.28	29.24	19.15	187.32
TH2	3753.35	815.88	2.65	160.55	66.61	30.95	62.99	1265.00
DH1	2308.81	960.74	2.58	91.16	42.56	29.98	18.62	508.00
DH2	1056.89	749.85	6.68	63.41	25.95	20.82	16.64	406.40
PYH1	1281.56	582.61	3.12	147.18	56.14	35.91	55.13	186.36
PYH2	897.92	689.13	3.45	161.9	61.49	51.72	48.69	133.44

2. 沉积物 DON 组分与湖泊营养水平间关系

不同湖区、不同营养水平湖泊沉积物 DON 存在较大差异，处于中度富营养化的滇池，其沉积物类腐殖质 DON 含量丰富 ($P_{\mathrm{III+V},n}$ 平均占 77%)，流域城市、农业、养殖业等外源污染是其重要来源。同时，滇池藻类生物量较高，FRI 分析结果显示其类蛋白区 $P_{\mathrm{IV},n}$ 所占比例为 30.0%，类蛋白 DON 丰富。洱海沉积物 DON 的 $P_{\mathrm{IV},n}$ 平均占 24.0%，表明沉积物含类蛋白有机物较多，与湖泊微生物生命活动有关。多数低分子量有机氮组分具有较高的生物有效性，绝大部分高分子量组分 (如蛋白质、核酸和腐殖酸氮等) 在自然条件下可稳定存在数月甚至数百年 (吴丰昌等，2010)。根据 E_4/E_6 指数平均值 (27.00)，滇池沉积物 DON 分子量远低于洱海 (平均值为 2.31)。以上结果表明，滇池沉积物 DON 来源复杂，结构组分多样，同时低分子量组分含量较多，活性较高，较洱海容易被微生物降解利用。而洱海沉积物 DON 芳香性和分子量较高，芳香环取代基中羟基、羧基、羰基等活性官能团较多，能较好固定营养盐，特别是吸附水体金属离子和有机污染物，对维持稳定良好的水质起到积极作用。同时，洱海沉积物低分子量挥发性 / 半挥发性 DON 种类与富营养湖泊滇池相近，一定程度上支撑了洱海沉积物营养盐含量较高而水质较好的事实。

太湖与东湖污染均较为严重，并处于同一湖区，其沉积物 DON 结构组分相似。太湖 TH1 采样点位于太湖湖心区，DH1 采样点处于武汉东湖的主湖郭郑湖湖心，外源污染对其影响较少，三维荧光图谱分析得到 3 种荧光峰，分别是峰 A、峰 B 和峰 D，表明两个区域生物活动活跃，产生的类蛋白物质较多。TH2 采样点处于梅梁湾，生活和生产污染较大；DH2 采样点位于汤菱湖，污染来源组分复杂，沉积物 DON 荧光峰类型也证实了这一点，类腐殖质物质和类蛋白类物质丰富。太湖东湖沉积物 DON 的 FI 指数平均值分别为 1.65 和 1.62，HIX 指数平均值为 0.78 和 0.77，生物活动对该区域沉积物 DON 有重要影响。沉积物三维荧光谱 ($P_{\text{Ⅳ},n}$) 所占比例为 70.7%~79.3%，类腐殖质物质 DON 丰富。$SUVA_{254}$ 指数和 A_{253}/A_{203} 指数反映东湖与太湖沉积物 DON 芳香度较低，芳香环取代基较少，两个湖泊沉积物对营养盐等固持能力较弱。研究 (Zhang *et al.*，2010) 表明，风浪扰动对太湖沉积物营养盐释放影响较大，大风会使 DON 等营养盐迅速从沉积物释放，DON 自身结构的不稳定一定程度上促进了释放。与此同时，太湖水域面积大，污染来源包含湖泊内源污染和外源污染，污染来源较以城市污染为主的东湖更加复杂，导致沉积物低分子量挥发性 / 半挥发性 DON 种类较东湖和鄱阳湖高。

与太湖和东湖不同，鄱阳湖水体交换周期短，不利于营养盐等在沉积物中积聚，沉积物 DON 结构组分相对简单。PYH1 采样点位于湖区航道，无植物生长，荧光峰类型较少，只含有类富里酸荧光峰 (峰 A) 和类蛋白峰 (峰 D)，反映该采样点 DON 来源较单一。PHY2 位于畅水区，植物相对丰富，生物活动较频繁，存在类蛋白荧光峰和类腐殖质荧光峰。该湖区腐殖化程度介于太湖和东湖间，芳香化程度为东部平原湖区三个湖泊中最高，芳香环取代基为本研究湖泊中最少。三维荧光 FRI 结果显示，鄱阳湖沉积物 DON 的 $P_{\text{Ⅳ},n}$ 所占比例为 67.9%~69.2%，即沉积物结构复杂，类腐殖质DON含量较低。从FI指数平均值(1.48)和HIX指数平均值(0.61)来看，三者均为本研究沉积物最小值，突出了生物活动对鄱阳湖沉积物DON的贡献。紫外吸收光谱反映芳香环取代基中羰基、羧基等含量较多，对营养盐等固持能力较强，有利于维持良好水质。此外，鄱阳湖沉积物所含低分子量挥发性/半挥发性DON种类为本研究湖泊中最少，进一步表明沉积物DON结构组分相对简单，与鄱阳湖处于中营养水平相一致。

不同湖泊沉积物低分子量挥发性/半挥发性DON种类丰富，组分复杂，其中含氮杂环类化合物种类最多，反映了其在自然界分布广、种类庞杂的特点；胺类化合物种类仅次于前者，突出了其重要作用。

但不同污染程度湖泊沉积物DON主要含氮化合物类型并不一致，富营养化的滇池、太湖、东湖，其沉积物DON主要含氮化合物为含氮杂环类物质，沉积物污染较严重的洱海也同样以含氮杂环类物质为主，而鄱阳湖主要含氮化合物则为胺类物质。本研究结果进一步表明，湖泊沉积物DON结构组分与其污染程度密切相关，营养盐等输入途径越复杂，沉积物营养盐浓度越高，低分子量挥发性/半挥发性DON种类也越多。

5.4　本章小结

洱海沉积物DON含量随季节变化趋势为夏季 > 春季 > 秋季 > 冬季，空间分布规律为北部 > 中部 > 南部；北部湖区间隙水浓度为0.46~5.67 mg/L，随深度增加，呈现递减趋势；中部湖区间隙水浓度为0.27~8.45mg/L，随间隙水深度增加，DON呈递增趋势；南部湖区间隙水浓度为0.42~8.96 mg/L，且随深度增加呈波动变化，上层间隙水浓度明显高于下层。

洱海上覆水DON结构组分和沉积物DON含量显著相关，上覆水DON荧光组分能够很好指示沉积物DON含量，即上覆水DON荧光组分C1和C2越大，沉积物DON含量越低，说明洱海上覆水DON部分来自沉积物释放，即沉积物释放DON对湖泊水质有一定影响。

洱海沉积物DON分子量分布特征为：大于1kDa的大分子组分$\omega_{>1kDa}$占ω_{DON}的比例为79.1%~93.0%，即洱海沉积物DON以大分子为主；沉积物 DON 各组分 $SUVA_{254}$ 值及 A_{253}/A_{203} 比值较大而 E_2/E_3 比值较小，表明其芳香性及腐殖化程度较高，芳香环取代基中活性官能团种类较多；大分子组分 DON 含有类富里酸荧光物质，且该物质来源于陆源输入和微生物降解共同作用。洱海不同湖区沉积物 DON 含量及结构特征差异较大，其中北部湖区由于陆源输入 DON 含量较高，且该区域水生植物生长繁茂，微生物活动旺盛，其沉积物 DON 腐殖化程度较低，芳香环取代基种类较多；中部湖区水深较深，沉积物氮累积量较少，其 DON 含量较低，芳香性及芳香环取代程度也较低；南部湖区水体交换缓慢，该区域植物残体沉积量较大，沉积物 DON 含量高，腐殖化程度高，芳香性大。

洱海沉积物 DON 分子量总体较大，腐殖化程度较高，且含有类富里酸荧光物质，生物可利用性较低，可能是洱海沉积物氮含量较高而上覆水氮浓度较低的原因之一。因此，一定程度上，沉积物 DON 分子组成及结构特征可作为湖泊营养水平的指示指标。沉积物不同分子量 DON 与 DOC、DOP 之间耦合关系较密切，其中 DON 迁移转化在一定程度上与 DOC 有关，DON 的 3~10kDa 组分中含有较多有机氮磷官能团；与 DOC、DOP 相比，1~3kDa 的 DON 组分生物有效性较高；但小分子组分 DON 与 DOC、DOP 间的耦合关系不显著，其迁移转化过程可能相对独立。

就我国富营养化水平较高的两个湖区而言，云南高原湖泊沉积物 DON 较稳定，对营养盐的固持能力较强，相比而言较难被生物利用。其中云南高原湖泊污染严重的滇池，其沉积物 DON 来源复杂，结构组分多样，分子活性较强，生物可利用性高；而相对清洁的洱海，其沉积物 DON 结构相对稳定，有利于维持良好水质；泸沽湖沉积物 DON 各组分取代基主要以脂肪链为主，腐殖化程度最低，主要以小分子为主；程海呈现出芳香环取代基种类较多，而腐殖化程度较低和芳香环取代基种类较少，其腐殖化程度较高。东部平原湖泊中，富营养化的太湖和东湖，其营养水平接近，沉积物 DON 结构组分相对复杂，但芳香性和芳香取代基含量较低，对营养盐等的固持能力较弱；鄱阳湖处于中营养水平，其沉积物 DON 结构组分相对简单，但芳香性和芳香取代基含量较高，对固持营养盐和维持良好水质起到积极作用。沉积物释放是湖泊 DON 重要来源，不同营养水平湖泊沉积物 DON 含量及结构特征相差较大，但均以类腐殖质组分为主。

综上可见，相比于长江中下游湖泊，云南高原湖泊沉积物 DON 含量及占 TDN 比例较高，DON 分子量总体较大，腐殖化程度较高，且含有类富里酸荧光物质，结构相对较稳定，生物可利用性较低，对营养盐固持能力较强，即云南高原湖泊沉积物 DON 特征总体有利于水质保护。伴随高原湖泊营养水平升高，其沉积物 DON 对湖泊水质影响及富营养化风险增加。因此，研究沉积物 DON 对高原湖泊富营养化防治具有重要意义。

第 6 章　高原湖泊沉积物溶解性有机氮结构组分差异及生物有效性

沉积物是湖泊氮磷等营养物生物地球化学循环的重要环节和场所之一，可通过间隙水与上覆水间实现营养盐交换，进而影响上覆水营养盐含量及组分 (Berman *et al.*，2003；Engeland *et al.*，2010)。伴随湖泊流域综合治理措施的实施，外源营养物输入逐渐得到控制，而沉积物内源释放对水体营养盐影响逐渐受到重视。DON 是沉积物释放氮素的重要组分，且不同湖泊沉积物不仅释放 DON 含量不同，其组分及生物有效性也存在较大差异。因此，沉积物 DON 含量及组分等差异对湖泊富营养化影响日益受到关注。研究湖泊沉积物 DON 赋存特征、结构组分及生物有效性等差异及与上覆水间的内在联系，对湖泊富营养化防控具有重要意义。

本研究选取洱海、程海及泸沽湖等高原湖泊，研究表层和柱状沉积物 DON 含量及结构组分特征与生物有效性差异，分析其与上覆水 DON 组分间关系，并通过菌藻培养等方法探讨洱海沉积物 DON 生物有效性，可为揭示高原湖泊水污染规提供科学依据。

6.1 高原湖泊沉积物溶解性有机氮含量及结构组分差异

结构组分是影响沉积物 DON 环境效应的重要特征参数。高原湖泊由于所处区域较为特殊的自然地理及经济社会条件，其沉积物 DON 结构组分与上覆水理化指标间存在一定内在关联，且在一定程度上可指示湖泊营养状况。本研究选择典型高原湖泊，研究其表层与柱状沉积物 DON 含量及结构组分差异，重点探讨沉积物 DON 荧光组分特征及与上覆水间的关联和差异，进一步分析探究高原湖泊上覆水及沉积物 DON 荧光组分特性 (采样点信息见许可宸，2018)。

6.1.1 高原湖泊表层沉积物溶解性有机氮含量差异

本研究所选高原湖泊沉积物理化指标值均较高 (表 6-1)，同一湖泊不同湖区差异较大。洱海北部及南部湖区沉积物 TN 含量较为接近，而中部湖区则明显较低；沉积物 DON 含量则是南部较高，北部次之，而中部较低。程海沉积物 TN 含量在北部较高，中部较低，但其 DON 含量则不同，在中部较高，北部较低。水体营养水平最低的泸沽湖湖心位置沉积物 TN 含量最高，达到 6851.34mg/L，而南部较低，其 DON 含量湖心高于南部，可能是因为泸沽湖湖心水域沉积物富集了较多植物残体等所致。三个湖泊相比，表层沉积物 DON 含量程海低于其余两个湖泊，就上覆水 DON 含量而言，程海明显高于洱海，而泸沽湖 DON 含量则最低。

造成高原湖泊沉积物和上覆水营养物质赋存不显著相关的原因，一方面是表层沉积物和上覆水间虽然通过间隙水存在着频繁的物质交换，但沉积物各理化指标的变化相对于上覆水来说，仍存在着明显滞后性；另一方面，颗粒态物质相对于溶解性物质更容易通过自然沉淀等作用富集于表层沉积物，而溶解性物质则较易滞留于上覆水，由此导致了不同营养物对上覆水和沉积物明显不同的赋存特征及环境影响。

表 6-1　不同营养水平高原湖泊沉积物理化指标

湖泊		沉积物		
		TN (mg/kg)	DON (mg/kg)	DOC (mg/kg)
程海	北部	2866.50	12.71	767.33
	中部	1755.00	28.64	334.00
泸沽湖	南部	2515.00	14.56	637.00
	湖心	6851.34	31.86	874.45
洱海	北部	4706.94	34.78	665.87
	中部	2988.25	31.70	484.40
	南部	5021.91	44.05	651.13

6.1.2　高原湖泊表层沉积物溶解性有机氮结构组分差异

本研究选取了洱海、程海及泸沽湖表层沉积物样品进行 DON 的提取和光谱表征，图 6-1 为各目标湖泊表层沉积物样品 DON 经过 EEM-PARAFAC 模型分离得出的组分图。为了和上覆水 DON 组分有所区分，沉积物组分分别编号：洱海 EB*i*(*i*=1，2，3，…)，程海 CB*i*(*i*=1，2，3，…)，泸沽湖 LB*i*(*i*=1，2，3，…)，B 代表表层沉积物。由图 6-1 所示目标湖泊表层沉积物 DON 的 EEM-PARAFAC 组分图可见，与目标湖泊上覆水 DON 组分相比，沉积物 DON 组分的数量及种类都有所变化。

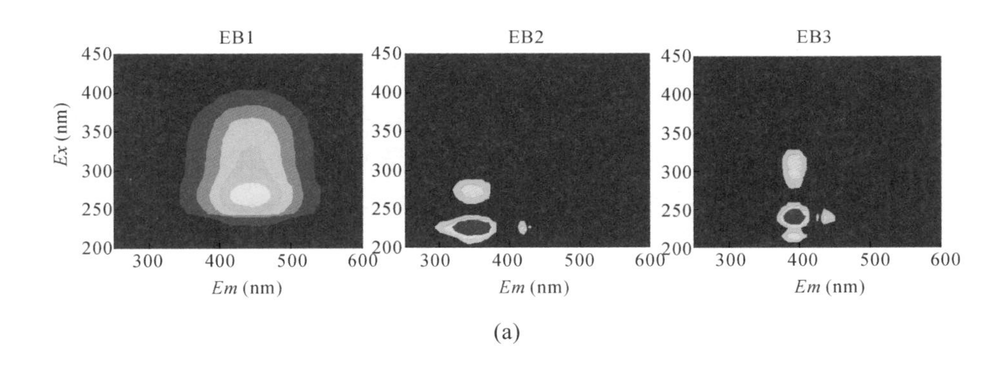

(a)

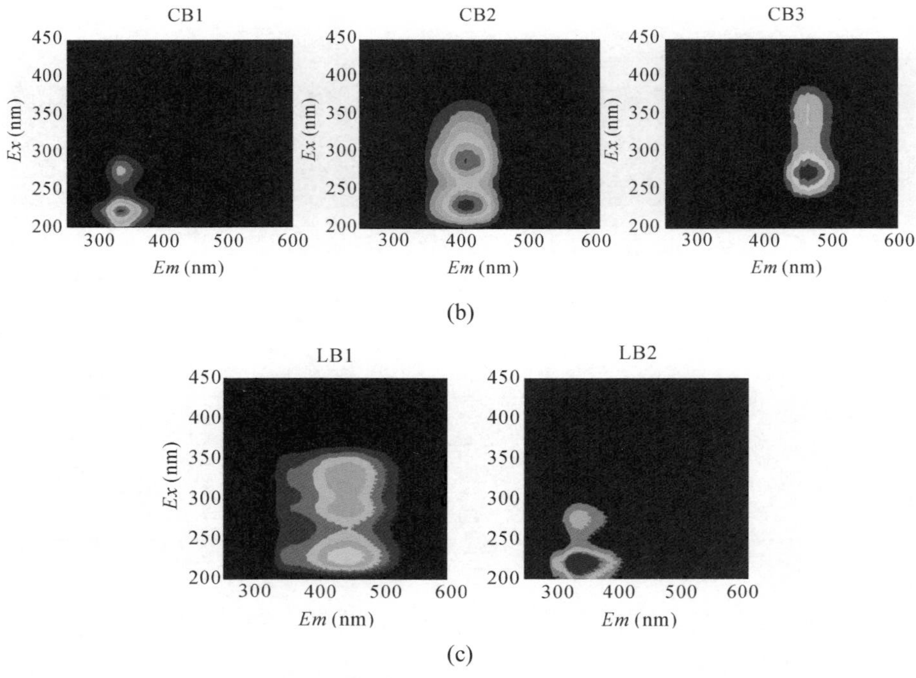

图 6-1 高原湖泊表层沉积物 DON 荧光组分

(a) 洱海；(b) 程海；(c) 泸沽海

本研究洱海上覆水 DON 包含四种组分，而表层沉积物 DON 组分减少为三种，其中组分 E1(*Ex*/*Em*=210/310nm) 消失，其余 E2、E3 和 E4 组分依然存在。程海沉积物 DON 组分数未发生变化，但组分 C3(*Ex*/*Em*=210/310nm) 消失，沉积物新增组分 CB2(*Ex*/*Em*=210/400nm)。泸沽湖沉积物 DON 组分数也减少了一种，组分 L2(*Ex*/*Em*=210/310nm) 消失，沉积物新增组分 LB1(*Ex*/*Em*=240/330nm)。以上结果表明，高原湖泊上覆水普遍存在的组分 S1(*Ex*/*Em*=210/310nm，内源色氨酸荧光组分) 在各湖泊表层沉积物中均未发现，另一种在上覆水普遍存在的组分 S2(*Ex*/*Em*=210/340nm，内源酪氨酸荧光组分) 则普遍存在 (表 6-2)。

表 6-2 高原湖泊表层沉积物 DON 各平行因子组分对应激发及发射峰坐标

目标湖泊	组分	激发 / 发射 (nm)	与相关研究中平行因子组分对比 (nm)	组分性质及来源
洱海	EB1	240/460	C2-P: 265/445[c]	外源腐殖质组分
	EB2	222/340	C4: 230/334[b]	内源酪氨酸组分
	EB3	240/400	C1: <250(310)/416[a]	外源腐殖质组分
程海	CB1	215/330	C4: 230/334[b]	内源酪氨酸组分
	CB2	210/400	C3: <225(275)/322[b]	外源腐殖质组分
	CB3	270/480	C2-P: 265/475[c]	外源腐殖质组分
泸沽湖	LB1	220/450	C3: <225(275)/322[b]	外源腐殖质组分
	LB2	210/340	C4: 230/334[b]	内源酪氨酸组分

[a]Williams *et al.*, 2010; [b]Zhang Y *et al.*, 2013; [c]Zhang L *et al.*, 2013。

6.1.3 高原湖泊柱状沉积物溶解性有机氮结构组分差异

1. 高原湖泊柱状沉积物沉积速率及年代特征

选取了程海两个点位 C3 与 C4 作为沉积物柱状样采集点，将程海沉积物按 2cm 分层，根据研究确定的程海沉积物平均沉积速率确定各层沉积物所对应沉积年份。本研究程海沉积物各形态氮历史演变特征见图 6-2 所示，TN、DON、NH_4-N 和 NO_3-N 在 1770 年前含量处于较低水平，变化较平稳，该时期程海处于较为原始的发展状态，初级生产力较低，外源输入及内源释放均较低。1950 年前沉积物 TN 含量呈现缓慢增加趋势，而 1950 年后各形态氮含量开始明显增加，TN 和 DON 含量均呈逐渐增大趋势。根据已有研究成果，程海流域农业生产在 1950 年左右开始得以快速发展，随之而来的农业化肥、药物等大量使用，引起农业面源污染日益加重。螺旋藻养殖产业也开始起步，虽然规模不大，但也相应增加了入湖污染负荷。

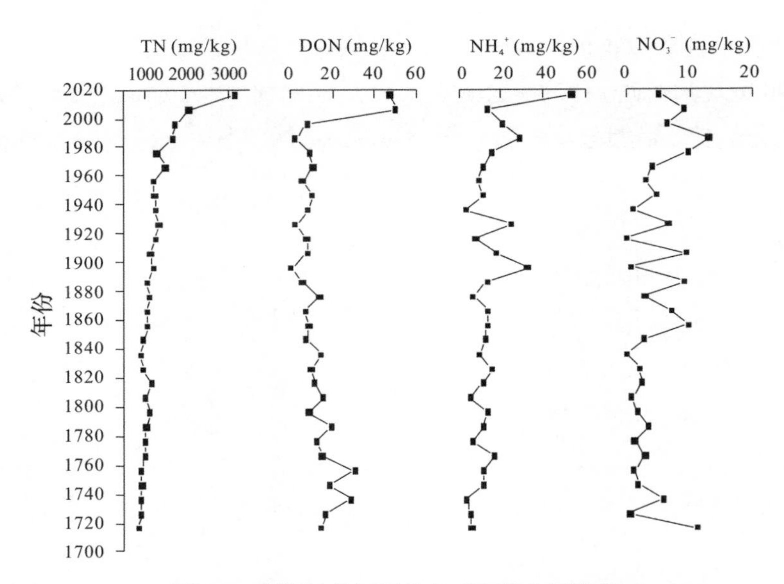

图 6-2 程海柱状沉积物各形态氮含量演变

除此之外，水利工程及林业发展等带来了流域水文条件变化及水土流失变化等问题，即该阶段为程海富营养化进程逐步加速的时期。程海沉积物氮含量在 1990 年前后又出现了明显加速增加，主要原因在于从 20 世纪 90 年代开始，程海周边大力发展螺旋藻养殖等产业。除了螺旋藻养殖所造成的污染外，相关产业发展也促进了流域社会经济快速增长，人口增加也加剧了村镇生活污染及农业面源 (董云仙等，2015)。图 6-2 结果也支撑验证了沉积物对湖泊流域发展演变历史的记录作用。

2. 高原湖泊柱状沉积物溶解性有机氮结构组分表征

为了对高原湖泊柱状沉积物 DON 结构组分历史演变有更深入的了解，本研究将高原湖泊程海柱状沉积物样品提取出的 DON 进行逐层荧光表征，再将表征结果利用 EEM-PARAFAC 模型进行处理，并结合程海沉积物定年结果，可得到高原湖泊程海沉积物 DON 荧光组分历史演变特征结果。根据 EEM-PARAFAC 模型结果可见，自 1706 年至今，程海沉积物 DON 组分基本包括如图所示组分，编号分别为 CZ1~CZ4(Z 代表柱状)。

如图 6-3 所示，DON 组分是程海沉积物各历史时期所包含的所有 DON 荧光组分，但只有 CZ1(*Ex*/*Em*=220/340nm，内源酪氨酸组分，与之前章节的 S2 相近) 一直存在于从 1706 年至今所有时期沉积物，其余荧光组分在不同时期均出现了断层。根据图 6-4 所示荧光组分强度 (QSU) 历史演变规律可见，程海沉积物一直存在的 DON 荧光组分的荧光强度并未因为程海复杂的地理环境及人类活动变化等产生较大波动，其荧光峰强一直稳定在 2.50~2.75QSU。其余三种组分均为外源组分，其中第二、三种组分在较为早期的沉积物中均未发现 (峰强为 0QSU)；第二种组分在 1860 年左右开始出现，出现后至 1950 年间，峰强增长非常缓慢，在 1970 年和 2000 年，第二种组分的荧光强度出现了两次急剧增长。

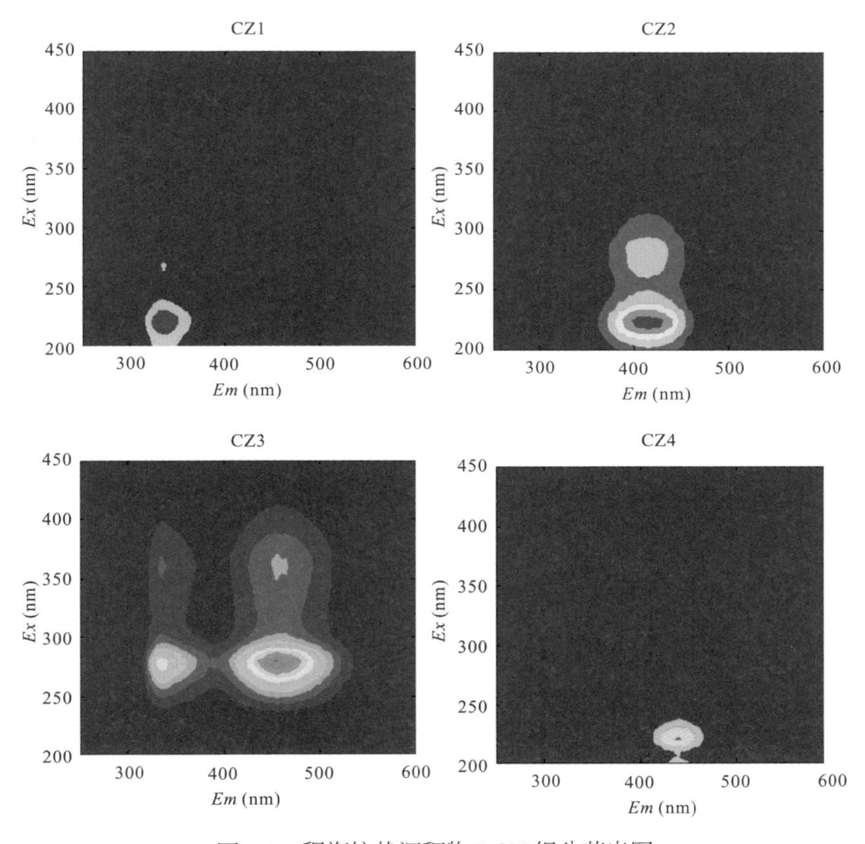

图 6-3　程海柱状沉积物 DON 组分荧光图

第三种组分与第二种相同，在早期沉积物中也未发现，但其出现的时间比第二种组分早，在 1820 年左右就有微弱的荧光强度；而在之后的 30 年内，其荧光峰强迅速增长，从 1850 年至今增长速度较为缓慢。第四种荧光组分也为外源组分，其在本研究所涉及的最早时期就已经存在，且其荧光强度在早期一直较为稳定，在 1850 年左右其荧光强度出现较大波动，之后一直呈现逐渐减少趋势，直至 1950 年左右完全消失。

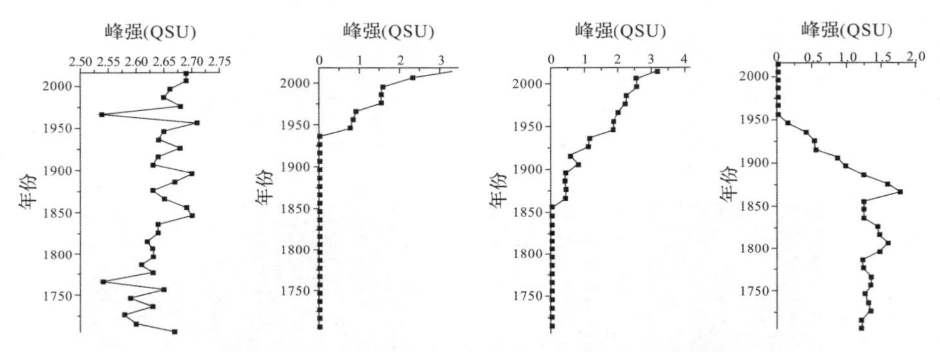

图 6-4　程海柱状沉积物 DON 组分荧光强度历史演变

由此可见，三种外源 DON 组分强度发生较大变化都在 1950 年前后。根据研究资料，程海流域从 20 世纪 50 年代前后农业发展开始起步，伴随农业面源污染增加，即第二、第三种 DON 荧光组分可能来自农业面源污染。第二种荧光组分在 20 世纪 90 年代左右有比较显著的荧光强度增长，考虑到程海流域自 90 年代开始大力发展螺旋藻养殖等产业，该外源组分增加可能和螺旋藻养殖等产业发展密切相关 (董云仙等，2015)。程海流域大力发展螺旋藻养殖产业时期，第三种外源 DON 荧光组分的荧光强度增长速度也较平稳，并未出现短时间突变增高，农业及工业污染源可能对该 DON 外源组分的贡献率更大。

对于第四种外源 DON 组分，其整体荧光强度一直处于较低水平，而在程海流域工农业生产活动日益频繁的时期，其强度出现了较为明显的减小直至消失。根据相关研究资料，程海流域开发过程中，有较多大规模的工程改造，涉及入湖河流变化及水文环境等改变，工程改造及环境条件变化等可能导致第四种组分的来源被切断，致使其含量出现明显下降(董云仙等，2012)，即该种组分并不来源于程海流域工农业生产活动，而可能来源于其他地域的空间传输(图6-5显示了四种组分中唯一内源组分的荧光强度占总荧光强度百分比随年份变化情况)。

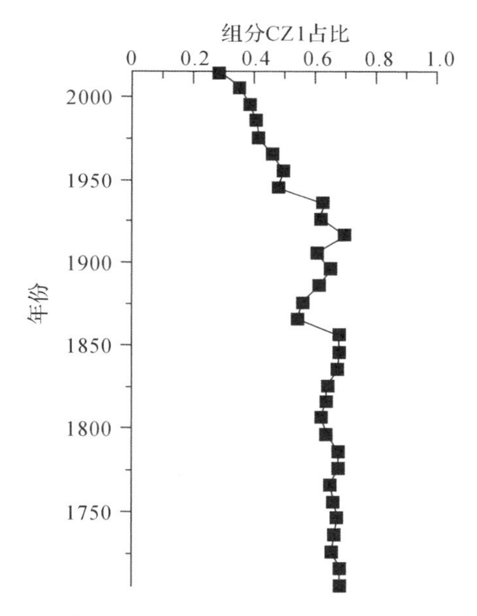

图6-5 程海沉积物DON组分CZ1相对丰度历史演变

由此可见，随程海流域工农业发展(图6-6)，该内源组分对沉积物DON贡献率日益降低，其贡献率和工农业生产总值变化呈显著负相关，推测近年来工农业活动增加导致程海外源输入明显增多，CZ1组分的相对丰度因外源输入增加而占比下降，程海营养水平则在不断提高。

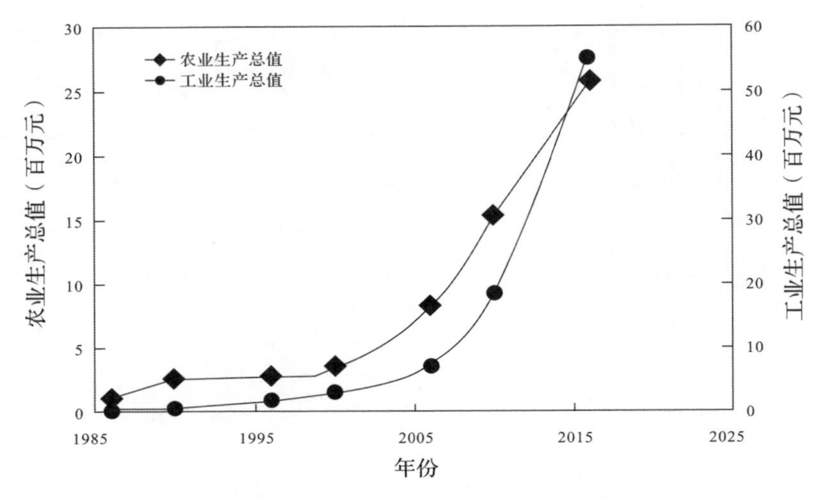

图 6-6　1985 年以来程海流域工农业生产总值变化

本研究针对高原湖泊上覆水 DON 组分及含量特征的研究也发现，高原湖泊上覆水该组分的相对丰度对湖泊富营养化在一定程度上有指示意义，其相对丰度越低，湖泊富营养化程度越高，且推测该种组分生成的原因与高原湖泊强紫外线条件有关。该 DON 组分长期稳定存在于各时期程海沉积物中的结果表明，其受人类活动及相关地理水文环境变化等影响极小，进一步印证长期稳定存在的高原紫外线照射是其最可能的成因。

6.2　高原湖泊洱海沉积物溶解性有机氮生物有效性及环境意义

沉积物 DON 的生物有效性是影响其行为与环境效应的关键所在。为进一步探究高原湖泊沉积物 DON 特征组分及演变规律，深入分析高原湖泊生态系统 DON 生态效应，试图探究沉积物 DON 组分相对丰度作为高原湖泊富营养化指标的可行性及实际意义。本研究选择洱海作为高原湖泊代表(采样点信息见许可宸等，2017；徐可宸，2018)，基于菌藻对比培养法，研究高原湖泊沉积物 DON 生物有效性及对 DON 结构影响，对比研究菌藻对比培养条件下洱海沉积物 DON 生物有效性差异及环境意义，以期从结构组分角度，阐明高原湖泊沉积物 DON 生物有效性。

6.2.1 菌藻培养洱海沉积物溶解性有机氮生物有效性

根据本研究选择的洱海三个点位沉积物 DON 初始培养液 EEM-PARAFAC 结果，各组分激发 / 发射峰波长可判断沉积物均含有相同的三种 DON 荧光组分 (表 6-3)，分别为陆源类腐殖质物质 (命名为 EB1)、内源类酪氨酸物质 (命名为 EB2) 和另一种陆源类腐殖质物质 (命名为 EB3)，与研究洱海表层沉积物 DON 结构组分结果一致。

表 6-3　菌藻培养洱海沉积物 DON 各荧光组分特性

培养阶段	点位	组分	*Ex*/*Em*(nm)	参考相关研究中相近组分	描述
培养前	E2#	EB1	280/440	C1[a]，C3[b]	A 峰；陆源类腐殖质物质
		EB2	220(270)/350	C4[a]	T 峰；内源类酪氨酸荧光物质
		EB3	230(310)/400	C2[a]，C2[b]	A 峰；陆源类腐殖质物质
	E4#	EB1	270/450	C1[a]，C3[b]	A 峰；陆源类腐殖质物质
		EB2	210/350	C4[a]	T 峰；内源类酪氨酸荧光物质
		EB3	230(310)/400	C2[a]，C2[b]	A 峰；陆源类腐殖质物质
	E6#	EB1	280/450	C1[a]，C3[b]	A 峰；陆源类腐殖质物质
		EB2	210/340	C4[a]	T 峰；内源类酪氨酸荧光物质
		EB3	230(280)/400	C2[a]，C2[b]	A 峰；陆源类腐殖质物质

[a] Tedmon and Markager，2005；[b] Yao *et al.*，2010。

本研究以 E4# 点位沉积物 DON 为例，对应 EB1、EB2 和 EB3 荧光组分，总体荧光强度呈先增强后下降趋势，且细菌培养液各组分荧光峰强拐点均出现在 7～10d，而藻类培养液则出现在 4～7d(图 6-7)。其余各点位沉积物 DON 各组分荧光强度变化呈现相同特性，但处于北部和南部湖区的 E2# 和 E6# 点位沉积物 DON 外源组分 EB1 与 EB3 的初始荧光强度 (E2# 点位 EB1 为 3.084QSU，EB3 为 4.204QSU；E6# 点位 EB1 为 3.338QSU，EB3 为 4.676QSU) 明显强于中部湖区 E4# 点位沉积物的两种组分荧光峰强，即洱海南部和北部湖区沉积物外源 DON 组分荧光强度强于中部湖区。

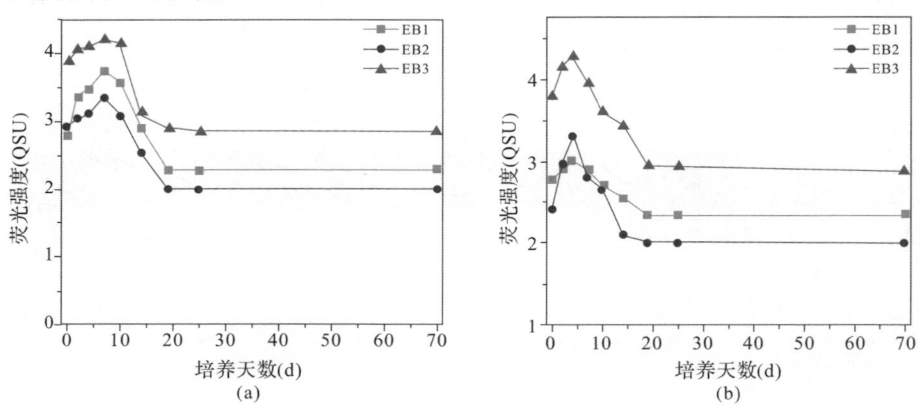

图 6-7　细菌 (a) 和藻类 (b) 培养洱海沉积物 DON 的 PARAFAC 组分荧光强度变化

表 6-4 为洱海表层沉积物 DON 分别在细菌和藻类培养条件下的生物有效性结果。由表可见，本研究在细菌和藻类培养条件下，三个点位沉积物 DON 含量均比培养前有所下降。E6# 点位生物有效性最大，E2# 点位次之，而湖心位置 E4# 点位则最小。以上结果与采样点环境条件相关，E6# 和 E2# 点位分别处于受人类活动影响较大区域 (入湖河口区)，受人类生产生活等活动影响较大，外源输入易生物降解物质也较多；相反，处于中部湖区的 E4# 点位受外源污染影响较少，不利于沉积物高生物有效性 DON 积累，其 DON 生物有效性较低。

表 6-4　不同培养条件下洱海沉积物 DON 生物有效性

培养方式	采样点	生物有效性 (%)	生物可利用量 (mg/kg)
细菌培养试验	E2#	29.9 ± 5.00	16.00 ± 3.30
	E4#	19.0 ± 8.49	5.93 ± 2.81
	E6#	39.5 ± 5.77	23.50 ± 4.19
藻培养试验	E2#	28.1 ± 5.02	15.00 ± 3.01
	E4#	16.3 ± 7.87	5.15 ± 2.61
	E6#	36.6 ± 5.87	21.70 ± 4.22

6.2.2　菌藻培养对洱海沉积物溶解性有机氮结构影响

DON 结构复杂多变，含有多种官能团，通过紫外—可见光谱全波长扫描检测可进行含氮官能团表征。$SUVA_{254}$ 指数因其具有随有机质芳香性的增大而增大的特性，本研究可用该值定性反映 DON 芳香性 (Weishaar *et al.*，2003)。SR 指数 (275～295nm 处吸收光谱系数与 350～400nm 处吸收光谱系数比值) 与溶解性有机物平均分子量显著负相关，且当 SR>1 时，沉积物 DON 组分以内源组分为主；SR<1 时，则以外源组分为主。

如图 6-8 和 6-9 所示，本研究藻培养过程中，46# 点位和 142# 点位培养液的 $SUVA_{254}$ 值随实验进行明显下降；而细菌培养试验中，三个点位的 $SUVA_{254}$ 指数在 0～5d 就明显下降，且下降程度超过同期藻类培养。菌藻培养过程中三个点位的 SR 指数值均呈增长趋势，菌类培养在 0～7d 保持快速增长，7～10d 后增长速度减缓；藻类培养 0～4d 保持快速增长，4～7d 后增长速度减缓，趋于稳定后，藻类培养液 SR 值高于菌类培养液。

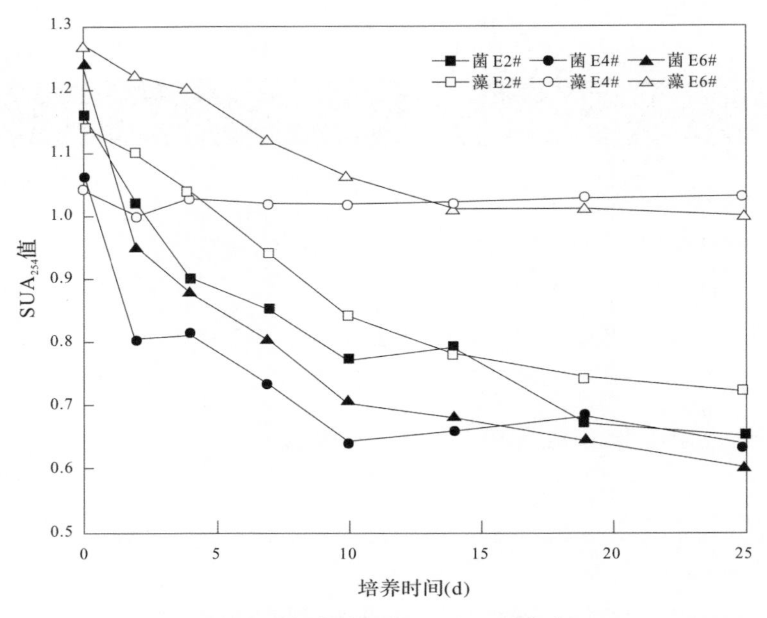

图 6-8 实验过程中 $SUVA_{254}$ 值变化

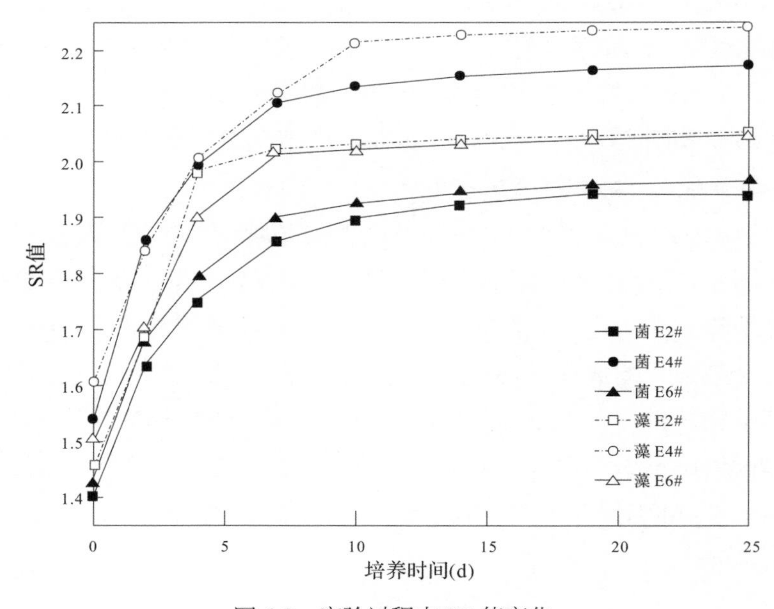

图 6-9 实验过程中 SR 值变化

任保卫等 (2008) 研究显示，藻类培养实验过程中，培养液藻密度与DON 组分荧光强度显著相关；DON 组分荧光峰强在培养实验中期有一定程度增强 (Saadi *et al.*，2006)。本研究也发现了类似现象，由图 6-8 和 6-9 可见，菌藻培养实验开始的前十天，各组分荧光强度均有不同程度增强。

综合分析可知，可能是由于微生物降解作用，大分子 DON 分解为小分子，且分子结构变化可能使刚性及共平面性结构增加，减少了能量扩散和转移，从而强化了荧光组分的发射强度。另外，微生物增殖过程中，其细胞可能分泌各种酶，导致荧光信号增强 (任保卫等，2008；Sheng and Yu，2006)。菌藻培养中后期，各组 DON 荧光强度都出现了明显下降，表明能够被降解的 DON 组分由大分子分解为小分子后再被降解利用。

藻类培养实验三个点位沉积物培养液 EB1、EB2、EB3 各荧光组分峰强在实验 4~7d 即出现下降趋势，比菌类更快速地完成将大分子 DON 降解为小分子 DON 的过程；外源组分 EB1 和 EB3 强度下降速率更快，可能是因为 EB1 和 EB3 中可被藻类利用部分占比更大 (Spencer *et al.*，2009)。根据紫外—可见光谱可见，SR 指数变化也进一步证明了上述结论，培养前期各点位 SR 指数均呈迅速增加趋势，由于培养液 DON 分子量减小，且可被菌类藻类所吸收利用，其中生物有效性更高的组分消耗量更大，而使内源组分在 DON 所占比重不断上升，导致 SR 指数增加。之后 SR 指数增加逐渐减缓，表明分子量不再减小，而菌藻吸收作用还在保持。在培养液起始 SR 指数相近情况下，菌藻培养液趋于稳定后，藻类培养液 SR 指数更高，说明藻类培养对外源组分的吸收效果更强，培养后的藻类培养液中外源组分含量更低。培养过程中除 E4# 点位培养液外，其余培养液都随培养时间增加，其 $SUVA_{254}$ 值有不同程度降低，同时与 DON 含量变化显著正相关 (表 6-5)，与本研究 3D-EEM 结果较吻合。

藻类培养过程中 E4# 号点位 $SUVA_{254}$ 指数变化较小，是因为相较于南部和北部湖区而言，洱海中部湖区水深更深，较慢的水体流速更适宜微生物存活。此外，中部湖区受外源污染输入影响较小，微生物已经将大部分可降解大分子、高芳香性 DON 组分分解利用，沉积物多富集难降解有机质。而与藻类培养不同，细菌培养对 DON 分子具有矿化、硝化等作用，加强了其对难降解物质的分解。因此，和藻类培养相比，洱海中部湖区点位沉积物 DON 的 $SUVA_{254}$ 指数在细菌培养过程中有更明显变化，该结果和本研究得出的细菌培养 DON 生物有效性较藻类培养高的结论相符合。

表 6-5　不同培养条件下洱海沉积物 DON 变化与各参数相关分析

		$SUVA_{254}$	e_{SR}	藻细胞密度
细菌培养实验	Δ(DON46#)	0.922**	−0.864*	—
	Δ(DON105#)	0.498	−0.568	—
	Δ(DON142#)	0887**	−0.851*	—
藻培养实验	Δ(DON46#)	0.994**	−0.902**	−0.982**
	Δ(DON105#)	0.054	−0.673	−0.949**
	Δ(DON142#)	0.979**	−0.911**	−0.981**

注：* 表示较为显著；** 表示极显著差异。

6.2.3　菌藻对比培养洱海沉积物溶解性有机氮生物有效性及环境意义

1. 菌藻对比培养洱海沉积物溶解性有机氮生物有效性

藻类培养实验接种液前处理过程更为简捷，且最佳降解 DON 组分所耗时间较短。虽然藻类培养对沉积物 DON 降解效果较菌类培养差，但培养过程中 DON 光谱学特征参数变化 ($SUVA_{254}$ 和 SR) 和藻细胞密度间呈显著正相关，一方面可利用培养液藻细胞密度表示藻类对 DON 的分解利用，另一方面也可直观体现 DON 对藻类生长影响。本研究结果表明，相比于细菌培养法，藻类培养法更适合评价洱海沉积物 DON 生物有效性。

沉积物可作为湖泊上覆水营养物重要“源”而明显影响湖泊营养水平 (Wang *et al.*，2012)。不同环境条件下，沉积物和土壤赋存 DON 生物有效性不同 (Tappin *et al.*，2007；Badr *et al.*，2008)，其富营养化风险也不尽相同。处于蒙新高原的乌梁素海，多年来工农业及生产生活等外源污染严重，导致该湖泊富营养化形势严峻 (金相灿等，2007)。有研究 (冯伟莹等，2013) 发现，藻类对乌梁素海表层沉积物 DON 利用率约为 62.8%~69.8%，该结果远大于本研究藻类培养法得到的洱海沉积物 DON 生物可利用率 (8.5%~45.3%)。Petrone *et al*.(2009) 研究发现，细菌培养河口沉积物 DON 生物可利用率约为 4%，与本研究结果较接近，即该区域沉积物 DON 腐殖质类物质赋存量较大，且结构多变。

根据以上不同区域沉积物 DON 生物可利用率结果可见，洱海沉积物 DON 的生物可利用率属于中等水平，即洱海沉积物 DON 结构较为稳定，表层沉积物 DON 生物可利用率低于处于富营养化水平的乌梁素海。

2. 特殊荧光组分对湖泊营养水平的指示意义

细菌和藻类培养条件下，本研究洱海沉积物 DON 各组分都有一定比例被细菌或藻类降解，且无论内源组分还是外源组分，培养后期荧光强度基本都不再发生变化，即洱海沉积物各 DON 组分经过细菌和藻类的降解作用后，剩余组分含量基本不会再受自然条件下生物降解因素影响而发生变化。除此之外，本研究培养条件下，各荧光组分培养过程中达到稳定后，各组分总荧光强度 (QSU) 衰减率和 DON 培养过程中的去除率基本相当。

以上结果也和前文 DON 组分总荧光强度 (QSU) 和 DON 含量 (mg/L) 结果显著正相关。柱状沉积物 DON 是在自然条件下通过沉积物与上覆水间的物质交换进入沉积物，并发生以藻类和细菌为主的生物降解作用，由于菌类和藻类对各组分只有有限的降解能力，由此导致各荧光组分不可生物降解部分留存于沉积物，并随时间推移，埋藏深度逐渐增加。

以上结果表明，沉积物对该时期对应上覆水营养物赋存有一定的记录功能，并可反馈各历史时期湖泊营养水平。本研究发现，高原湖泊上覆水、表层沉积物及各历史时期柱状沉积物都存在 DON 荧光组分 CZ1(上覆水研究中的 S2，表层沉积物研究中的 EB2、CB1 和 LB2)。沉积物该荧光组分相对丰度越低，则说明该层沉积物所对应历史时期湖泊所受外源污染越严重。本研究表层沉积物各荧光组分赋存比例和上覆水各荧光组分赋存比例有一定差别，沉积物所记录各荧光组分赋存比例和对应历史时期的湖泊上覆水各荧光组分实际赋存比例也存在一定误差，可能是因为不同荧光组分物理化学性质不同，如其被沉积物吸附或被沉积物释放的能力不同，导致各组分在上覆水和沉积物间的物质交换过程不同，最终在沉积物中记录下的赋存比例有所差别；各组分生物有效性差别较大，沉积物最后记录的各组分间比例和其最初积累比例有所差别。本研究虽然发现 DON 特定荧光组分相对丰度对高原湖泊富营养化水平有指示及记录意义，但准确翔实的数学模型关系还需要进一步的研究和更多的数据支撑。

湖泊富营养化评价方法主要包括卡尔森营养状态指数法 (TSI)、综合营养状态指数法 (TLI) 等，以上方法在实际湖泊环境监测及保护工作中都已被广泛采用，但所需测定指标较多，计算步骤繁琐，耗时长。如 TLI 法，需要测定包括叶绿素、总磷、总氮、透明度、高锰酸盐指数等五项指标，再根据复杂的数学模型确定目标湖泊富营养化分级。以上方法只能通过湖泊现场调查才能应用，无法实现对湖泊各历史时期营养状态评估，不利于研究湖泊演变。若能够将传统的湖泊营养状态指数与本研究提出的光谱指标间建立数学联系，则能更方便快捷地对湖泊营养状态进行判定，甚至实时监控，也可以对湖泊营养状态的历史演变进行时间尺度分析。

6.3 本章小结

本研究洱海、程海和泸沽湖等高原湖泊沉积物 DON 含量与湖泊营养水平关系并不密切，即湖泊营养水平高，上覆水和沉积物 DON 含量并不一定高；而不同高原湖泊沉积物 DON 结构组分差异较大，其生物有效性总体属中等水平。高原湖泊表层沉积物均含有多种 DON 荧光组分，其中洱海含外源腐殖质组分 EB1、内源色氨酸组分 EB2 及外源腐殖质组分 EB3；程海含内源色氨酸组分 CB1，外源腐殖质组分 CB2 及外源腐殖质组分 CB3；泸沽湖含外源腐殖质组分 LB1 与内源色氨酸组分 LB2。

1706 年至今，程海柱状沉积物发现四种 DON 荧光组分，除 CZ1(普遍存在于高原湖泊上覆水及表层沉积物，与 S2 为同一组分) 内源酪氨酸组分一直存在，且荧光强度波动较小外，其余三种外源组分均有断层现象。

藻类培养条件下，洱海表层沉积物 DON 生物有效性 (8.5%~42.5%) 略低于细菌培养 (10.51%~45.3%)，菌类和藻类均只能降解各 DON 组分的一部分，降解完成后，各 DON 组分荧光强度基本不再变化。洱海沉积物 DON 生物可利用率属中等水平，即洱海沉积物 DON 结构较为稳定，表层沉积物 DON 可利用率低于富营养化湖泊乌梁素海。

本研究洱海、程海和泸沽湖等高原湖泊沉积物 CZ1 为独特 DON 荧光组分，其相对丰度等光谱指标与湖泊营养状态评价指标显著正相关，可依此建立能够快速判断湖泊营养水平的评价指标，今后应加强该方面研究。

综上可见，高原湖泊沉积物 DON 含量不仅受湖泊营养水平影响，还受其他因素影响；菌类和藻类均只能降解 DON 部分组分，不同高原湖泊沉积物 DON 结构组分差异较大，总体较稳定；沉积物 DON 生物可利用率主要受湖泊营养水平影响，营养水平较高湖泊的沉积物 DON 生物可利用率也较高。另外，高原湖泊上覆水、表层及柱状沉积物都存在 DON 荧光 CZ1 内源酪氨酸组分，且该组分相对丰度对高原湖泊营养水平及沉积记录具有一定指示意义。

第7章　高原湖泊溶解性有机氮界面过程及机制

一般来讲，高原湖泊悬浮物含量较高，沉积物氮磷累积问题突出，沉积物—水界面和悬浮颗粒物—水界面过程对湖泊氮循环具有重要作用。研究发现光照对 DON 生物有效性和组分转化等有重要影响。Halis *et al*.(2013) 研究污水处理厂尾水可生物降解和可光降解 DON 交叠作用，发现光照是评估废水有机氮生物可利用率的关键因素之一，特别是光照可通过光合作用和营养元素光化学产物增加水体富营养化风险。Kieber *et al*.(1999) 和 Wang *et al*.(2000) 研究了光照处理高腐殖质组分 DOM 及单独高腐殖质物质，发现 DON 与 DIN 间存在转化关系；Vähätalo and Zepp(2005) 研究芬兰湾水体 DON 变化规律也得出了类似结论。因此，湖泊界面 DON 交换与水体营养状况关系密切，研究界面 DON 过程与机制对揭示湖泊氮迁移转化规律及富营养化机制具有重要作用。

洱海作为典型的高原湖泊，正处于由中营养向富营养转变的关键转型阶段，研究其界面 DON 过程及机制对揭示高原湖泊氮代谢过程及机制具有重要意义。本研究以洱海为例，试图研究悬浮颗粒物分布特征及对 DON 影响、沉积物间隙水 DON 结构组分特征、沉积物—水界面 DON 释放及对水质影响、悬浮颗粒物—水界面硝化反硝化特征及对 DON 影响，以及环境因子对 DON 影响等内容，以期揭示高原湖泊 DON 界面过程及机制 (本研究采样点信息见王圣瑞 等, 2015, 2017), 为洱海等高原湖泊保护治理提供支撑。

7.1　洱海悬浮颗粒物分布特征及对溶解性有机氮影响

悬浮颗粒物在湖泊生态系统氮磷等物质迁移转化等过程中发挥着重要

作用，研究湖泊水体不同介质悬浮颗粒物氮的分配与吸附解吸等机制，表征和分析其结构组分变化规律和赋存形式，能在一定程度上阐明湖泊生态系统有机氮的选择性分解和吸附释放等过程 (Henrichs and Sugai，1993)。湖泊悬浮颗粒物 (SPM) 包括以土壤和泥沙等为主的无机颗粒物和以浮游植物为主的有机颗粒物 (迟杰和康江丽，2006)，一般湖泊悬浮颗粒物为有机、无机复合体，不同时段不同湖区颗粒物有机、无机占比差异较大。营养水平较高的湖泊，其浮游植物、浮游动物及残体等是水体颗粒物有机质最重要来源，且颗粒物有机质对水体溶解性有机物迁移转化具有关键作用 (史红星等，2005)。颗粒物对水体溶解性有机物有较强絮凝作用，絮凝有机物也是水体不稳定有机物的主要来源，如颗粒态氨基酸是颗粒有机物的重要组分，可为浮游生物和底栖生物等提供生源要素 (张鹏燕等，2015)。

洱海由于入湖河流汇短流急，易携带大量悬浮物进入湖泊，且洱海生态系统退化明显，水生植被由 20 世纪 70 年代至 80 年代覆盖率 30% 左右下降到现今的 5% 左右，沉积的大量植物残体受风浪扰动可再悬浮进入上覆水，使得水体颗粒物含量较高。同时，近年来洱海流域旅游业快速发展，大量生活污染物及面源污染等随降雨进入湖泊，且藻类生物量较高，形成大量有机颗粒物，使洱海上覆水颗粒态有机质含量较高，不仅导致水体透明度较低，而且对上覆水溶解性有机物的絮凝沉淀和转化释放等过程均具有重要影响。基于此，本研究选取洱海悬浮颗粒物为研究对象，根据湖泊水体总体水流方向，由北向南共设置 6 个点位，分别于春季 (4 月)、夏季 (7 月)、秋季 (10 月) 和冬季 (1 月) 探讨洱海水体悬浮物分布特征及对 DON 影响。

7.1.1 洱海悬浮颗粒物浓度分布特征

1. 季节变化特征

根据 2013 年 4 月到 2014 年 1 月的现场观测资料，洱海水体悬浮颗粒物浓度 ρ_{SPM} 季节变化较为明显，全湖平均 ρ_{SPM} 季节变化总趋势是夏季 [(5.408±0.861)mg/L] >秋季 [(4.919±0.728)mg/L] >冬季 [(3.267±0.471)mg/L] >

春季 [(2.107±0.318)mg/L](见图 7-1a)；其中洱海北部和中部湖区水体 ρ_{SPM} 季节变化与全湖平均浓度季节性变化特征保持一致，即夏季 ρ_{SPM} 明显高于其他季节；主要是由于夏季水温 (23.5±0.12)℃较高，且稳定于 (23.5±0.12)℃，光照较强，浮游植物生物量较高，且微囊藻属相对丰度超过 90%。南部湖区水体秋季 ρ_{SPM} 较高 (5.239mg/L)，与全湖不一致，主要是因为洱海水流由北向南流动，且在风力作用等影响下，夏季北部和中部生成的大量藻类在秋季易汇集在南部湖区，直接表现为秋季南部湖区叶绿素 a(Chl a) 含量明显增加，即水体悬浮物含量遵循与 Chl a 含量相同的变化规律 (图 7-1b)。因此，洱海 ρ_{SPM} 季节变化特征受浮游植物生长影响较大。

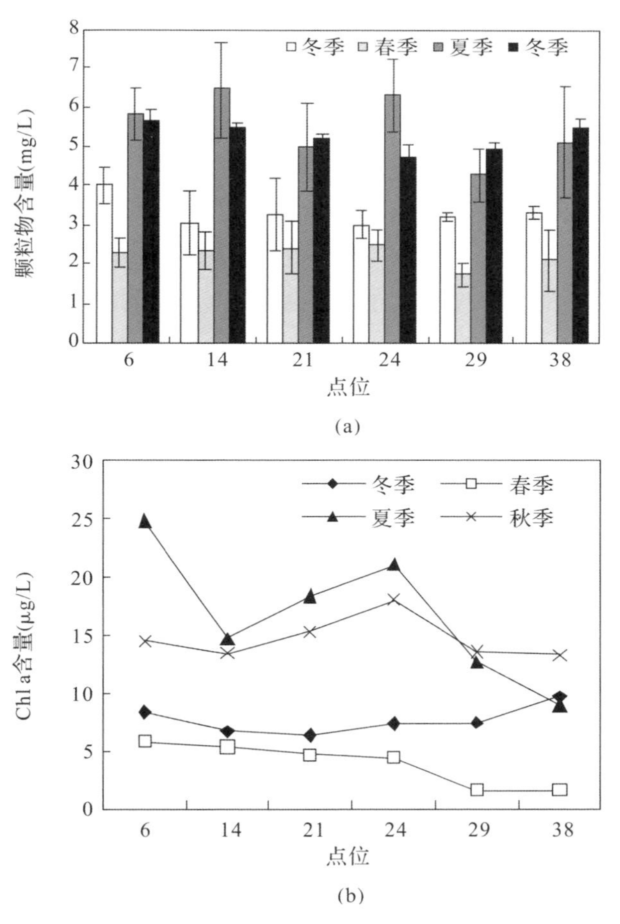

图 7-1　洱海悬浮颗粒物浓度 (a) 与叶绿素 a(b) 季节变化

秋季浮游植物和水生植物大量死亡而产生的残体是洱海悬浮颗粒物的主要来源。冬季较低的水温致使浮游植物生物量较低，水生动植物活动较弱，SPM 浓度较低，大颗粒悬浮物在重力作用下向湖底沉积。洱海冬季受大陆冷气团侵袭，盛行西南风且强度较大，北部 (平均 3.96m) 和南部 (平均 7.35m) 水深较浅，湖底沉积物在风浪搅动下易悬浮。因此，洱海冬季 SPM 浓度低值出现在中部湖区 (3.13 ± 1.10)mg/L(图 7-1a)。

洱海北、中、南三个湖区悬浮颗粒物浓度虽有差异，但变化较小，说明外源输入颗粒物负荷对其 ρ_{SPM} 影响较小，SPM 浓度季节变化主要受浮游植物生长影响，其次受外源污染物输入和风浪扰动等影响。

2. 空间分布特征

洱海全湖各采样点位 ρ_{SPM} 变化范围为 0.7～15.2mg/L，平均为 3.925mg/L，总体呈现南部和北部湖区小于中部湖区的趋势 (图 7-2)。春季藻类生物量较低是各点位水体 ρ_{SPM} 差异较小的主要原因，低值区分布在北部湖区，主要是因为该湖区水深较浅，且分布有水生植物，对水体悬浮颗粒物发挥着过滤、净化和抑制等作用 (Almroth-Rosell *et al.*，2011)，有效降低了水体悬浮颗粒物浓度。夏季降雨量增加，北部入湖河流携带大量泥沙，使北部湖区 ρ_{SPM} 增加约 65%。倪兆奎等 (2013) 通过稳定氮同位素示踪发现，夏季洱海北部入湖河流悬浮颗粒物氮主要来自土壤流失。

张莉等 (2015) 研究表明，洱海中部湖区受外源污染影响较小，但蛋白质类物质较北部和南部湖区高，主要来自微生物活动和沉积物释放，尤其是在微生物活动和沉积物释放强度较大的夏季，ρ_{SPM} 最高值 (6.56mg/L) 出现在洱海中部。南部湖区水深较浅，且 2003 年前有丰富的沉水植物，之后由于沉水植物退化，大量残体沉积，使该区域沉积物有机质含量较高，且容易受扰动影响 (赵亚丽等，2013)。秋季南部水深较浅区域和出水口附近区域均有大量藻类残体和絮状悬浮物，水体透明度较低 (< 1.3m)。

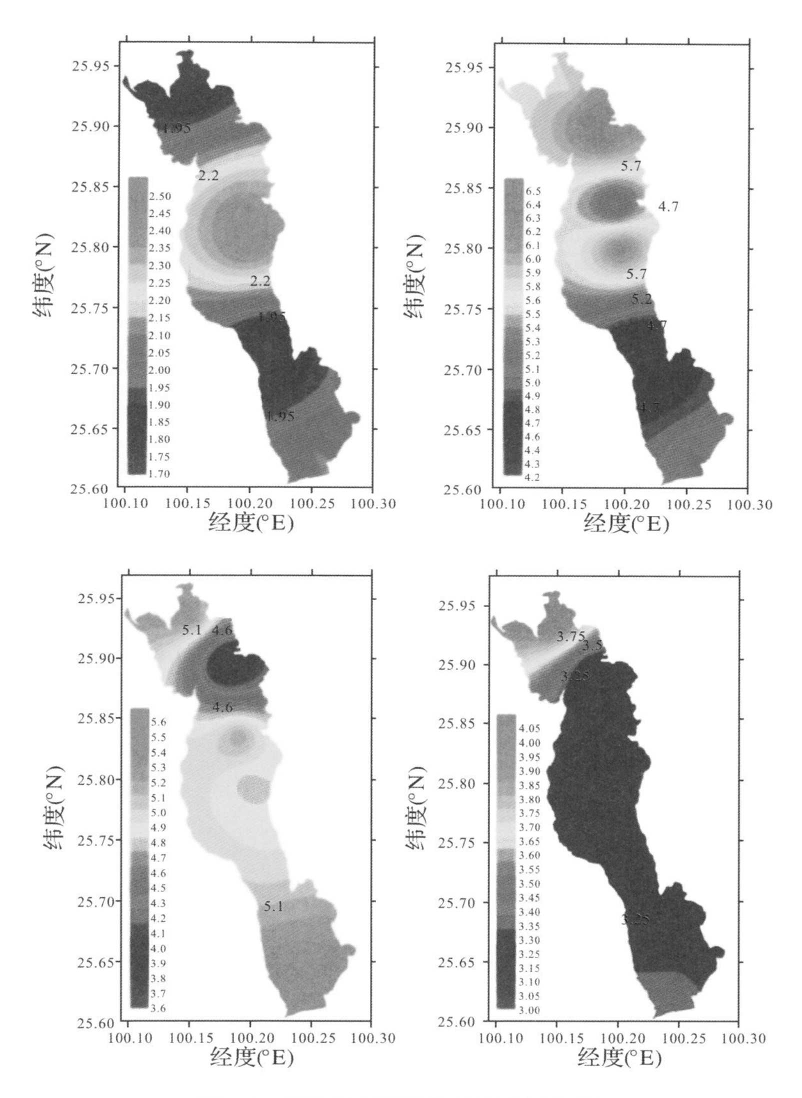

图 7-2　洱海悬浮颗粒物浓度空间分布

3. 垂向分布特征

洱海 ρ_{SPM} 垂向分布总体随水深增加呈下降趋势，即表层 > 中层 > 底层，该垂向分布规律与鄱阳湖刚好相反 (张琍等，2014)，主要原因在于鄱阳湖是以吞吐流为主的多泥沙湖泊，重力作用下颗粒物向底部沉积；而洱海水动力条件较弱，悬浮颗粒物主要是浮游生物及水生植物残体等，多集中在表层。如图 7-3 所示，北部湖区 ρ_{SPM} 峰值出现在 2~4m 处，主要受入湖河流影响，颗粒物主要以无机矿物为主。中部湖区 ρ_{SPM} 峰值在 8m 处，因为该湖区水深较深，受外源污染影响较小，其颗粒物分布主要受内源影响。南部水域风浪较大，水深较浅，受沉积物再悬浮影响较大。因此，垂向悬浮颗粒物浓度峰值由北向南呈下降趋势。

从分层特征来看，春季 ρ_{SPM} 含量最低且垂向波动最小，主要是因为春季水温较低，且水生动植物生长较弱。夏秋季水温升高，ρ_{SPM} 垂向分布规律基本呈现先增加后减小的总体趋势。此外，洱海藻类群落结构垂直分布受光强影响差异较大 (李秋材等，2017)，其种群数量随深度增加而明显下降，水温分层使北部和中部湖区冬季 SPM 分层也较其他季节明显。

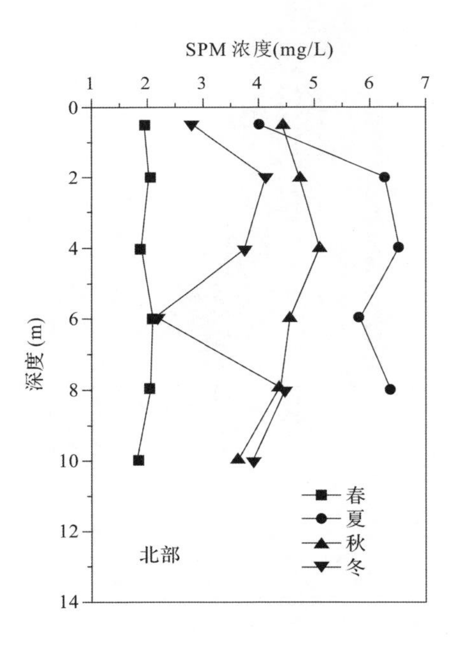

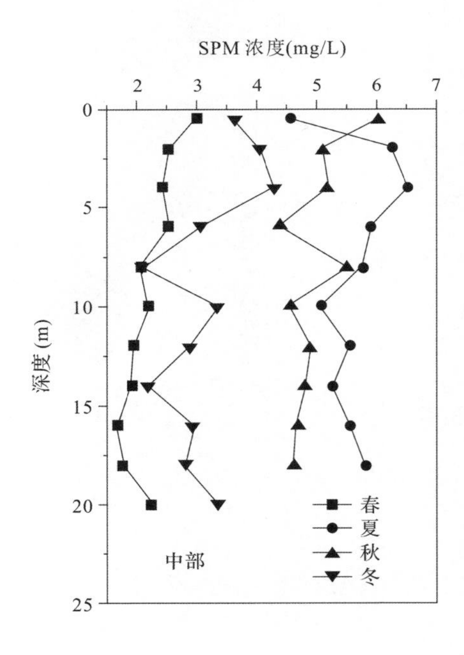

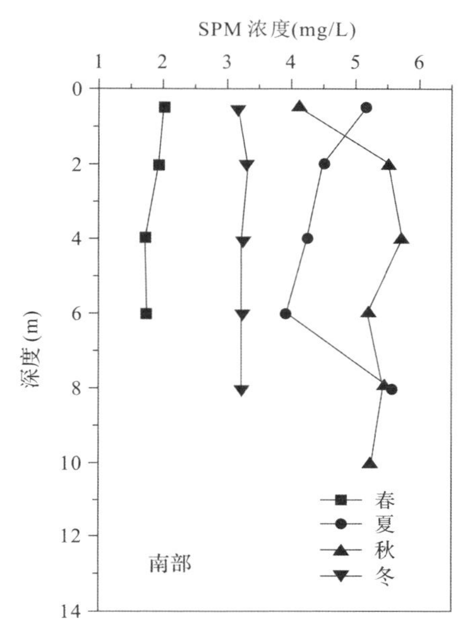

图 7-3　洱海悬浮颗粒物浓度垂向分布

7.1.2　洱海悬浮颗粒物浓度时空变化原因分析

1. 外源输入对悬浮颗粒物浓度影响

洱海上覆水悬浮颗粒物浓度分布一定程度上受来源影响，主要为外源性输入和内源代谢的共同作用。外源性来源主要包括入湖河流带入水体的细颗粒泥沙和腐屑、湿沉降及风力作用带来的颗粒等；内源性来源主要包括浮游动植物及其残体和风浪作用下底泥再悬浮等。由于采样点布设均匀，风力作用输入颗粒物可忽略不计，本研究洱海入湖河流 ρ_{SPM} 与上覆水 ρ_{SPM} 相当，不会对上覆水悬浮颗粒物浓度产生较大影响。此外，洱海入湖泥沙下沉速度较快，水体颗粒物主要为浮游动植物及代谢生成的小颗粒有机物质。因此，本研究入湖河流携带颗粒物不是洱海悬浮颗粒物主要贡献源。湿沉降 ρ_{SPM} 为冬季 (平均 4.7mg/L) ＞春季 (1.67mg/L) ＞秋季 (0.90mg/L) ＞夏季 (0.41mg/L)(表 7-1)；除冬季外，其湿沉降 ρ_{SPM} 均远低于上覆水，且冬季降雨较少，经湖泊稀释后，对洱海整体影响较小，表明外源输入对洱海悬浮颗粒物浓度影响较小。

表 7-1　洱海主要入湖河流和湿沉降悬浮颗粒物浓度

外源类型	湖区	春季	夏季	秋季	冬季
入湖河流 (mg/L)	北部	2.00	6.50	5.70	2.25
	中部	1.55	5.10	5.10	2.05
	南部	1.75	5.80	4.10	3.45
湿沉降 (mg/L)		1.17	0.41	0.90	4.70

2. 悬浮颗粒物浓度时空变化的环境影响机制

由于洱海 SPM 主要为内源产生，与藻类繁殖代谢关系密切，受上覆水环境条件影响较大，因此，分析主要环境因子，建立其与洱海 ρ_{SPM} 关系是有效改善水质、揭示富营养化机制需要回答的关键问题。

水温是影响藻类生长繁殖的关键因素。Patra *et al.*(2016) 研究印度 Chilika 热带浅层泻湖表明，水温与 ρ_{SPM} 呈正相关。洱海藻细胞密度随水深增加而降低，即洱海藻细胞密度随水深增加呈下降趋势。洱海水温年际变化如表 7-2 所示，从春季到夏季，水温增高了 5.7℃，悬浮颗粒物浓度增大了 3.31mg/L；从秋季到冬季，水温下降了 8.5℃，悬浮颗粒物浓度降低了 1.63mg/L。这表明洱海悬浮颗粒物浓度季节变化受水温调节，且悬浮颗粒物主要是浮游植物。夏季持续高温还会加速底层水体有机质分解，最终导致沉积物—水界面氧浓度降低区域的形成，促进界面氮循环，致使水体营养盐含量升高，支撑部分湖区藻类暴发性增长。以上结果也证明了夏季 ρ_{SPM} 峰值 (5.8mg/L) 出现在洱海中部溶氧浓度较低的区域。

本研究洱海 DO 最低值 [(5.60 ± 0.62)mg/L] 出现在中部湖区，由于其水深较深，水体透明度较低 ($SD < 1.3$m)，光强被削弱，用于光合作用的溶氧量减少，浮游植物和沉水植物死亡产生絮状悬浮物，导致洱海水体颗粒物浓度增加。另一方面，颗粒物表面附着的微生物对有机物质的分解作用

也会消耗水体部分溶解氧，进而给藻类生长带来不利影响。

洱海秋季水体DO浓度普遍较低(4.39~7.31mg/L)，已接近浮游藻类生长下限(5mg/L)，其大量死亡产生的残体是秋季ρ_{SPM}较大的主要原因。由于藻类光合作用消耗水体大量二氧化碳，使水体碳酸根浓度下降，促进二氧化碳水解平衡向反方向移动，最终使水体pH值升高。微囊藻密度变化是pH和叶绿素a相互作用的结果，二者互为因果关系(吴剑等，2009)。洱海藻类以微囊藻为优势种，且有研究表明，淡水微囊藻最适pH值为9.0，洱海夏季pH值(平均8.98)接近该最适值。由于夏季藻类光合作用耗损了湖泊水体自由态CO_2，从而使上覆水酸碱平衡被打破；当秋季pH值下降0.5时，悬浮颗粒物浓度降低11%。

表7-2　洱海上覆水物理化学指标变化(平均值±标准偏差)

参数	北部		中部		南部	
	平均值±标准偏差	范围	平均值±标准偏差	范围	平均值±标准偏差	范围
悬浮颗粒物(mg/L)						
春季	1.99±0.17	1.70~2.20	2.44±0.99	13.35~5.35	1.93±0.28	1.45~2.40
夏季	6.12±1.61	3.15~9.90	5.62±0.96	3.80~7.00	4.69±0.96	2.90~6.00
秋季	4.48±1.00	3.46~6.20	4.97±0.67	3.50~6.70	5.21±0.66	3.95~6.25
冬季	3.53±1.03	1.50~5.15	3.14 ±1.10	1.45~6.45	3.25±0.21	2.80~3.65
水温(℃)						
春季	17.61±0.43	17.1~18.5	17.40±0.50	16.7~18.7	17.47±0.35	17.00~18.20
夏季	23.10±0.44	22.5~23.8	23.66±0.39	23.2~24.5	22.30±0.32	21.80~22.80
秋季	20.06±0.23	19.8~20.6	20.07±0.21	19.8~20.7	19.74±0.34	19.30~20.50
冬季	1.93±0.30	11.5~12.5	11.64±0.21	11.4~12.2	10.65±0.75	9.60~11.60

续 表

参数	北部		中部		南部	
	平均值 ± 标准偏差	范围	平均值 ± 标准偏差	范围	平均值 ± 标准偏差	范围
透明度 (m)						
春季	2.80 ± 0.20	2.60~3.00	4.00 ± 0.10	3.90~4.10	3.10 ± 0.10	3.00~3.20
夏季	2.25 ± 0.05	2.20~2.30	2.10 ± 0.10	2.00~2.20	2.20 ± 0.10	2.10~2.30
秋季	1.35 ± 0.05	1.30~1.40	1.38 ± 0.08	1.30~1.45	1.65 ± 0.15	1.50~1.80
冬季	2.05 ± 0.25	1.80~2.30	3.15 ± 0.25	2.90~3.40	2.10 ± 0.00	2.10~2.10
pH						
春季	8.58 ± 0.14	8.28~8.68	8.61 ± 0.23	7.90~8.78	8.53 ± 0.23	8.02~8.76
夏季	8.92 ± 0.13	8.66~9.04	8.99 ± 0.04	8.92~9.07	8.94 ± 0.04	8.87~8.98
秋季	8.36 ± 0.05	8.32~8.50	8.49 ± 0.06	8.43~8.70	8.59 ± 0.04	8.53~8.64
冬季	9.07 ± 0.07	8.97~9.20	9.05 ± 0.09	8.91~9.24	9.21 ± 0.06	9.11~9.29
溶解氧 (mg/L)						
春季	6.99 ± 0.68	5.65~8.00	7.12 ± 0.82	5.44~8.26	7.82 ± 0.16	7.47~8.00
夏季	6.97 ± 0.84	5.49~8.29	7.56 ± 0.40	7.05~8.39	6.83 ± 0.72	5.50~8.08
秋季	6.69 ± 0.35	6.09~7.31	5.60 ± 0.62	4.39~6.53	6.54 ± 0.28	6.02~6.94
冬季	8.11 ± 0.16	7.92~8.44	8.28 ± 0.10	8.06~8.44	8.69 ± 0.18	8.39~9.01
总叶绿素 (mg/L)						
春季	5.59 ± 1.75	2.70~8.21	4.54 ± 2.18	0.48~7.73	1.61 ± 1.01	0.48~2.70
夏季	19.70 ± .33	9.78~31.39	19.63 ± 5.84	7.11~28.93	10.83 ± 2.67	7.01~14.70
秋季	13.94 ± 1.64	10.51~15.75	16.65 ± 4.09	9.21~26.37	13.44 ± 2.00	8.86~16.23
冬季	7.08 ± 2.03	4.19~10.15	6.80 ± 2.13	2.68~10.99	8.46 ± 1.57	5.95~11.57

3. 洱海悬浮颗粒物环境意义

水体 ρ_{SPM} 是反映水体营养状态的参考指标，不仅与营养水平正相关，也与水体 ρ_{TN} 正相关。以寡营养为主的美国和阿根廷 65 个湖泊 ρ_{SPM} 平均仅为 1.00mg/L；以富营养为主的欧洲 86 个浅水湖泊 ρ_{SPM} 平均为 7.3mg/L；而丹麦 15 个严重富营养化浅水湖泊 ρ_{SPM} 平均值高达 22mg/L(王书航等，

2014)。本研究洱海水体ρ_{SPM}年均值为3.92mg/L，小于欧洲86个富营养湖泊，但夏季中部ρ_{SPM}接近7.3mg/L，说明洱海局部水域已进入富营养化。作为云贵高原典型湖泊，洱海外源氮主要来自北部和西部，尤其是在20世纪70年代后期，农业快速发展，大量使用氮肥，洱海氮污染日益严重，成为藻类和细菌主要营养源(倪兆奎等，2013)。

上覆水SPM迁移转化是影响溶解性有机物重要因素，水体颗粒物沉积过程不断吸附和释放溶解性有机物。洱海颗粒物与溶解性有机物相关分析结果见表7-3所示，10月份受外源和藻源双重影响，SPM与DON显著正相关，表明10月份洱海颗粒物对溶解性有机物影响较大，DON浓度呈现出随SPM含量增加而增加的趋势。垂向分布SPM与DOP 10月呈极显著正相关，与DOC 7月呈显著正相关，与DOC 10月显著负相关。10月份洱海SPM主要来源于藻类残体，对DOP具有较强吸附作用。

DOC主要来源于颗粒物降解和浮游生物代谢，7月洱海SPM主要来源于外源；另外，随外源污染物输入增加，洱海浮游生物活性增强，促进DOC含量增加。10月SPM主要来源于藻类残体，对DOC具有较强吸附作用。因此，随SPM增加，洱海水体DOC浓度呈下降趋势。

表7-3　洱海上覆水不同月份颗粒物与溶解性有机物相关分析

	DOP				DON				DOC			
	1月	4月	7月	10月	1月	4月	7月	10月	1月	4月	7月	10月
SPM[a]	−0.1820	0.2313	0.2518	−0.0069	−0.5925	−0.5319	0.0144	0.7770*	0.2206	−0.4424	−0.0225	−0.5115
SPM[b]	−0.0338	−0.2882	0.0661	0.7220**	0.1137	−0.0587	−0.1712	0.3148	−0.2584	0.1219	0.6464*	−0.5.755*

[a] 区域分布；[b] 垂向分布。

为进一步理解颗粒物对湖泊水体氮循环影响，本研究探究了水体溶解相和颗粒相间氮的分配机制。分配系数K_d被广泛用于量化溶解相和颗粒相氮间的分配规律及在水生系统中的反应性(Lin *et al.*，2016)。K_d值可用以下等式计算：

$$K_d = \frac{C_P}{C_d \times [SPM]}$$

其中，C_p 是颗粒态氮浓度 (mg/L)，C_d 是 DON、DIN 或 TDN 浓度 (mg/L)，SPM 是悬浮颗粒物浓度 (mg/L)；K_d 单位为 L/mg。本研究 DON 的 $\log K_d$ 值 (6.12 ± 0.47) 高于 DIN (5.70 ± 0.48)，这表明与 DIN 相比，DON 具有更高的颗粒反应性。$\log K_d$ 和 logSPM 显著相关，包括 DIN、DON 和 TDN 的 $\log K_d$ 值分别随 SPM 浓度增加而降低。与无机氮相比 (图 7-4)，有机氮的 $\log K_d$ 和 logSPM 间极显著相关 ($P < 0.001$)，表明有机氮的颗粒反应性更大。

因此，颗粒物—水界面 DON 分配和丰度在很大程度上影响悬浮颗粒物 (胶体和颗粒表面、浮游植物细胞) 及颗粒—颗粒相互作用过程，如凝结、絮凝和沉淀等。生物过程和微生物降解可能是调节 DON 丰度和分布的主要因素。DON 也可积极参与颗粒和浮游植物细胞表面的吸附、解吸和分配等过程，用于进一步的生物利用和转化。当天然水体 DIN 受限，特别是在氨氮浓度低于常规检测限的湖泊水体，DON 可在很大程度上被浮游植物吸收利用，产生更大浓度的悬浮颗粒物，增加湖泊富营养化风险。

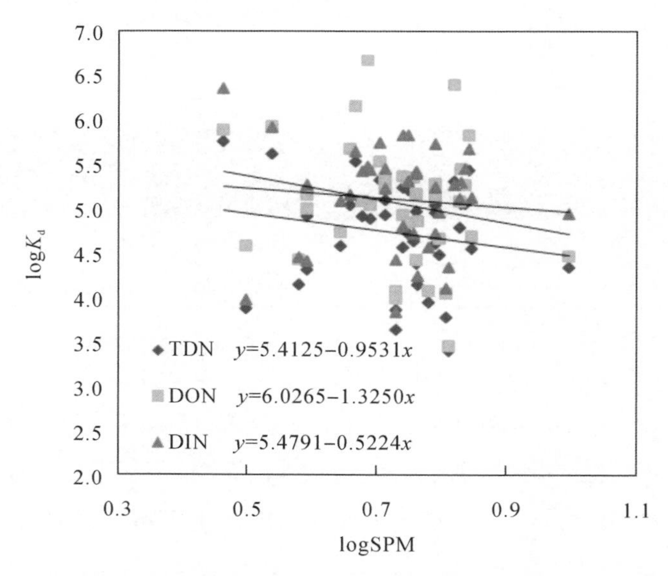

图 7-4　洱海分配系数 ($\log K_d$) 与悬浮颗粒物浓度 (logSPM) 间关系

7.1.3 洱海悬浮颗粒物—水界面过程对溶解性有机氮影响

1. 沉积物再悬浮颗粒物衰竭动力学

沉积物再悬浮是水体悬浮颗粒物的重要来源，沉积物再悬浮及沉降对水质具有重要影响。洱海沉积物再悬浮衰竭动力学过程如图 7-5 所示，各采样点位沉积物悬浮颗粒物衰竭动力学均在 0~0.5h 呈快速下降趋势，0.5~7.0h 呈缓慢下降趋势，7h 后基本稳定。在 200r/h 扰动强度下，悬浮颗粒物量顺序为 68#＞21#＞19#＞177#＞100#＞73#＞105#＞221#＞84#＞142#，总体呈现北部高于中部高于南部的趋势。

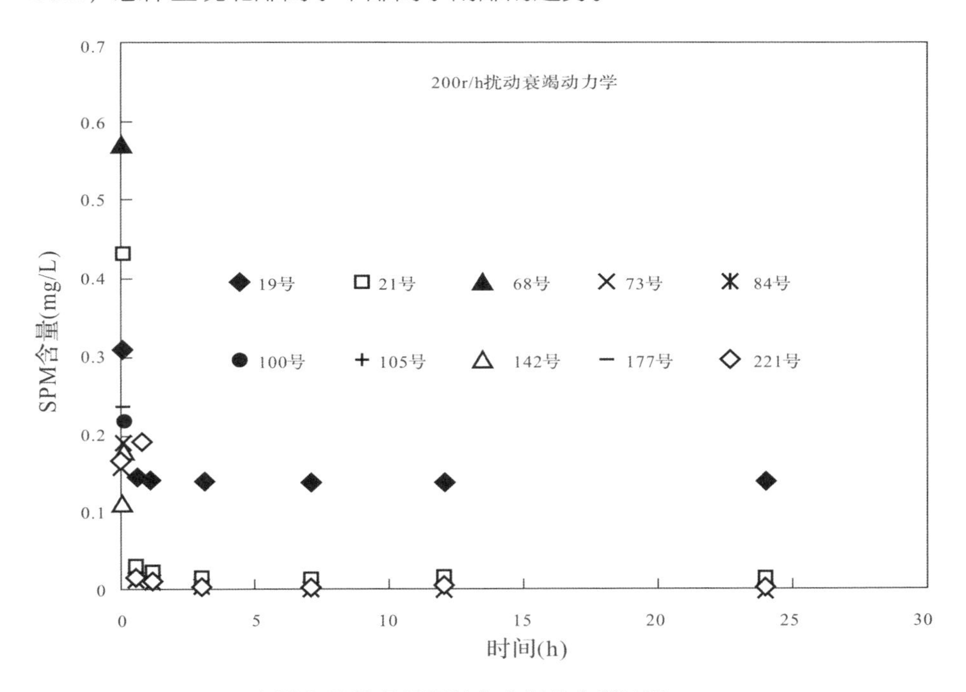

图 7-5 洱海沉积物悬浮颗粒物衰竭动力学过程

洱海沉积物悬浮颗粒物衰竭动力学过程符合衰竭动力学模型，利用模

型 $P=P_0+ae^{-bt}$ 对各点位悬浮颗粒物浓度和衰竭时间模拟，其中 P_0 表示沉积物悬浮颗粒物释放量 (mg/kg)，b 为衰竭强度，a 为常数。洱海不同点位悬浮颗粒物衰竭动力学参数如表 7-4 所示。

沉积物在 200r/h 扰动条件下，衰竭后悬浮颗粒物释放量 P_0 顺序为 19#＞221#＞177#＞84#＞21#＞142#＞68#＞100#＞105#＞73#；衰竭强度 b 顺序为 68#＞19#＞100#＞105#＞21#＞84#＞177#＞221#＞73#＞142#。总体分析可见，北部 19 号点位于弥苴河外冲击扇下缘，受外源污染物输入影响较大，释放量和衰竭强度均较大；南部区域点位沉积物主要受人类活动、城市面源和浮游生物残体沉积等影响，悬浮颗粒物释放量较大，但衰竭强度较小；中部湖心深水区，因水深较深，沉积物以细颗粒为主，受植物碎屑沉积等影响，悬浮颗粒物释放量较小，衰竭强度较大。

表 7-4　洱海沉积物悬浮颗粒物衰竭动力学参数

点位	19#	21#	68#	73#	84#	100#	105#	142#	177#	221#
P_0	0.1397	0.0119	0.0108	0.0069	0.0125	0.0108	0.0107	0.0116	0.0128	0.0131
a	0.1672	0.4208	0.5656	0.1827	0.1515	0.2053	0.1622	0.1024	0.2218	0.1516
b	7.2615	6.5182	8.7084	5.3316	6.3787	7.1338	7.0658	5.0724	6.1148	5.3804
R^2	0.9997	0.9997	0.9999	0.9968	0.9994	0.9995	0.9996	0.9985	0.9992	0.9988

2. 再悬浮沉积物溶解性有机氮磷衰竭动力学

洱海再悬浮沉积物 (颗粒物)DON 和 DOP 衰竭动力学如图 7-6 所示，各点位沉积物在 200r/h 扰动强度下，DOP 衰竭动力学均在 0～1h 呈快速下降趋势，1～3h 呈缓慢下降趋势，3h 后基本稳定；DOP 在 0～1h 的释放量顺序为 177#＞105#＞221#＞142#＞100#＞84#＞68#＞21#＞73#＞19#。南部沉积物再悬浮量高于中部高于北部，各点位沉积物在 200r/h 扰动强度下，DON 衰竭动力学均在 0～1h 呈快速下降趋势，1～3h 呈缓慢下降趋势，3h 后基本稳定；0～1h 时 DON 释放量顺序为 105#＞221#＞73#＞177#＞100#＞68#＞21#＞142#＞84#＞19#。

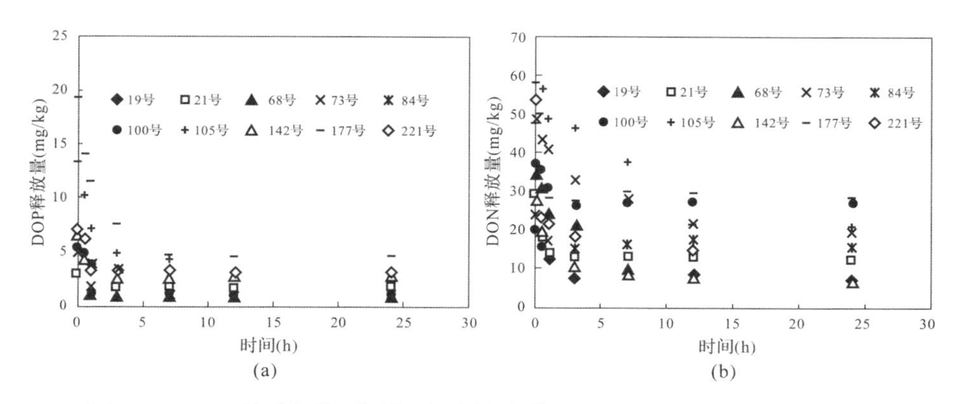

图 7-6　200r/h 扰动条件下洱海再悬浮沉积物 DOP(a) 和 DON(b) 衰竭动力学

利用模型 $P=P_0+ae^{-bt}$ 模拟各点位 DOP 和 DON 释放量和衰竭时间，模型参数见表 7-5 所示。再悬浮沉积物 DOP 释放量 PP 为 1.13~4.99mg/kg，平均值为 2.54mg/kg，顺序为 177#＞105#＞221#＞142#＞84#＞19#＞21#＞73#＞68#＞100#；衰竭强度 *b* 顺序为 19#＞21#＞142#＞73#＞221#＞68#＞105#＞177#＞84#＞100#。再悬浮沉积物 DON 释放量 PN 为 7.10~28.94 mg/kg，平均值为 16.31mg/kg，顺序为 177#＞100#＞73#＞105#＞221#＞84#＞21#＞142#＞19#＞68#；衰竭强度 *b* 顺序为 177#＞221#＞21#＞84#＞19#＞100#＞142#＞68#＞73#＞105#。

总体分析可见，在扰动条件下，洱海悬浮沉积物 DOP 和 DON 释放量南部湖区大于中部湖区大于北部湖区；DOP 衰竭强度则北部湖区高于南部湖区，DON 衰竭强度南部湖区高于北部湖区。

表 7-5　200r/h 扰动条件下洱海再悬浮沉积物 DOP 和 DON 衰竭动力学参数

点位		19#	21#	68#	73#	84#	100#	105#	142#	177#	221#
DOP	P_0	2.1781	2.0332	1.1261	1.8678	2.7719	1.0769	3.2556	2.9195	4.9855	3.1746
	a	0.9798	1.0026	2.1171	1.2327	2.1312	4.5454	10.1205	3.6000	14.0218	4.2519
	b	2.9870	1.8717	1.2150	1.5456	0.5517	0.3712	0.7802	1.6061	0.7128	1.3886
	R^2	0.9949	0.9643	0.9869	0.9784	0.9879	0.9873	0.9670	0.9972	0.9911	0.8990

续 表

点位		19#	21#	68#	73#	84#	100#	105#	142#	177#	221#
DON	P_0	7.8346	13.1650	7.1011	20.2194	16.2348	26.9282	17.8672	7.8966	28.9373	16.9476
	a	13.4880	16.3007	26.8404	26.8812	7.8418	11.0040	39.9001	19.3322	19.0788	36.9799
	b	1.0304	2.2476	0.271	0.2163	1.8075	0.8832	0.1273	0.7825	2.6035	2.9974
	R^2	0.9873	0.9966	0.9771	0.9895	0.9198	0.9548	0.9578	0.9909	0.9722	0.9838

DOP 衰竭动力学与水体再悬浮颗粒物衰竭动力学相关性分析结果见图 7-7 所示。本研究洱海再悬浮颗粒物总有机质 (DOC) 释放量与水体 DOP 释放量呈显著正相关，而 DOC 释放强度与 DOP 释放强度呈显著负相关。以上结果表明，随沉积物 TOM 释放量增加，其 DOP 释放量也呈上升趋势，但随沉积物 TOM 释放强度增强，DOP 的释放强度减弱。由此可见，洱海高有机质悬浮颗粒物对磷具有较强吸附能力。

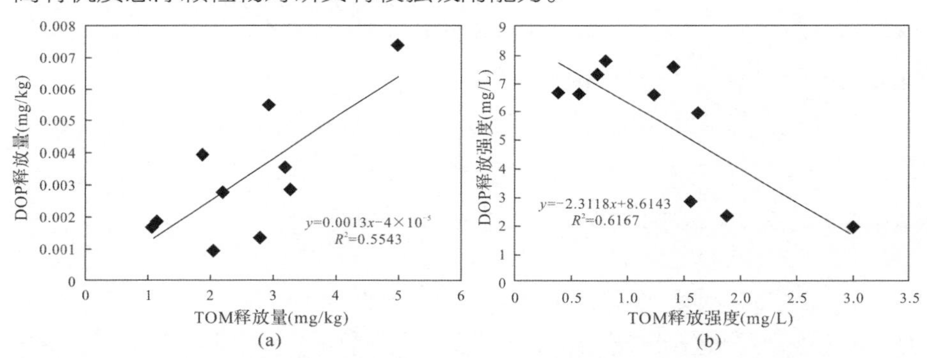

图 7-7　洱海再悬浮颗粒态 TOM 衰竭动力学与 DOP 衰竭动力学相关分析

在 100r/h 扰动强度条件下，洱海再悬浮沉积物 DOP 和 DON 衰竭动力学过程如图 7-8 所示。DOP 衰竭动力学过程均在 0~1h 呈快速下降趋势，1~3h 呈缓慢下降趋势，3h 后基本稳定。24h 时 DOP 释放量顺序为 177#＞221#＞142#＞105#＞84#＞21#＞100#＞68#＞73#＞19#。总体分析可见，洱海南部湖区再悬浮沉积物量高于中部高于北部。在 100r/h 扰动强度下，各点位再悬浮沉积物 DON 衰竭动力学过程均在 0~1h 呈快速下降趋势，1~3h 呈缓慢下降趋势，3h 后基本稳定。24h 时 DON 释放量顺序为 221#＞177#＞105#＞84#＞100#＞73#＞19#＞21#＞142#＞68#。总体可见，南部湖区再悬浮沉积物量高于中部高于北部。

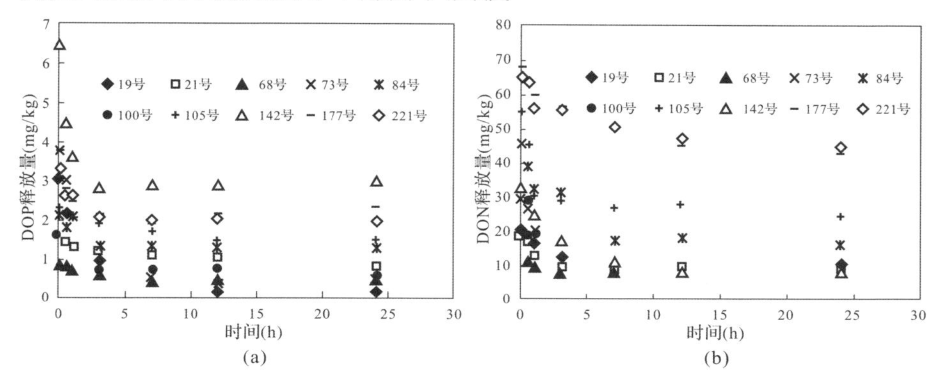

图 7-8　100r/h 扰动条件下洱海再悬浮沉积物 DOP(a) 和 DON(b) 衰竭动力学过程

利用模型 $P=P_0+ae^{-bt}$ 模拟各点位 DOP 和 DON 释放量和衰竭时间，模型参数如表 7-6 所示。洱海再悬浮沉积物 DOP 释放量 PP 为 0.45~2.17mg/kg，平均值为 1.20mg/kg，顺序为 177#＞221#＞142#＞105#＞84#＞21#＞100#＞68#＞73#＞19#；衰竭强度 b 顺序为 142#＞177#＞84#＞221#＞19#＞73#＞100#＞68#＞105#＞21#。

表 7-6　在 100r/h 扰动条件下洱海再悬浮沉积物 DOP 和 DON 衰竭动力学参数

点位		19#	21#	68#	73#	84#	100#	105#	142#	177#	221#
DOP	P_0	0.4465	0.8889	0.5023	0.4484	1.3307	0.7329	1.5077	1.9612	2.1688	2.0256
	a	2.6392	0.696	0.4188	3.292	0.8264	1.0251	0.7846	1.1276	1.5972	1.2615
	b	0.8367	0.1734	0.4197	0.5242	1.3618	0.5875	0.1935	2.8979	1.6318	0.9614
	R^2	0.9464	0.939	0.9689	0.9879	0.9726	0.9538	0.9834	0.9914	0.9601	0.9723
DON	P_0	10.3115	9.3053	8.3664	11.7615	16.526	14.0072	26.8253	8.7209	43.1155	45.58
	a	10.6227	10.3287	12.3956	19.3094	26.96	18.7065	29.2997	23.1062	23.3238	18.2353
	b	0.4282	0.8338	2.3864	0.7946	0.2953	0.7522	1.3139	0.3284	0.1896	0.2222
	R^2	0.9864	0.9631	0.9895	0.9734	0.9451	0.9396	0.9572	0.9895	0.9825	0.938

洱海再悬浮沉积物DON释放量PN为8.37~45.58mg/kg，平均值为19.45mg/kg，顺序为221#＞177#＞105#＞84#＞100#＞73#＞19#＞21#＞142#＞68#；衰竭强度*b*顺序为68#＞105#＞21#＞73#＞100#＞19#＞142#＞84#＞221#＞177#。总体分析可见，在100r/h扰动条件下，洱海沉积物DOP和DON释放量南部大于中部大于北部，但DOP释放强度则南部高于北部，DON释放强度北部高于南部。

在60r/h扰动条件下，洱海再悬浮沉积物DOP和DON衰竭动力学过程如图7-9所示。DOP衰竭动力学过程均在0~3h呈快速下降趋势，3~7h呈缓慢下降趋势，7h后基本稳定。24h时DOP释放量顺序为221#＞84#＞100#＞73#＞68#＞19#＞142#＞177#＞21#＞105#。总体分析可见，南部悬浮沉积物量高于中部高于北部。在60r/h扰动强度下，洱海各点位再悬浮沉积物DON衰竭动力学过程均在0~3h呈快速下降趋势，3~12h呈缓慢下降趋势，12h后基本稳定。24h时DON释放量顺序为221#＞105#＞100#＞177#＞73#＞142#＞84#＞19#＞68#＞21#。

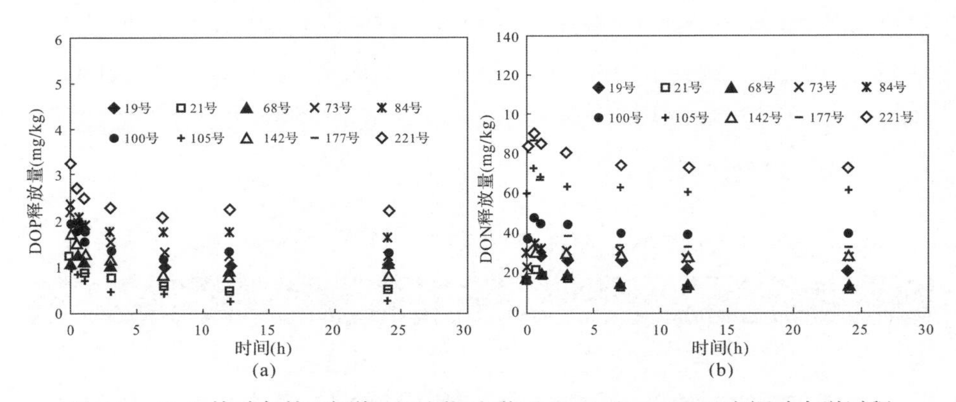

图7-9 60r/h扰动条件下洱海再悬浮沉积物DOP(a)和DON(b)衰竭动力学过程

模型$P=P_0+ae^{-bt}$模拟各点位DOP和DON释放量和衰竭时间，参数如表7-7所示。沉积物DOP释放量PP为0.28~2.23mg/kg，平均值为1.09 mg/kg，顺序为221#＞84#＞73#＞100#＞68#＞19#＞142#＞21#＞177#＞105#；衰竭强度*b*顺序为177#＞221#＞84#＞100#＞73#＞21#＞142#＞105#＞19#＞68#。洱海再悬浮沉积物DON释放量PN在11.94~74.52mg/kg，

平均值为 34.63mg/kg，顺序为 221# > 105# > 100# > 177# > 73# > 142# > 84# > 19# > 68# > 21#；衰竭强度 b 顺序为 100# > 177# > 105# > 221# > 84# > 142# > 21# > 73# > 19# > 68#。60r/h 扰动条件下，洱海再悬浮沉积物 DOP 和 DON 释放量南部大于中部大于北部，但 DOP 衰竭强度则南部高于北部，DON 衰竭强度中部高于南部高于北部。

表 7-7　60r/h 扰动条件下洱海再悬浮沉积物 DOP 和 DON 衰竭动力学参数

点位		19#	21#	68#	73#	84#	100#	105#	142#	177#	221#
DOP	P_0	1.0384	0.5708	1.0423	1.3053	1.7498	1.2974	0.2839	0.8311	0.5694	2.2326
	a	1.1011	0.6604	0.1731	0.9617	0.4477	0.6831	0.6949	0.8740	4.5231	1.0167
	b	0.3238	0.4552	0.2423	0.6053	0.9739	0.7741	0.3635	0.4286	1.6897	1.3952
	R^2	0.9831	0.9671	0.4666	0.9881	0.9371	0.9292	0.9746	0.9582	0.9948	0.9742
DON	P_0	21.2554	11.9414	13.9504	30.3466	28.474	41.0711	61.8624	29.0025	33.8859	74.5225
	a	12.6854	10.2060	9.4714	2.6251	10.9614	15.7721	17.6641	2.4989	98.2136	28.7761
	b	0.1941	0.2311	0.1897	0.2092	0.7538	1.3227	1.0123	0.3061	1.1391	0.9118
	R^2	0.9140	0.9879	0.9809	0.9027	0.9509	0.9275	0.9911	0.9002	0.9986	0.9648

综上可见，随扰动强度增加，洱海沉积物再悬浮过程中 DOP 释放量呈增加趋势，而 DON 呈下降趋势，但 DOP 和 DON 衰竭强度均随扰动强度增加而增加。北部湖区沉积物以大颗粒悬浮物为主，颗粒物释放量较高，受外源输入和沉水植物残体沉积等影响较大，而南部湖区沉积物再悬浮释放颗粒物主要为藻类残体和小分子有机颗粒，因此，北部 DOP 和 DON 释放量小于南部。但释放后的沉降过程中，颗粒物对 DOP 和 DON 吸附衰竭强度不同；扰动强度较大时，大颗粒均发生悬浮，小分子有机物含量较高的南部湖区 DOP 衰竭强度较大，而以大颗粒悬浮物为主的北部湖区 DON 衰竭强度较大；扰动强度较小时，北部释放颗粒物使 DOP 衰竭强度较大，而 DON 衰竭强度较小，主要是因为南部小分子有机颗粒物衰竭强

度较小，其赋存大量 DON，但 DOP 主要是吸附或赋存于有机大颗粒及无机颗粒物。

3. 上覆水颗粒态氮磷含量特征及对 DON 影响

洱海上覆水颗粒态氮磷含量及其占总氮磷比例如图 7-10 所示，上覆水 PN 含量高于泸沽湖和抚仙湖等贫营养湖泊，低于滇池等富营养化湖泊，但洱海 PN 含量占 TN 比例低于泸沽湖和抚仙湖等贫营养湖泊，高于长江中下游的蠡湖、白马湖等湖泊，低于滇池和洪泽湖等湖泊。

洱海上覆水 PP 含量高于泸沽湖和抚仙湖等贫营养湖泊，低于滇池、巢湖等富营养化湖泊，但 PP/TP 值高于泸沽湖和洪泽湖，而低于其他湖泊。由此可见，洱海上覆水体 PN、PP 所占比例较高，其在湖泊富营养化及氮磷转化等过程中发挥着重要作用。

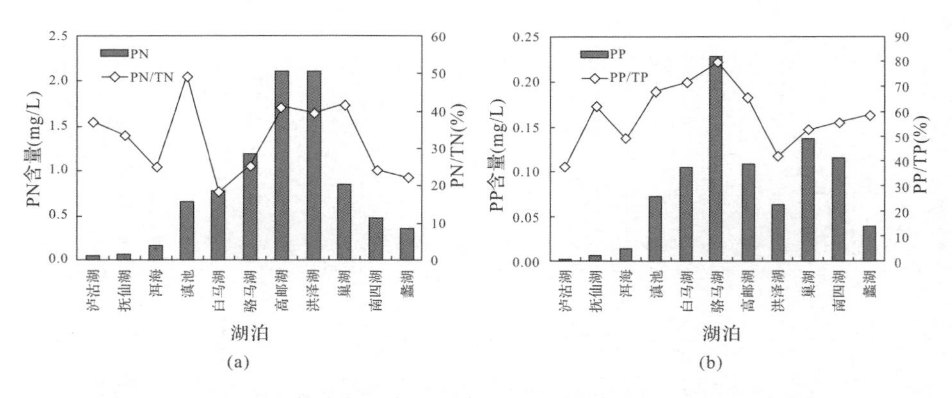

图 7-10　不同湖泊上覆水 PN(a) 和 PP(b) 含量及占 TN、TP 比例

不同湖泊上覆水颗粒态氮磷与溶解态有机氮磷相关分析如图 7-11 所示，PN 与 DON、PP 与 DOP 均呈显著正相关，即溶解性有机氮磷含量随湖泊上覆水颗粒态氮磷浓度升高呈上升趋势。由此可见，湖泊上覆水颗粒态氮磷是溶解性有机氮磷的重要来源，即颗粒态氮磷可通过生物降解等途径向溶解态氮磷转化，主要是因为水体无机颗粒物能迅速向沉积物表层沉

积，而上覆水悬浮颗粒物主要是由动植物残体及沉积物再悬浮有机残体等构成，并可降解生成溶解态有机碳氮磷。

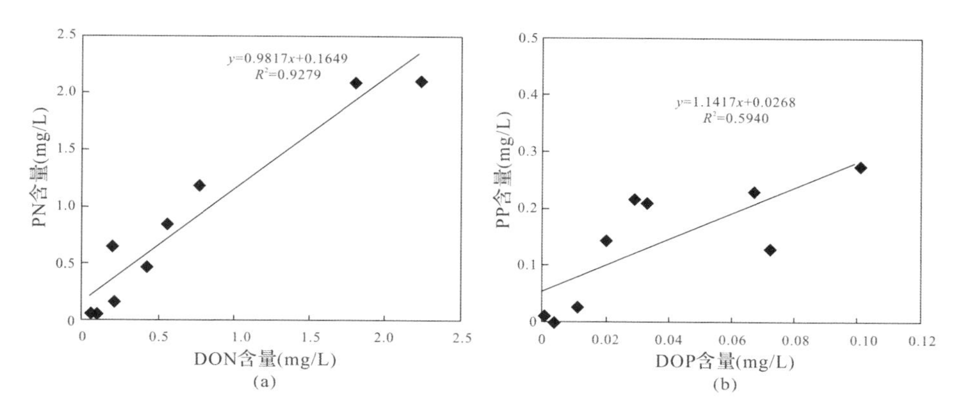

图 7-11　湖泊上覆水颗粒态氮磷 (a) 与溶解态有机氮磷 (b) 相关性分析

7.1.4　洱海悬浮颗粒物对溶解性有机氮界面过程影响机制

上覆水悬浮颗粒物包括无机颗粒及有机颗粒，其中无机颗粒在湖泊等相对静止的水体中含有大量氮磷，在其矿物晶格吸附或螯合大量金属及氮磷等元素，可被生物利用或转化为生物有机物。无机颗粒物进入湖泊后，会快速沉降到沉积物表层，如洱海北部沉积物粗沙粒高于南部。当水流速度较快时，无机颗粒物可向湖泊下游迁移，且由于矿物结构及其他作用，无机颗粒物在沉降的过程中能够吸附大量 DON 并向下沉积。

有机颗粒物是富营养化湖泊上覆水悬浮颗粒物的主要形态，其含有大量 C、N、H、O 等元素，主要分为高等水生植物及陆源植物残体等形成的大颗粒有机物和藻类残体及 DOM 聚合形成的小颗粒有机物。大颗粒有机物沉积速率较快，转化降解速率较慢。有机颗粒物降解过程中容易释放 DOP 、DON 和 DOC 等溶解性有机物，但 DOC、DON 等容易被生物进一步降解为 CO_2、NH_4^+ 等无机物，而 DOP 稳定性比较高。因此，悬浮颗粒物降解与 DOP 呈显著正相关。有机颗粒物由于具有大量的价键结构和较强的比表面积，其在沉降过程中也能够吸附大量 DON 而向沉积物表层沉积。沉积物再悬浮是上覆水悬浮颗粒物的重要来源 (图 7-12)，随悬浮颗粒物，在扰动作用下其表面价键断裂，释放出吸附在表面及螯合在晶格中的 DOC、DON 和 DOP 等；当扰动停止时，颗粒物再次吸附 DOM，并向下沉积，但其对 DOP 吸附作用较弱而对 DON 吸附作用较强。因此，悬浮颗粒物再悬浮有利于磷释放，且释放作用较氮明显。

悬浮颗粒物含有大量氮磷等元素，降解能够产生大量溶解性有机氮磷，但上覆水悬浮颗粒物表面有利于吸附水体 DON，即悬浮颗粒物对 DON 的吸附作用较强。因此，悬浮颗粒物沉降作用对 DON 的吸附沉降作用较强，对 DOP 的沉降作用较弱，而悬浮颗粒物降解释放过程对 DOP 的释放作用较强。因此，沉积物再悬浮过程中，悬浮颗粒物随扰动强度增加而增加，且沉积量增加而 DON 释放量降低。DON 浓度随悬浮颗粒物沉降量的增加而增加，但 DOP 释放量升高，即 DOP 浓度随沉积物释放悬浮颗粒物量的增加而增加，悬浮颗粒物对 DOP 的吸附作用则较小。

因此，悬浮颗粒物沉降不能带动 DOP 沉降。悬浮颗粒物分为无机颗粒和有机颗粒，无机颗粒含磷量高于含氮量。因此，在生物作用下，无机颗粒容易向 DOP 转化；而有机颗粒氮所占比例高于磷。因此，生物转化作用下，有机颗粒物容易向 DON 转化，即洱海上覆水悬浮颗粒物对 DOP 含量具有正效应，而对 DON 含量则具有负效应，具体机制还需要进一步探讨。

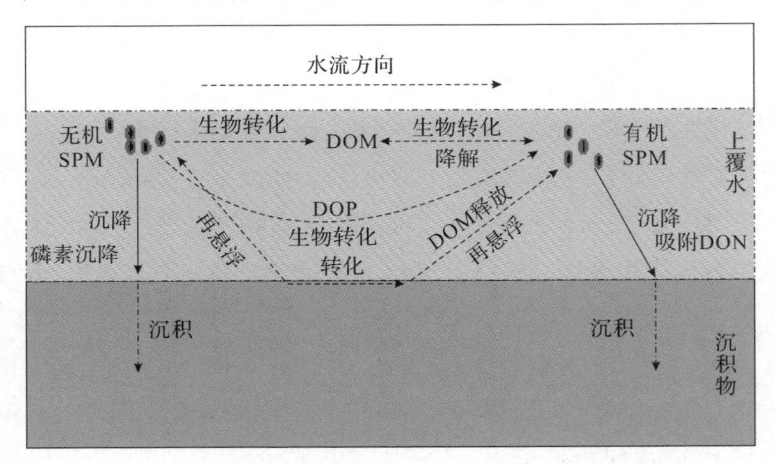

图 7-12　湖泊水体悬浮颗粒物与 DON 相互转化示意

7.2　洱海沉积物间隙水溶解性有机氮结构组分特征

间隙水是连通上覆水和沉积物间的枢纽，在湖泊沉积物内源释放过程中发挥着非常重要的作用。洱海上覆水氮磷含量较低，总体符合Ⅲ类地表水标准；而沉积物氮磷含量却较高，且氮磷释放风险很大。因此，洱海水质下降及藻类水华发生在一定程度上与氮磷含量较高的沉积物有关。非常有必要针对洱海沉积物间隙水展开研究，探讨氮磷释放，特别是间隙水DON含量及结构组分对洱海水质影响。

本研究选取洱海代表性点位，分层研究沉积物间隙水DON含量、分布及结构组分特征，探究洱海沉积物间隙水DON含量及结构组分与环境要素间的关系，分析其环境意义，更深层次分析探究洱海水环境状况，可为洱海保护及治理提供理论支持。除此之外，江河径流、生物活动及人类排放等进入湖泊的陆源碎屑、有机物质、悬浮颗粒等，经一定的循环后最终会累积为沉积物。由于有机物质分解，各早期化学成岩反应往往使沉积物间隙水营养元素(如N、P等)浓度高于上覆水，高浓度营养盐通过底栖生物活动、浓度差扩散等过程，不断迁移进入上覆水。湖泊沉积物—水界面过程对控制上覆水和沉积物化学性质、营养要素及污染物生物地球化学循环等发挥重要作用。

7.2.1　洱海沉积物间隙水溶解性有机氮含量及变化特征

1. 空间分布特征

洱海不同湖区沉积物间隙水DON含量见图7-13所示，间隙水DON含量为0.20~1.71mg/L，平均浓度为0.77mg/L，远高于上覆水DON平均浓度0.20mg/L。由于浓度梯度作用，DON不断由间隙水向上覆水扩散转移(马红波等，2003)，一定程度上可能会加重洱海富营养化。洱海全湖沉积物间隙水DON分布规律为中部 > 南部 > 北部，中部湖区平均浓度为1.45mg/L，南部为0.83mg/L，北部为0.27mg/L。

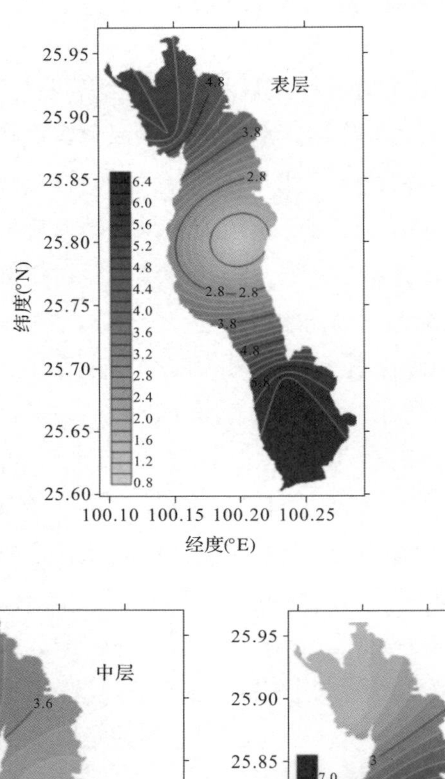

图 7-13　洱海沉积物间隙水 DON 分布

洱海沉积物和上覆水 DON 分布均为南部 > 北部 > 中部 (高悦文等，2012)，表明沉积物间隙水 DON 不仅受上覆水和沉积物浓度梯度影响，还受到沉积物等其他因子影响。洱海中部湖区沉积物微生物总量最高 (31.78×10^6CFU/g)，高于南部 (29.91×10^6CFU/g) 和北部湖区 (30.24×10^6CFU/g)，而南部和北部湖区微生物总量基本相当，可能是其沉积物间隙水 DON 浓度趋势与上覆水和沉积物保持一致；而中部湖区沉积物间隙水 DON 含量最高，可能是由于该湖区水体较深，光照强度小，沉积物微生物代谢活性较低；同时，洱海整体水流方向为由北至南，区域地形特殊，沉水植物和浮游生物凋亡残体更容易在中部湖区累积，故中部湖区沉积物间隙水 DON 含量浓度最高。

2. 垂向变化特征

洱海沉积物间隙水 DON 含量垂向变化趋势见图 7-14 所示，其沉积物水界面以下 0~8cm 为表层间隙水，8~20cm 为中层间隙水，20~30cm 为底层间隙水。北部湖区间隙水浓度为 0.46~5.67mg/L，平均浓度为 3.06mg/L，随深度增加呈现递减趋势，因为洱海沉积物营养盐含量垂向逐步递减 (赵海超等，2013d)，其微生物总量也逐渐降低，向沉积物间隙水释放 DON 也急剧减小，故底层沉积物间隙水 DON 含量最低。中部湖区沉积物间隙水浓度为 0.27~8.45mg/L，平均浓度为 3.35mg/L，该湖区随间隙水深度增加 DON 浓度呈逐渐递增趋势，可能是由于中部湖区水深较深，无光层较深，易滋生厌氧缺氧型细菌，故沉积物厌氧型细菌较丰富，更多 DON 分布于中部湖区底部较深层沉积物。南部湖区沉积物间隙水 DON 浓度为 0.42~8.96mg/L，平均浓度为 4.84 mg/L，且随深度增加出现一定波动，总体趋势为上层间隙水浓度明显高于下层，该结果与沉积物 DON 浓度和微生物总量变化趋势较一致，表明表层和底层沉积物影响因素基本相同。

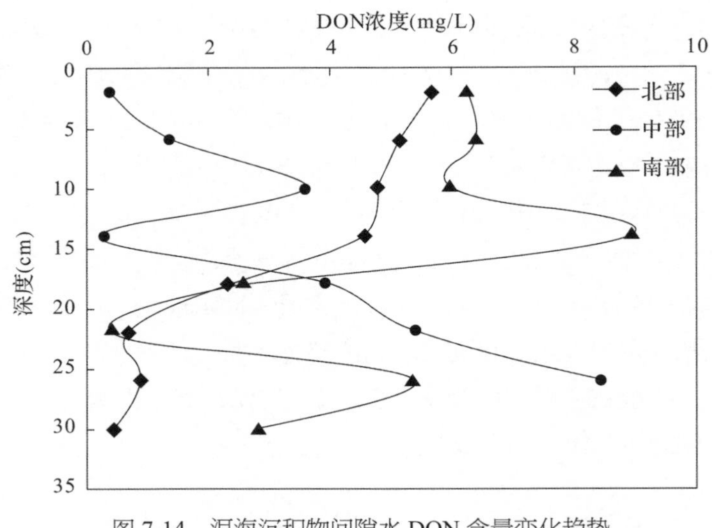

图 7-14　洱海沉积物间隙水 DON 含量变化趋势

7.2.2　洱海沉积物间隙水溶解性有机氮结构组分特征

1. 紫外光谱分析

紫外指数 A_{253}/A_{203} 能够反映 DON 取代基数量，本研究洱海沉积物间隙水 DON 的 A_{253}/A_{203} 值为 0.25~0.30，平均值为 0.28，北、中、南湖区波动较小，表明洱海沉积物间隙水 DON 芳香性取代基数量较少，以脂肪链为主，其组分结构较稳定 (李鸣晓等，2010)。

$SUVA_{254}$ 值可用于表征 DON 的芳香性强度，且与芳香度和腐殖化程度正相关。洱海沉积物间隙水 DON 的 $SUVA_{254}$ 值为 0.20~0.59，平均值为 0.41，沉积物间隙水 DON 腐殖化程度变化趋势为南部 > 中部 > 北部，而洱海上覆水 DON 的 $SUVA_{254}$ 为 0.75 左右，表明上覆水较沉积物间隙水 DON 的芳香度低，即洱海沉积物间隙水 DON 结构不如上覆水稳定，也间接揭示了 DON 由沉积物间隙水向上覆水迁移转化的机理。

有研究发现，当 $SUVA_{254}$ 值大于 4 时，表示沉积物 DON 主要为疏水性成分，如芳香类物质等；当 $SUVA_{254}$ 小于 3 时，说明 DON 主要含有亲水性物质。洱海沉积物间隙水 DON 的 $SUVA_{254}$ 平均值为 0.41，上覆水为 0.75，远小于 3，表明洱海沉积物间隙水 DON 主要为亲水性组分。Helms *et al.*(2009) 研究发现，紫外光谱 SR 值能够间接指示 DON 分子量，且 SR 与 DON 分子量呈负相关，即 SR 值越大，表明 DON 分子量越小。

洱海沉积物间隙水 DON 的 SR 值为 1.21~2.34，平均值为 1.69，呈现北部 > 中部 > 南部的趋势，表明洱海沉积物间隙水 DON 分子量由南至北呈增高趋势，受内源转化和外源输入共同影响。洱海水流方向为由北至南，含氮污染物降解过程中易降解小分子污染物在北部湖区沉积物间隙水累积，不易降解的大分子部分在南部湖区间隙水累积，导致洱海沉积物间隙水 DON 分子量北部高，南部低。而北部沉积物脲酶的平均浓度为 1.76mg/(24h·g)，中部为 1.65mg/(24h·g)，南部为 1.27mg/(24h·g)，与 DON 分子量的分布规律相反，表明 DON 分子量一定程度上受脲酶浓度影响，即间隙水脲酶浓度较高，DON 分子量较小。

综上，洱海沉积物间隙水 DON 取代基数量较少，以脂肪链为主；腐殖化程度较低，且以亲水性组分为主，DON 以亲水性组分在沉积物和上覆水间迁移，转移方向为从沉积物间隙水向上覆水；间隙水 DON 分子量受外源输入和内源释放共同影响，呈由北至南递增的趋势。

2. 荧光指数

洱海沉积物间隙水 DON 荧光光谱指数结果表明，荧光指数 (FI) 的值为 1.80~1.91，平均值为 1.84，其值可用来区分 DON 来源，本研究中陆源和微生物来源的两个端点值分别为 1.4 和 1.9(McKnight *et al.*，2001)。其间隙水 DON 的 FI 值非常接近 1.9，表明洱海沉积物间隙水 DON 来源于陆源和微生物共同作用，且绝大部分来源于微生物代谢，是沉积物有机质降解释放及沉水植物与浮游生物降解的结果。

自生源指数 BIX 值大于 1 时，表明 DON 主要由内源代谢产生 (Huguet

et al.，2009)。洱海沉积物间隙水 DON 的 BIX 值为 0.88～1.16，平均值为 0.95，说明洱海间隙水 DON 是内源和陆源输入共同作用的结果，且内源代谢产物占绝大部分，与上述 FI 结果一致。研究表明 (Huguet *et al.*，2009)，HIX 指数值较高(10～16)，说明腐殖化程度较高，且主要为陆源输入；该值较低 (小于 4) 时，说明 DON 主要来源于内源代谢。

洱海沉积物间隙水 DON 腐殖化指数 HIX 为 1.66～4.57，平均值为 3.17，HIX 值较低，表明洱海沉积物间隙水 DON 腐殖化程度较低，且主要来源于内源代谢。故控制沉积物间隙水 DON 含量，应限制湖泊有机物质向沉积物累积和降低沉积物微生物及酶活性，其中有机氮的累积主要源自地表径流输入农业含氮污水和废水以及沉水植物衰败降解等途径。

3. 荧光区域分析

三维荧光光谱可分为五个区域，其中区域Ⅰ和Ⅱ范围分别为 *Ex*/*Em*=(200～250)nm/(260～320)nm 和 *Ex*/*Em*=(200～250)nm/(320～380)nm，其中区域Ⅰ和Ⅱ主要代表色氨酸和酪氨酸等简单芳香蛋白类物质 (Ahmad and Reynolds，1999)，区域Ⅲ和Ⅳ所在范围分别为 *Ex*/*Em*=(200～250)nm/(> 380)nm 和 *Ex*/*Em*=(250～450)nm/(260～380)nm，区域Ⅲ主要代表类富里酸、酚类、醌类等有机物质，而区域Ⅳ主要代表溶性微生物代谢产物 (Mounier *et al.*，1999)，区域Ⅴ所在范围 *Ex*/*Em*=(250～450)nm/(> 380)nm，代表腐殖酸、类胡敏酸、多环芳烃等分子量较大且芳香化化程度较高的有机物 (Artinger *et al.*，2000)。

区域Ⅰ和区域Ⅱ均代表蛋白类物质，将 $P_{\text{Ⅰ+Ⅱ}}$定义为类蛋白组分；区域Ⅲ和区域Ⅴ均表示腐殖类物质，将 $P_{\text{Ⅲ+Ⅴ}}$定义为类腐殖质组分；区域Ⅳ代表微生物代谢产物，可将荧光组分分为三类。

洱海沉积物间隙水 DON 类蛋白组分 $P_{\text{Ⅰ+Ⅱ}}$所占比例为 12%～23%，平均约占 16%。类腐殖质 $P_{\text{Ⅲ+Ⅴ}}$占 58%～76%，平均占 69%。微生物产物 $P_{\text{Ⅳ}}$占 13%～19%，平均占 15%。总体来说，洱海沉积物间隙水 DON 类腐殖质物质占绝大部分，约 70%，而微生物产物和类蛋白组分含量相当，均为 15% 左右。洱海沉积物间隙水 DON 荧光组分全湖空间差异较小，DON 中 $P_{\mathrm{I+II}}$和 P_{IV}变化也较一致，由北至南呈先增高后下降趋势，中部区域附近出现最低值；而上覆水 DON 的 $P_{\mathrm{I+II}}$为 16%~19%，中部湖区最低 (16%)，南部湖区最高 (19%)；上覆水 DON 微生物产物 $P_{\mathrm{IV},n}$ 北部和中部湖区为 21%，南部湖区最高，为 24%，表明沉积物间隙水腐殖质类物质远高于上覆水。上覆水类蛋白组分和微生物产物较沉积物间隙水高，表明沉积物间隙水 DON 比上覆水更难转化，即间隙水 DON 较为稳定，降解转化较缓慢。上覆水表现为南部区域类蛋白组分和微生物产物最高，中部最低，该结果与沉积物间隙水 DON 组分分布相一致，表明该湖区沉积物间隙水 DON 与上覆水 DON 组成结构显著相关。

洱海沉积物间隙水 DON 中 $P_{\mathrm{III+V}}$则呈相反变化趋势，南北区域较低，而中部区域附近出现最高值，表明洱海沉积物中部湖区腐殖类物质较多，而南部和北部区域较少。南部和北部区域浮游生物和沉水植物大量凋亡沉降，故南部区域和北部区域沉积物累积了大量生物体，导致腐殖质化程度较高，但腐殖类物质 ($P_{\mathrm{III+V}}$) 含量较少，而中部湖区沉积物腐殖类物质含量较多，导致中部湖区沉积物间隙水 DON 含量全湖最高。

洱海沉积物间隙水 DON 类蛋白组分和微生物产物从北部到中部湖区 $P_{\mathrm{I+II}}$和 P_{IV}组分逐渐减少，而 $P_{\mathrm{III+V}}$组分则相应增加，反映沉积物间隙水 DON 类蛋白物质和微生物产物向腐殖质成分转化，DON 结构向稳定方向演变；而从中部到南部湖区则出现相反结果，表现为部分类腐殖质组分 $P_{\mathrm{III+V}}$向类蛋白组分 $P_{\mathrm{I+II}}$和微生物产物 P_{IV}转化，可能与南部湖区水深较浅及受城市面源影响较大等有关。该结果表明，一定程度上，外源输入和湖内生物代谢均会增加洱海沉积物间隙水 DON 向上覆水迁移风险。

7.2.3 洱海沉积物间隙水溶解性有机氮对湖泊营养水平指示意义

1. 洱海沉积物间隙水 DON 与湖泊营养水平间关系

运用 SPSS 软件对洱海沉积物间隙水 DON 浓度、荧光和紫外组分与其他湖泊环境数据进行相关分析，结果表明，沉积物间隙水 DON 含量与洱海水质和沉积物指标间未显著相关。沉积物间隙水 DON 含量与 DON 荧光指数 FI 显著正相关 (R=0.745，P<0.05)，间接表明 DON 含量与其来源有较大关系。沉积物间隙水 DON 荧光指数 FI 和腐殖化指数 BIX 呈显著正相关 (R=0.75，P<0.05)，也印证了这两个指数指示 DON 来源的一致性。沉积物间隙水 DON 蛋白类组分 (P_{I}和 P_{II}) 和微生物产物 (P_{IV}) 与腐殖化指数 HIX 呈极显著负相关 (R=−0.98～−0.97，P<0.01)，与沉积物间隙水溶解性总磷 (DTP) 和 SRP 呈显著正相关 (R=0.79，P<0.05；R=0.87，P<0.05)；而腐殖质组分 (P_{III}和 P_{V}) 与之相关关系恰好相反，表明腐殖化程度的升高表现为类蛋白组分向腐殖质类物质转化。通过判断类蛋白组分和腐殖质类组分比例，可判断间隙水 DON 腐殖化程度，并可初步判断 DON 来源；其次，根据各组分与磷含量相关分析结果可知，磷含量依然是沉积物间隙水 DON 各组分转化的限制因子，即减少间隙水磷含量将使 DON 向腐殖质类物质转化，有助于湖泊水质稳定。

本研究洱海沉积物间隙水 DON 指数 A_{253}/A_{203} 与沉积物脲酶含量呈极显著负相关 (R=−0.87，P<0.01)，表明洱海沉积物间隙水 DON 指数 A_{253}/A_{203} 能够一定程度上反映脲酶含量，并可在一定程度上指示沉积物氮代谢能力，间隙水 DON 取代基数量越少，也反映了微生物活性强度。沉积物间隙水 DON 芳香性指数 $SUVA_{254}$ 与其碱性磷酸酶呈显著负相关，表明间隙水 DON 芳香性越大，其碱性磷酸酶含量越低。

2. 洱海沉积物间隙水 DON 组分对流域响应

沉积物间隙水 DON 含量受上覆水和沉积物共同影响，表层间隙水较易受上覆水影响，而中层和底层间隙水则受沉积物影响较大。1970 年前，洱海水体理化指标未发生较大变化，则沉积物间隙水 DON 含量较稳定；1970 年以来，流域经济社会快速发展，导致水质、水生植物和浮游植物群落结构、微生物及水环境条件等变化较大，特别是西洱河水电站的建设导致洱海水位变化较大，水生植物覆盖率逐渐增加，并向深水区发展，1977 年洱海共采集到水生维管束植物 51 种，沉水植物覆盖度达 30% 以上。随年代不同，沉积物间隙水 DON 浓度也发生了不同变化。

洱海表层沉积物总微生物量为 $(18.16\sim62.01)\times10^6$CFU/g，其中细菌含量约占一半，为 $(9.4\sim39.3)\times10^6$CFU/g；放线菌数量较少，为 $(6.1\sim22.7)\times10^3$CFU/g。沉积物微生物总量随深度增加，总体呈递减趋势，0~8cm 深度微生物快速减少，之后微生物总量无明显变化，故 8cm 深度为沉积物微生物数量突变点。而沉积物对年代演变具有记录功能，洱海沉积物 8cm 深度处所对应演变年代为 20 世纪 70 年代，沉积物间隙水 DON 芳香性指数 $SUVA_{254}$ 与放线菌呈负相关性 (R=−0.58)，表明洱海沉积物间隙水 DON 芳香度能够反映不同区域微生物变化，对沉积物氮释放有一定指示意义。

7.3　沉积物—水界面溶解性有机氮释放及对洱海水质影响

一定条件下，沉积物 DON 释放通量会远大于无机氮，是浅水湖泊生态系统 DON 重要来源之一。当外源污染基本得到控制后，湖泊沉积物氮在一定条件下会逐步释放补充上覆水，仍可使湖泊发生富营养化 (Xie and Xie，2003；Jin *et al.*，2006)。沉积物—水界面 pH、DO 及氮动力学特征等是影响湖泊富营养化的关键因素 (Zhang *et al.*，2014)。目前，洱海外源污染控制逐步得到加强，沉积物内源氮磷释放逐步受到重视。因此，研究沉积物 DON 释放机理及环境影响，寻找抑制沉积物 DON 释放的最有利条件，对揭示沉积物氮释放风险，并提出沉积物氮污染防控对策具有重要意义。

7.3.1 洱海沉积物溶解性有机氮释放动力学特征

本研究选取洱海代表性表层沉积物，模拟研究 DON 释放动力学特征 (图 7-15)，利用紫外—可见吸收光谱和三维荧光光谱等技术表征不同结构组分 DON 释放特性；利用静态培养实验探索 pH、DO 等环境因子对沉积物 DON 释放影响，结合环境特征，探讨影响机制。

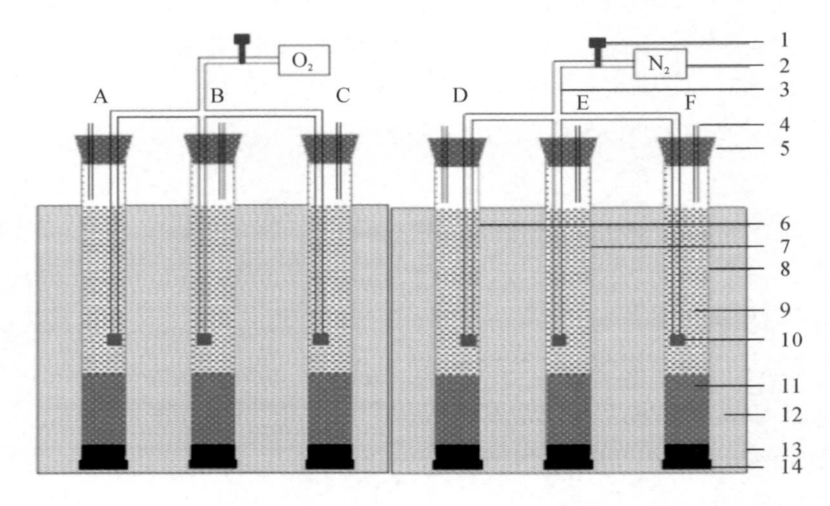

1. 控制阀；2. 充气泵；3. 导气管；4. 出气孔；5. 密封塞；6. pH=6；7. pH= 8；8. pH = 10；9. 上覆水；10. 曝气；11. 沉积物；12. 去离子水；13. 玻璃缸；14. 密封塞

图 7-15　洱海沉积物 DON 释放动力学模拟研究实验装置示意

洱海表层沉积物 DON 释放动力学过程如图 7-16 所示，本研究三个点位沉积物 DON 释放动力学曲线具有相同趋势，即均由快速释放和缓慢释放两个阶段组成，与 Wang *et al.*(2014) 针对湖泊沉积物 EIN 释放 (可交换无机氮) 的研究结果一致。释放实验开始前 10min 内，各样点沉积物 DON 释放量迅速增加，约占整个实验期间释放量的 80%，即扰动条件下，湖泊沉积物 DON 释放主要发生在 0~10min 的快速释放阶段，之后缓慢释放，在 120min 后 DON 释放量达到最大值，之后释放趋于平衡。

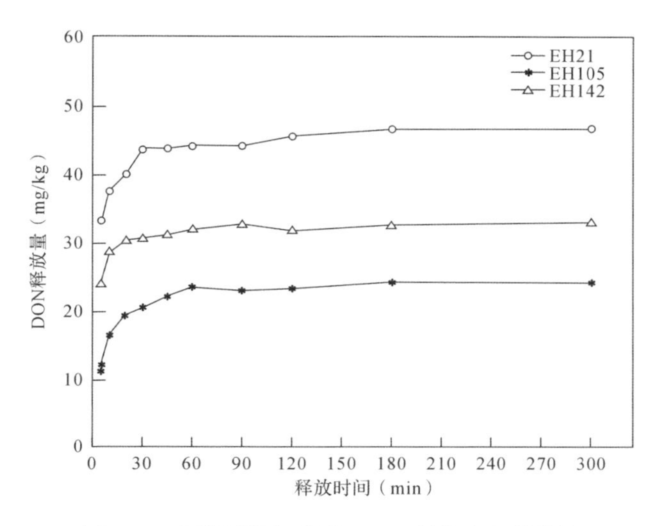

图 7-16 洱海表层沉积物 DON 释放动力学曲线

为定量分析洱海沉积物 DON 释放动力学过程，采用一级动力学方程对本研究结果进行拟合：

$$Q_t=Q_{\max}(1-e^{-kt})$$

其中，Q_t 为 t 时刻的 DON 释放量 (以干质量计，下同)，mg/kg；$Q_{\max}$ 为释放平衡时 DON 的释放量，mg/kg；k 为 DON 释放速率常数；t 为释放时间，min。拟合结果见表 7-8。由表 7-8 可见，一级动力学方程能够很好地拟合洱海表层沉积物 DON 释放动力学过程 (R^2 平均为 0.8485，$P<0.01$)。北部湖区沉积物 DON 释放量最大 (33.37~46.95mg/kg)，其次是南部湖区 (24.08~33.00mg/kg)，中部湖区释放量最小 (12.13~24.39mg/kg)。DON 释放速率常数 k 也呈现相同趋势，沉积物最大 DON 释放量与其 DON 含量呈显著正相关 (R^2=0.786，$P<0.01$)，因为随沉积物 DON 含量增加，其 DON 释放速率常数 k 也随之增加，进而导致 DON 释放量增加。

根据本团队已有研究结果可知，洱海沉积物 DON 含量与其总氮含量也呈正相关 (赵亚丽等，2013)，即沉积物总氮和 DON 含量越高，氮污染程度越严重，其 DON 释放量也可能越大。

表 7-8　洱海表层沉积物 DON 释放一级动力学方程拟合参数

模型参数	采样点		
	EH21	EH105	EH142
Q_{max}(mg/kg)	44.451	24.393	31.908
k	0.242	0.033	0.237
R^2	0.749	0.915	0.881

造成 DON 释放量差异的原因与各采样点沉积物特征有关。EH21 号采样点处于罗时江入湖河口区，此处有较多外源污染物及有机碎屑颗粒物等沉积，使该湖区沉积物氮磷和有机质含量较高，且该湖区水生植物生长旺盛，沉积物氮更容易向上覆水释放，可能是导致该区域沉积物 DON 释放量最大的原因。EH105 样点位于洱海最深处 (深度约 20m)，受人类活动影响最小，且由于湖泊环流等作用，水流较快，陆源输入污染物不易累积，使得该区域沉积物总氮和 DON 含量较低。此外，该湖区沉积物—水界面氧浓度较低，无水生植物分布，生物活动较弱，有机质分解较慢，该区域 DON 释放量最小。EH142 采样点为湖心平台，水体交换相对较慢，有利于氮沉积。

2003 年之前，洱海水生植物丰富，生物量较高；之后由于外源污染日益加重等影响，洱海水生植物开始大面积衰退，大量残体沉积，使该区域沉积物有机质含量也较高，微生物活性较高，有机质分解较快，使沉积物 DON 释放量也较大，进一步表明洱海沉积物 DON 释放量主要受沉积物 DON 含量与水生植物分布等影响。因此，对于洱海的保护来讲，应该重视外源污染较重和水生植物分布较多水域沉积物 DON 释放对水质影响。

7.3.2　洱海沉积物不同组分溶解性有机氮释放特征

1. 紫外—可见吸收光谱特征

为了更好地了解洱海沉积物 DON 释放特征，本研究利用紫外吸收参数表征DON腐殖化程度及分子量空间分布。A_{253}/A_{203}指数可作为反映取代基含量指标，该值较高说明芳香环中含有羟基、羧基、烃基和酯基等基团，该值较低，则说明取代基主要成分为脂肪链等基团。

随释放时间推移，本研究洱海沉积物DON释放组分A_{253}/A_{203}指数逐渐增大，释放开始时平均值为0.069，结束时为0.090，说明洱海表层沉积物取代基较少的DON容易释放，随后释放的是取代基较多且结构较复杂的DON组分。紫外光谱指数空间对比可知，北部湖区A_{253}/A_{203}值为0.1615，远大于中部(0.0336)和南部(0.0586)，表明北部湖区芳香取代基种类较多，可能与该湖区丰富的水生植物分布有关。植物残体可直接促进微生物合成分泌更多酶；另一方面，植物根系不仅可提供酶，而且可使根系周围酶活性高于非根系区域(张莉等，2015)。微生物活动和酶活性等增强，促使沉积物有机质分解，使大分子DON矿化为小分子物质。

E_2/E_3可用于衡量DON分子量，该值越小，分子量越大(吴丰昌等，2010)。由表7-9可见，随释放进行，DON的E_2/E_3值呈下降趋势，从释放开始时的4.992到释放平衡后的4.582，随释放进行，分子量逐渐增大，说明低分子量DON更容易从沉积物释放，与Filep *et al.* (2010)的研究结果一致，即低分子量DON易被微生物降解利用(Watanabe *et al.*, 2014)。风浪或生物扰动等情况下，沉积物低分子量DON先行释放，可能对水质造成严重影响。由表7-9可知，洱海表层沉积物DON的$SUVA_{254}$值在0~10min、10~120min和120~300min释放阶段分别为0.663~0.863(均值0.745)、0.735~0.952(均值0.831)和0.825~0.959(均值0.867)。$SUVA_{254}$值可反映物质芳香性，且该值大小与DON芳香性正相关(古励等，2015；高洁等，2015)。随释放进行，$SUVA_{254}$值不断增大，洱海表层沉积物腐殖化程度低的DON容易释放。有机物分子量及腐殖化程度越低，越容易被微生物降解利用，分子活性越高(He *et al.*, 2011b；Li *et al.*, 2015)。扰动条件下，短时间沉积物优先释放能被微生物吸收利用DON，生物有效性较高，易造成水体富营养化。

表 7-9　洱海表层沉积物 DON 释放组分光谱特征参数

点位	时间 (min)	紫外—可见光谱参数			荧光光谱参数	
		A_{253}/A_{203}	E_2/E_3	$SUVA_{254}$	FI	BIX
EH21	5	0.143	4.992	0.663	1.789	0.958
	10	0.152	4.953	0.693	1.759	0.959
	20	0.155	4.867	0.735	1.766	0.958
	30	0.161	4.857	0.797	1.765	0.956
	45	0.165	4.737	0.804	1.755	0.955
	60	0.165	4.650	0.817	1.746	0.956
	120	0.170	4.595	0.814	1.740	0.953
	180	0.170	4.583	0.825	1.713	0.953
	300	0.170	4.582	0.825	1.712	0.952
EH105	5	0.021	6.900	0.696	1.806	0.878
	10	0.022	6.500	0.698	1.805	0.873
	20	0.024	6.264	0.718	1.802	0.879
	30	0.029	5.667	0.769	1.791	0.873
	45	0.029	4.867	0.795	1.791	0.869
	60	0.032	4.846	0.809	1.790	0.854
	90	0.032	4.692	0.811	1.778	0.856
	120	0.032	4.546	0.818	1.766	0.854
	180	0.034	4.167	0.816	1.768	0.847
	300	0.034	4.023	0.819	1.767	0.847
EH142	5	0.043	4.800	0.855	1.799	0.803
	10	0.048	4.704	0.863	1.789	0.797
	20	0.051	4.667	0.884	1.787	0.784
	30	0.056	4.643	0.886	1.755	0.791
	45	0.059	4.622	0.891	1.748	0.771
	60	0.063	4.484	0.914	1.746	0.777
	90	0.064	4.438	0.935	1.743	0.762
	120	0.065	4.438	0.952	1.732	0.762
	180	0.066	4.394	0.958	1.731	0.763
	300	0.067	4.393	0.959	1.731	0.764

本研究洱海不同湖区沉积物 DON 的 $SUVA_{254}$ 值为南部 (0.910) ＞北部 (0.779) ＞中部 (0.775)，说明南部湖区沉积物 DON 分子腐殖化程度较高。由于南部水深较浅，水生植物残体沉积较多，生物代谢旺盛，使沉积物有机质腐殖化程度较高，芳香性较高，能很好维持有机质释放转化平衡，避免有机质降解向上覆水释放过多 DON 而加剧水体富营养化，可能是洱海虽沉积物氮磷含量高但水质较好的原因之一。

2. 三维荧光光谱特征

荧光指数 FI 表征 DON 陆源和生物源的界点为 1.4 和 1.9，由表 7-9 可知，本研究沉积物释放 DON 荧光指数 FI 值变化范围为 1.712~1.806(平均值为 1.764)，表明洱海表层沉积物受外源输入和内源释放共同影响，主要是生物来源。自生源指数 BIX 大于 1 时，表明 DON 主要来自内源代谢，而该指数为 0.6~0.7 时，表明主要为陆源输入，即受入河河流和人类活动等影响较大 (Huguet *et al.*，2009)。洱海表层沉积物释放 DON 自生源指数 BIX 值变化范围为 0.762~0.960，表明表层沉积物释放 DON 受陆源与内源微生物共同作用，与 FI 指数结果一致。因此，洱海保护既要控制外源输入，也要关注内源释放。

为更好了解洱海沉积物 DON 不同结构组分释放特征，本研究除利用荧光光谱常数，还应用了荧光区域分析一体化方法 (FRI)。由图 7-16 可知，洱海表层沉积物释放 DON 三维荧光光谱显示了类蛋白与腐殖质两类荧光峰，且随释放时间推移，类蛋白峰逐渐减弱，腐殖质峰逐渐增强。由于样品荧光图较多，选择了能代表总体荧光图谱趋势的三个释放时间点 (10min、60min、120min) 不同点位荧光图谱作为典型代表分析。根据 FRI 得到荧光图谱五个区域，其中区域Ⅰ和Ⅱ主要代表色氨酸和酪氨酸等简单芳香蛋白类物质 (Ahmad and Reynolds，1999)；区域Ⅲ主要代表类富里酸、酚类、醌类等有机物质 (Mounier *et al.*，1999)；区域Ⅳ代表可溶性微生物代谢产物 (Coble，1996)；区域Ⅴ代表腐殖酸、类胡敏酸、多环芳烃等分子量较大且芳香化程度较高的有机物 (Artinger *et al.*，2000)。

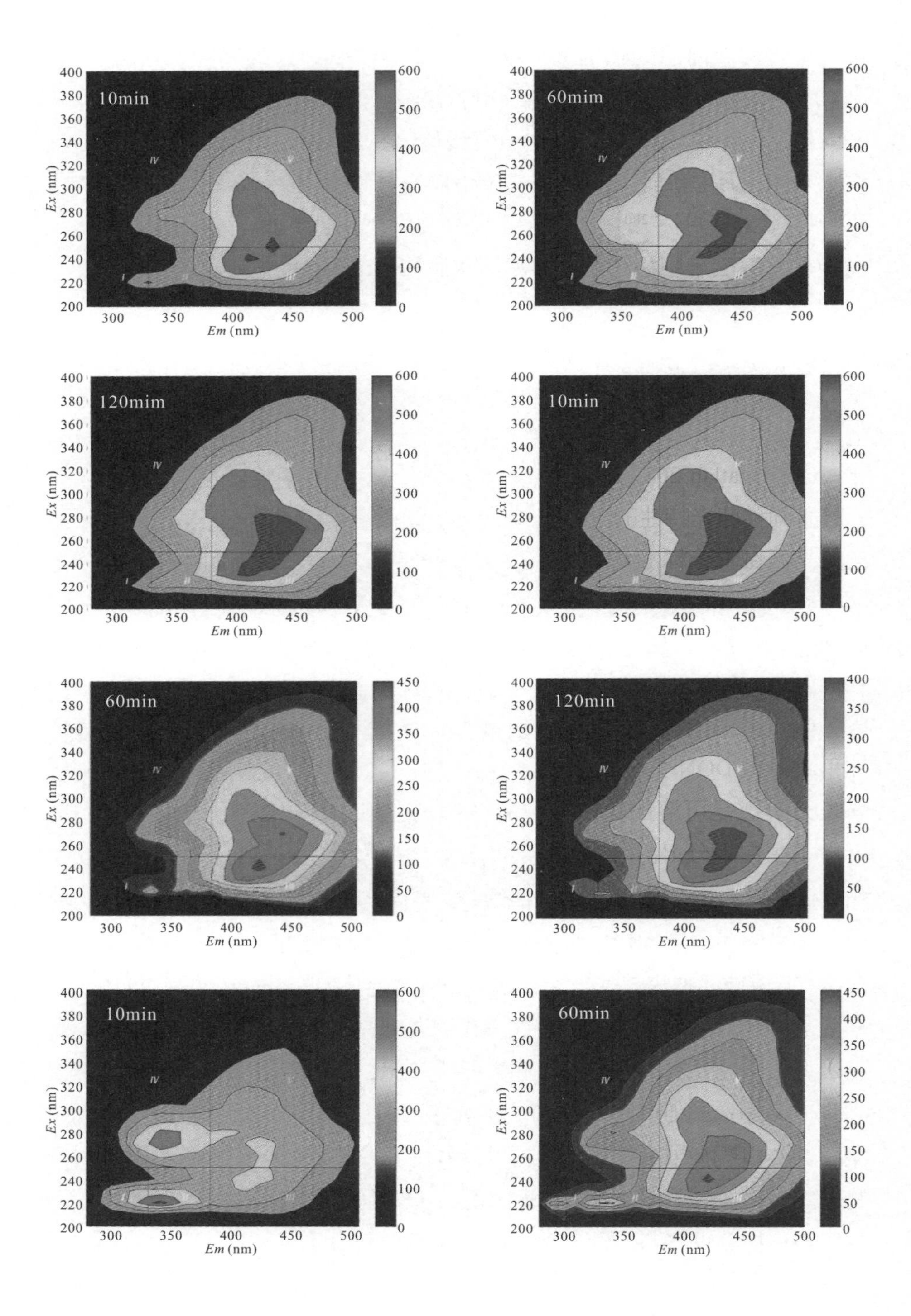
10min
60mim
120mim
10min
60min
120min
10min
60min
Ex (nm)
Em (nm)
IV
V
I
II
III

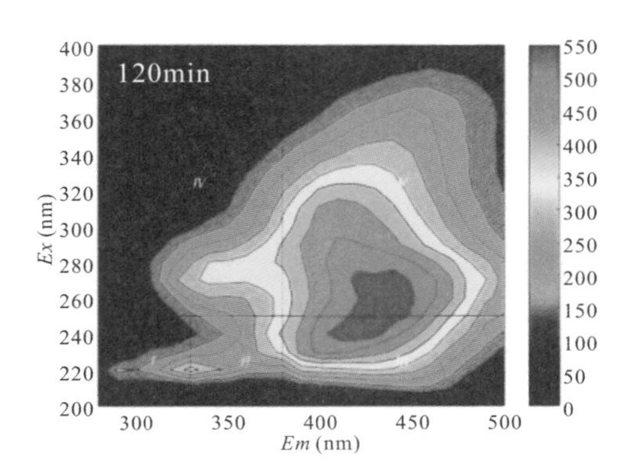

图 7-16　洱海沉积物释放 DON 三维荧光光谱

通过 Matlab 2007 软件计算各荧光区域积分体积 Φ_i(Ⅰ ≤i≤ Ⅴ)，分别得到具有同种荧光特性的总荧光强度，对各荧光积分体积进行标准化，得到各荧光区域积分标准体积 $\Phi_{i,n}$，可反映该物质各荧光组分含量，再计算各荧光区域积分标准体积占总积分标准体积的比例 $P_{i,n}$。由于 $P_{\text{Ⅰ},n}$ 和 $P_{\text{Ⅱ},n}$ 均由简单芳香类蛋白物质产生，故将两个区域归为一类 $P_{\text{Ⅰ+Ⅱ},n}$；$P_{\text{Ⅲ},n}$ 和 $P_{\text{Ⅴ},n}$ 均代表腐殖质类复杂有机物质，两个区域合并为 $P_{\text{Ⅲ+Ⅴ},n}$。

本研究洱海沉积物 DON 各组分释放规律如图 7-17 所示。洱海表层沉积物释放 DON 类腐殖质组分 $P_{\text{Ⅲ+Ⅴ},n}$ 占绝大部分，为 64%~79%(平均值 76%)，其次是可溶性微生物代谢产物 $P_{\text{Ⅳ},n}$，为 15%~21%(平均值 15%)，释放类蛋白组分 $P_{\text{Ⅰ+Ⅱ},n}$ 量最小，为 6%~14%(平均值 8%)。洱海流域径流量较大 (含类腐殖质 DON)，沉水植物衰败沉积等是导致 DON 含类腐殖质组分较多的重要原因，由此引起水体微生物产生某些特定蛋白类物质，致使沉积物释放 DON 溶解性代谢产物组分含量也较大。

不同组分释放规律相差较大，其中最先释放组分 (短时间内达到最大值) 为类蛋白组分 $P_{\text{Ⅰ+Ⅱ},n}$，随后组分所占百分比逐步减少，在释放时长约为 10min 后，该组分基本无明显变化；占比最大的类腐殖质组分 $P_{\text{Ⅲ+Ⅴ},n}$ 随后释放，占比先呈上升趋势，在 30min 后逐渐趋于平衡。

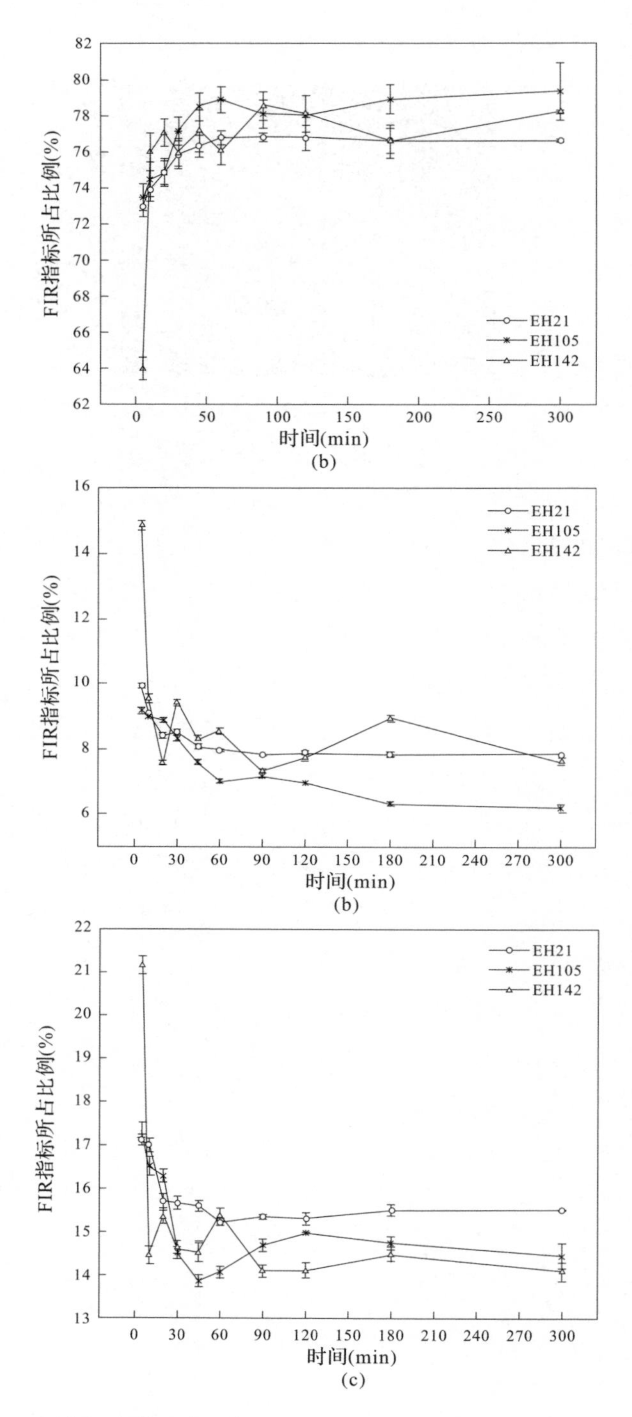

图 7-17　洱海沉积物 DON 的 $P_{i,n}$ 时空变化。(a)$P_{\text{Ⅲ+Ⅴ}}$；(b)$P_{\text{Ⅰ+Ⅱ}}$；(c)$P_{\text{Ⅳ}}$

区域Ⅰ和Ⅱ代表的酪氨酸、色氨酸、蛋白质等都是简单小分子物质，具有很强生物有效性，容易被微生物降解，从而被藻类利用，增大湖泊“水华”风险。同时生物在新陈代谢过程中能产生蛋白质和氨基酸，二者生物活性较强，能很快被矿化分解，增强沉积物的生物活性。因此，在控制沉积物 DON 释放过程中，首先应该关注类蛋白组分的释放。

释放基本达到平衡时，洱海中部沉积物释放 DON 的类腐殖质组分 $P_{\mathrm{III+V},n}$ 约为 79%，较南部和北部湖区高；南部湖区类蛋白组分 $P_{\mathrm{I+II},n}$ 为 7.6%，高于其他两个湖区。洱海中部区域污染程度较轻，其沉积物主要以类腐殖质为主，陆源输入对其影响较少，不利于类蛋白物质积累，该湖区水较深，沉积物—水界面氧浓度较低，有机质分解较慢。因此，洱海中部湖区沉积物较稳定，而南部湖区最靠近居民区，受城市面源等影响，其沉积物微生物受到影响较大，同时北部和中部污染物随水流向南部聚集，导致该区域沉积物 DON 蛋白类物质较多，微生物活性较高。因此，南部湖区水污染防治应该重点控制城市面源氮磷等污染。

7.3.3　洱海沉积物溶解性有机氮释放的环境意义

为揭示 DON 释放量与不同组分释放特征间关系，分析了紫外荧光特征参数及不同荧光组分与洱海表层沉积物 DON 释放量间的相关关系。结果如表 7-10 所示，DON 释放量与 A_{253}/A_{203} 和 $SUVA_{254}$ 呈显著正相关 (R 分别为 0.916 和 0.813，$P<0.01$)，与 E_2/E_3 呈显著负相关 ($R=0.878$，$P<0.01$)，表明沉积物 DON 所含羟基、羧基、烃基和酯基等取代基越多，分子量越大，芳香性越大，其 DON 释放量越大。

表 7-10　洱海沉积物 DON 释放量和组分指标相关分析

	DON 释放量	A_{253}/A_{203}	E_2/E_3	$SUVA_{254}$	FI	BIX	$P_{\mathrm{I+II},n}$	$P_{\mathrm{III+V},n}$	$P_{\mathrm{IV},n}$	$P_{\mathrm{I+II},n}/P_{\mathrm{III+V},n}$
DON 释放量	1									
A_{253}/A_{203}	0.916**	1								
E_2/E_3	−0.878**	−0.970**	1							
$SUVA_{254}$	0.813**	0.940**	−0.978**	1						
FI	−0.860**	−0.980**	0.922**	−0.907**	1					
BIX	−0.862**	−0.936**	0.923**	−0.924**	0.899**	1				
$P_{\mathrm{I+II},n}$	−0.917**	−0.717	0.679	−0.610	0.632	0.734	1			
$P_{\mathrm{III+V},n}$	0.919**	0.714	−0.670	0.596	−0.651	−0.704	−0.983**	1		
$P_{\mathrm{IV},n}$	−0.891**	−0.693	0.646	−0.572	0.655	0.657	0.933**	−0.983**	1	
$P_{\mathrm{I+II},n}/P_{\mathrm{III+V},n}$	0.918**	0.708	−0.666	0.591	0.630	0.711	0.997**	−0.993**	−0.955**	1

注：** 在 0.01 水平 (双侧) 上显著相关。

洱海北部入湖河流受流域养殖业和农田面源污染等影响，沉积物 DON 结构组分较复杂，且该区域水体交换较快，使得该区域成为 DON 释放量最高的区域，因此，北部以治理流域养殖业污染和实施种植业结构调整为主。南部受波罗江影响较大，且南部水体交换时间长，DON 各组分芳香性和腐殖化程度较高，造成沉积物 DON 释放量也较大，因此，南部湖区应以波罗江流域水污染治理为主。中部湖区沉积物 DON 各组分芳香性和芳香环取代程度均最低，其 DON 释放量最小，但该区域水体较深，溶氧量较小，无水生植物分布。如洱海水污染进一步加重，pH 值进一步升高，溶解氧持续降低，将导致沉积物 DON 释放风险进一步加大，可能对洱海水质产生更大影响。

洱海沉积物 DON 类蛋白与类腐殖质含量比例 $P_{\mathrm{I+II},n}/P_{\mathrm{III+V},n}$ 与 DON 释

放量呈极显著正相关 (R=0.918，P<0.01)，即洱海沉积物类蛋白与类腐殖质含量比例越高，其 DON 释放量越大，因此可用 $P_{\text{I}+\text{II},n}/P_{\text{III}+\text{V},n}$ 值反映沉积物 DON 释放风险。同时，本研究发现 $P_{\text{I}+\text{II},n}/P_{\text{III}+\text{V},n}$ 与类蛋白、类腐殖质、可溶性微生物代谢组分均呈显著正相关 (R=0.997，0.993，0.955；P<0.01)，表明沉积物不同组分 DON 与其 DON 释放量密切相关，即 $P_{\text{I}+\text{II},n}/P_{\text{III}+\text{V},n}$ 可间接作为衡量沉积物各 DON 组分释放特征的指标。

7.4 洱海悬浮颗粒物—水界面硝化—反硝化作用及对溶解性有机氮影响

悬浮颗粒物是湖泊生态系统重要组成部分，影响并参与湖泊氮循环。其影响主要在于两方面，其一是水体悬浮颗粒物具有较大的微界面，使其可吸附大量含氮有机物，影响水体氮迁移转化；其二是悬浮颗粒物附着丰富的微生物，可为硝化菌与反硝化菌等提供良好的生长环境。颗粒物含量及理化性质直接影响硝化菌、反硝化菌数量及活性，从而影响颗粒物—水界面氮循环代谢过程，进而影响湖泊水质。

洱海于 2003 年发生大面积水华后，总磷含量虽总体稳定，但总氮含量上升仍较明显 (赵海超等，2013d)。一定环境条件下，颗粒物—水界面氮迁移转化可加快湖泊富营养化。因此，本研究选择洱海悬浮颗粒物为研究对象，针对颗粒物—水界面氮硝化—反硝化作用及对上覆水 DON 影响问题，阐明颗粒物在洱海富营养化进程中的作用及贡献，试图为深入理解湖泊氮循环过程、进一步揭示富营养化机理提供科学依据。

7.4.1 洱海悬浮颗粒物—水界面硝化—反硝化作用

硝化—反硝化作用是影响水体氮循环的重要过程，颗粒物—水界面作为氮循环的重要载体，其硝化—反硝化过程中，硝化速率、反硝化速率、氧化亚氮气体释放及 DON 变化均与水质变化息息相关。本研究针对洱海颗粒物—水界面硝化—反硝化过程，定量不同湖区颗粒物—水界面硝化和反硝化速率，联用紫外、荧光等手段表征反应过程中 DON 变化，揭示颗粒物—水界面硝化—反硝化对 DON 影响机制，有助于了解悬浮颗粒物在湖泊氮迁移转化过程中的作用。

1. 硝化、反硝化速率

1) 硝化速率

硝化作用是在微生物作用下将氨氮氧化为亚硝酸盐，再氧化为硝酸盐的过程。参与该过程的微生物主要有两类，即亚硝化细菌和硝化细菌。硝化细菌群落组成和活性不同，影响硝化速率因素较多，包括 ρ_{CO_2}、$\rho_{NH_4^+}$、有机物浓度、温度、DON、底栖微动物群落活性等。洱海北部农业面源污染较重，南部受城市面源影响较大，南部和北部颗粒物—水界面氮磷等营养盐含量较高，微生物多样性丰度较大，对颗粒物—水界面环境变化适应性强。中部湖区微生物种群相对简单，对环境适应能力较差，易造成硝化速率差异，即北部硝化速率最大 (0.0403ppm/(h·L))，中部次之 (0.0256ppm/(h·L))，南部最小 (0.0018ppm/(h·L))(图 7-18)。

有沉水植物区域的硝化强度较无沉水植物区域高 10 倍左右，可能是洱海北部湖区硝化速率较大的主要原因。研究表明，大型水生植物茎叶表层常富集了水体悬浮颗粒物 (有机质、泥沙、藻类、微生物和菌胶团等)，形成特殊的茎叶微界面，拥有独特的氧化—还原异质特征，能为硝化和反硝化细菌提供有机质，是湖泊界面氮循环的重要场所。中部区域硝化速率较低，这与其颗粒物—水界面长期较低的 pH 值及较低的 DO 浓度有关。偏酸条件下，硝化速率会受到抑制。pH 值对硝化速率影响主要表现在两方面，其一是影响硝化细菌生长和代谢；其二是影响微生物硝化酶活性。洱海中部由于水体较深，溶解氧浓度较低，其较低的 pH 值不利于硝化细菌生长和繁殖，导致硝化速率最低。

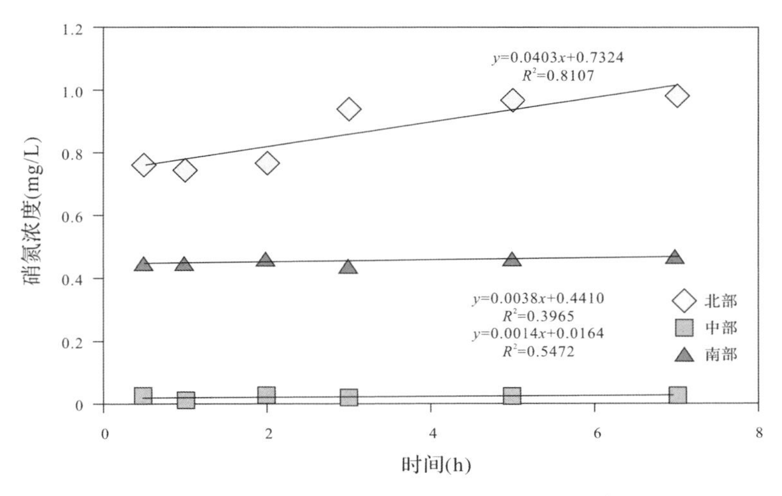

图 7-18　洱海颗粒物—水界面硝化反应速率

2) 反硝化速率

反硝化作用是指在微生物作用下将硝酸盐转化为气态氮或 N_2O 的过程，由硝酸还原酶 (NarG 和 NapA)、亚硝酸还原酶 (NirK 和 NirS)、一氧化氮还原酶 (Nor) 和一氧化二氮还原酶 (Nos) 催化完成。有研究表明，乙炔抑制法通过使用 70 μmol/L 以上的乙炔抑制 N_2O 向 N_2 还原时，抑制率为 95%，还能同时抑制硝化反应和厌氧氨氧化反应。该方法简单灵敏，价格廉价，并能够尽量保持体系原位状态 (Naqvi *et al.*，1998；王东启等，2006)。如图 7-19 所示，对悬浮颗粒物 (浓度为 5g/L) 进行培养，N_2O 累积浓度随时间呈现“慢—快—慢”的规律。

小型反应器产生的 N_2O 经过 1h 渐增期后，出现剧烈增长，一段时间内达到最大值。逻辑斯谛模型计算 ($P<0.01$) 基本都是在第三小时出现速率最大值，南部 (3.1039ppm/(h·L)) > 北部 (0.7271ppm/(h·L)) > 中部 (0.1323ppm/(h·L))。

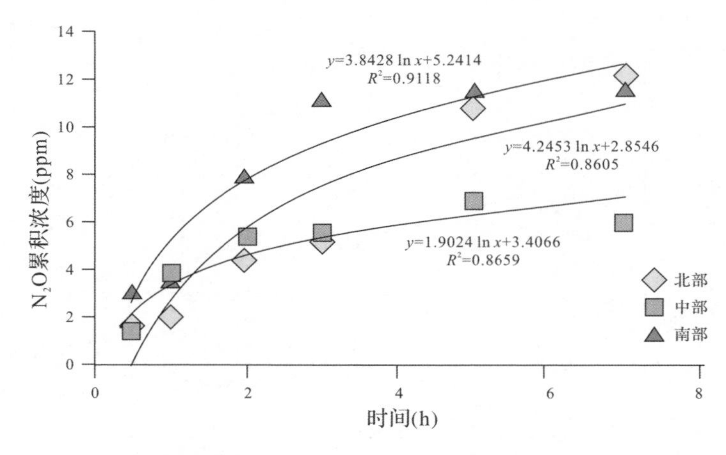

图 7-19　N_2O 累积浓度随时间变化

研究发现，微生物碳含量 (MBC) 与反硝化速率显著正相关 (唐陈杰等，2014)，MBC 虽然在有机质中占比较小，但却是其中最具活性的组分，是反硝化过程当中最容易被利用的碳源，与反硝化菌数及反硝化潜力有密切关系。水流携带作用下，洱海南部颗粒物主要以小颗粒有机质为主，且水深较浅，微生物活性较高，有机质分解较快，该区域颗粒物—水界面 MBC 浓度较大，提供给反硝化足够多的能量来源和物质基础，洱海中部湖区水深较深，由于 DO 浓度较低，生物活动较弱，有机质分解较弱，该区域颗粒物—水界面 MBC 含量相对较小。

颗粒物—水界面反硝化过程受多因素控制，Osburn *et al.* (2012) 对日本河口反硝化作用的探索发现，8 月份水体 DO 浓度最低，Eh 值最低，酸性硫化物值最高时，反硝化速率最大；反之，1 月份曝气情况下，反硝化速率最小。此外，DO 浓度对反硝化具有一定的影响，导致在该界面形成一个缺氧区，而缺氧条件更利于反硝化作用的进行。

而当溶解氧条件相同时，不同污染源影响颗粒物—水界面反硝化速率明显不同，说明为实现不同污染程度湖区反硝化脱氮功能，需要采取不同的修复方法，即在控制溶氧水平的条件下，对于受人类活动影响较大的湖区，需要进行生物强化才能有效提高其脱氮能力。

2. 硝化—反硝化过程对 DON 的影响

1) 紫外—可见吸收光谱特征

由表 7-11 可知，$SUVA_{254}$ 值随反应进行不断增大，表明洱海颗粒物—水界面硝化反应和反硝化反应容易生成腐殖化程度低的 DON，且呈现北部 > 南部 > 中部的趋势，且硝化反应 > 反硝化反应。DON 分子量及腐殖化程度越低，越容易被微生物所降解利用，分子活性较高。在硝化—反硝化反应开始阶段 (快速反应阶段)，颗粒物—水界面容易生成芳香性较弱的 DON，易于被微生物吸收利用，生物有效性较高。反硝化反应较强湖区，更容易生成腐殖化程度低的 DON，从而增加水体富营养化风险。

表 7-11　洱海表层沉积物释放 DON 过程光谱特征参数

点位编号	时间 (h)	硝化反应				反硝化反应			
		$SUVA_{254}$	A_{253}/A_{203}	E_2/E_3	E_4/E_6	$SUVA_{254}$	A_{253}/A_{203}	E_2/E_3	E_4/E_6
21#	0.5	0.85	0.03	7.91	1.50	1.11	0.03	7.91	1.50
	1	1.81	0.03	9.50	1.50	0.98	0.03	7.78	1.50
	2	2.07	0.03	12.00	1.23	0.83	0.03	7.60	1.43
	3	2.08	0.02	11.80	1.22	1.79	0.02	6.38	1.56
	7	2.63	0.03	13.40	1.36	1.29	0.03	8.30	1.33
105#	0.5	1.64	0.20	7.50	2.00	0.72	0.01	6.50	1.00
	1	1.31	0.19	7.29	0.67	0.74	0.02	7.83	1.00
	2	0.86	0.20	8.00	1.33	0.97	0.01	7.80	1.00
	3	1.73	0.19	8.22	1.33	0.78	0.01	7.67	1.50
	7	0.64	0.19	10.90	1.67	1.44	0.02	8.00	1.50
142#	0.5	1.20	0.01	8.00	1.50	1.52	0.02	5.36	1.50
	1	0.61	0.02	9.40	1.50	0.81	0.01	5.86	1.33
	2	1.92	0.02	9.40	1.00	1.29	0.02	7.67	3.00
	3	0.92	0.01	9.83	1.00	1.01	0.01	7.67	1.50
	7	1.05	0.01	9.25	1.00	0.79	0.02	9.33	1.50

随反应时间推移，A_{253}/A_{203} 指数和 E_4/E_6 变化较小，而 E_2/E_3 变化较大。E_2/E_3 是用于衡量 DON 分子量的指标，该值越小，则分子量越大 (吴丰昌等，2010)。E_2/E_3 值呈增大趋势，从释放开始的 7.91 到结束时的 13.43，表明洱海颗粒物—水界面硝化—反硝化过程刚开始生成的是分子量较大的 DON，随之生成的是分子量较小的 DON，且通过紫外—可见光谱指数空间对比可知，总体呈现北部 > 中部 > 南部的趋势。

本研究表明，洱海北部湖区颗粒物—水界面硝化—反硝化达到平衡后，生成分子量较小且富营养化风险较大的 DON，北部湖区风险更大，可能与颗粒物—水界面污染程度较严重且分布较多微生物等有关。

2) 荧光光谱特征

硝化—反硝化过程中，颗粒物—水界面生成的 DON 类腐殖质组分 $P_{\mathrm{III+V},n}$ 占绝大部分，为 38%~76%(平均 60%)，其次是可溶性微生物代谢产物 $P_{\mathrm{IV},n}$，为 17%~42%(平均 27%)，释放的类蛋白组分 $P_{\mathrm{I+II},n}$ 量最小，占 6.5%~28%(平均 12%)。其释放规律与表层沉积物 DON 释放规律相似，表明洱海悬浮颗粒物和表层沉积物具有同源性，且表层沉积物很大程度上是悬浮颗粒物沉降堆积而成的。

此外，颗粒物—水界面释放的类蛋白组分 $P_{\mathrm{I+II},n}$(平均 12%) 大于表层沉积物释放量 (平均 8%)，说明悬浮颗粒物含有更多的酪氨酸、色氨酸、蛋白质等简单小分子物质，具有很强的生物有效性，容易被微生物降解。Worsfold *et al.*(2008) 研究表明，年度全球河流氮通量超过 50% 是颗粒态氮，因此颗粒物—水界面硝化—反硝化释放 DON 更容易引起藻类爆发。

本研究洱海北部湖区和南部湖区沉积物 DON 组分变化趋势相似 (图 7-20)，类腐殖质组分 $P_{\mathrm{III+V},n}$ 增加，类蛋白组分 $P_{\mathrm{I+II},n}$ 和可溶性微生物代谢产物 $P_{\mathrm{IV},n}$ 减小。中部湖区类腐殖质组分 $P_{\mathrm{III+V},n}$ 先减小后增加，而后逐步平衡；类蛋白组分 $P_{\mathrm{I+II},n}$ 和可溶性微生物代谢产物 $P_{\mathrm{IV},n}$ 先增加后减小，而后也逐步平衡。以上结果与中部湖区颗粒物—水界面长期保持的较低 DO 浓度有关。

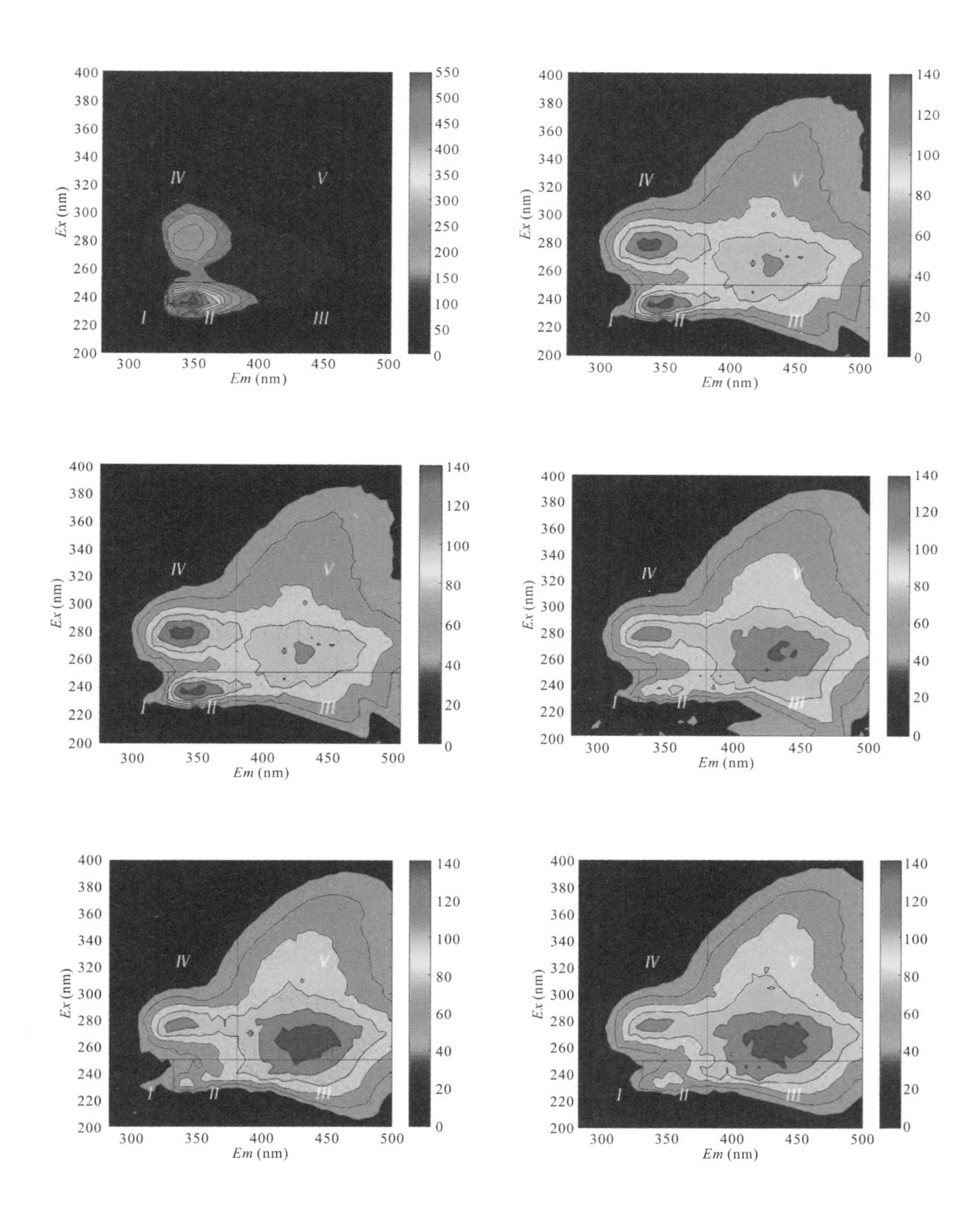

Ex (nm)
Em (nm)
I
II
III
IV
V

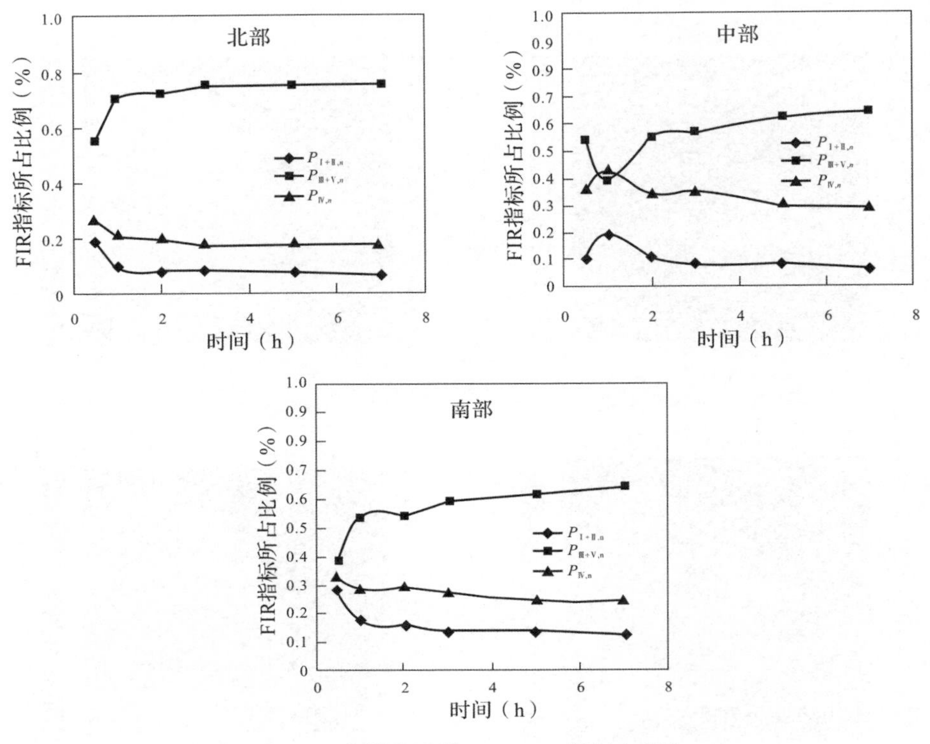

图 7-20　洱海沉积物 DON $P_{i,n}$ 的时空变化

7.4.2　洱海悬浮颗粒物—水界面溶解性有机氮迁移转化

悬浮颗粒物作为湖泊生态系统氮重要的“源”和“汇”，在湖泊内源释放和水环境变化中扮演重要角色。上覆水不同形态氮迁移转化及在液相和颗粒相间分配，与悬浮颗粒物浓度和分配系数有紧密关系。因为不是所有形态氮都具有相同的生物地球化学反应，深入了解氮丰度、分布及化学特征等对于更好地理解营养输入和水质间关联非常重要。洱海北部受上游污染影响而导致水体氮浓度较高，南部水域受城市面源等影响也出现水质较差现象，由此引起洱海局部和季节性藻类水华。由于对悬浮颗粒物在湖泊氮迁移转化过程中的作用知之甚少，建立不同形态氮与悬浮颗粒物浓度及分配系数间关系就成为揭示洱海水质变化需要解决的重要问题之一。

1. 溶解性有机氮与悬浮颗粒物分配系数 K_d 关系

1) 分配系数 K_d

颗粒物—水界面相互作用包括吸附、解吸、离子交换、溶解和沉淀等，以上过程在营养物质、微量金属、放射性核素和有机污染物等的循环过程中具有重要作用。颗粒态物质与溶解态物质以完全不同的方式迁移转化，为了进一步理解颗粒物对湖泊氮循环的影响，本研究探究了氮在水体液相和颗粒相之间的分配机制。

分配系数 K_d 已被广泛用于量化氮在液相和颗粒相之间的分配规律及在水生系统中的反应性，随SPM浓度增加，其 K_d 值反比变化，通常称为“粒子浓度效应”。

2) 洱海颗粒物—水界面溶解性有机氮分配

氮磷与SPM相互作用受粒子和分子相互作用影响，分子与SPM表面缔合通过电荷吸引、与POM缔合、共价键合和沉淀而发生反应。

然而，河流和河口水体氮形态和反应性一般都较低，而河流到湖泊/海岸氮通量影响因素有很大不确定性，减少不确定因素的关键在于理解控制液相和颗粒相之间氮化合物的分配机制。

当粒子交换位点(矿物结构离子化部分和POM)带负电时，无机 NO_3^- 和 NO_2^- 离子不会分配到SPM上，NH_4^+ 阳离子则可通过位点形成离子键而相互作用，对于更复杂有机分子，可通过多种作用机制控制。

本研究DON的 $\log K_d$ 值 (6.12 ± 0.47) 通常较DIN高 (5.70 ± 0.48)，表明DON与DIN相比具有更高颗粒反应性(图7-21)。$\log K_d$ 和logSPM之间显著相关，包括DIN、DON和TDN的 $\log K_d$ 值分别随SPM浓度的增加而降低。与无机氮相比，有机氮的 $\log K_d$ 和logSPM之间相关性更显著 $(P < 0.001)$，表明有机氮颗粒反应性更大。

因此，颗粒物—水界面DON分配和丰度在很大程度上影响悬浮颗粒物(胶体和颗粒表面、浮游植物细胞)及颗粒—颗粒相互作用(如凝结、絮凝和沉淀)。生物过程和微生物降解可能是调节DON丰度和分布的主要因素，DON也可积极参与颗粒和浮游植物细胞表面的吸附/解吸和分配等过程。当天然水体 DIN 受到限制，特别是在氨氮浓度低于常规检测限的湖泊，DON 可在很大程度上被浮游植物等吸收利用，产生更大浓度的悬浮颗粒物，进而增加湖泊富营养化风险。

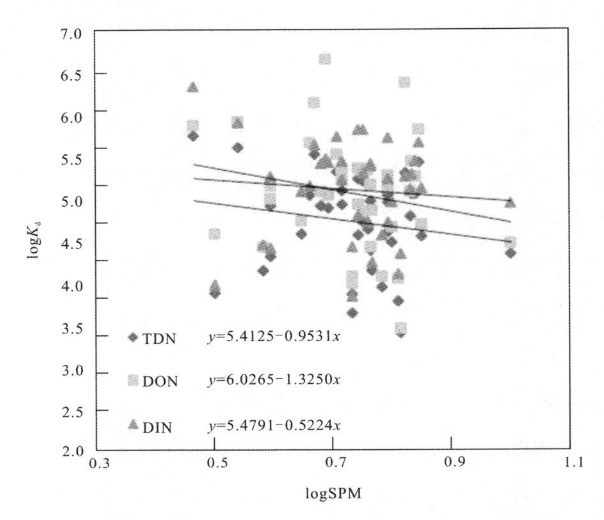

图 7-21　洱海分配系数 ($\log K_d$) 与悬浮颗粒物浓度 (logSPM) 间关系

2. 硝化—反硝化导致溶解性有机氮变化及与悬浮颗粒物关系

水体 ρ_{SPM} 不仅与营养水平正相关，也与水体 ρ_{TN} 正相关，是反映水体营养状态的参考指标。根据现场观测结果，洱海水体 ρ_{SPM} 年均值为 3.92mg/L，但夏季中部 ρ_{SPM} 接近 7.3mg/L，即洱海局部湖区已经富营养化。作为云贵高原典型湖泊，洱海外源氮主要来自北部和西部地区的农业生产，尤其是 20 世纪 70 年代后期，该区域农业生产得到快速发展，大量使用人造氮肥，面源污染成为洱海藻类和细菌等主要营养源，湖泊水质明显下降 (Ni *et al.*，2016)。通过硝化—反硝化及吸附 / 解吸等过程，溶解态总氮 (TDN) 和颗粒态氮 (TPN) 之间及溶解性无机氮 (DIN) 和溶解性有机氮 (DON) 等之间存在转化关系 (Bradley *et al.*，2010； Liu *et al.*，2016)。

如图 7-22 所示，ρ_{SPM} 与 ρ_{TDN} 变化趋势相反，而与 ρ_{TPN} 相似，说明溶解态氮和颗粒态氮间的相互转化可影响 ρ_{SPM} 分布。春季 ρ_{TDN} 较高，但较低

的水温 (平均 17.2℃) 使颗粒态氮聚集在底部冷水层，且分解较弱 (Yu *et al.*，2014)。夏季浮游植物生长繁殖，将大量 TDN 转化为 TPN；秋季底部 TPN 再矿化为 TDN，导致水体 ρ_{TDN} 升高。在以上过程发挥主要作用的是浮游植物，从而造成 ρ_{SPM} 也呈现较为明显的季节性变化。

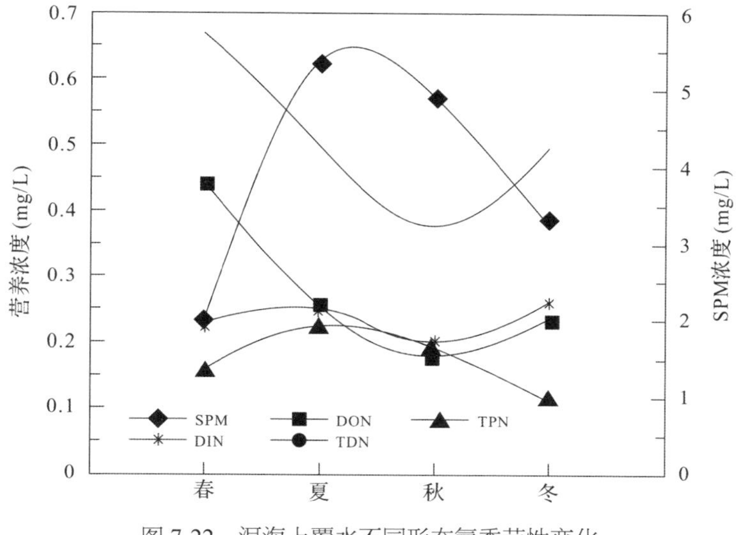

图 7-22　洱海上覆水不同形态氮季节性变化

DIN 和 DON 间的转化是浮游植物利用 DIN，而异养细菌将 DON 矿化成支持初级生产力的无机形态。研究发现，自养型生物可直接摄取 DON 以满足其对氮的需求 (Huguet *et al.*，2009；Li *et al.*，2015)。春季洱海 DIN 浓度相对较低，浮游植物利用 DON 满足细胞氮需求，导致其浓度迅速下降 (图 7-22)。DON 与有机悬浮颗粒物间的相互作用被认为是通过生物吸收和微生物再矿化完成。DON 被浮游植物和微生物吸收，并被转化为 PON，进一步增大悬浮颗粒物含量。当浮游植物和微生物死亡时，悬浮颗粒物 PON 被分解为 DON，再进一步被细菌分解成 NH_4-N，最终被亚硝酸盐氧化细菌和硝酸盐细菌氧化成 NO_3-N。本研究结果表明，洱海 DON 和悬浮颗粒物间显著正相关，相关系数为 0.77(P<0.01)，表明 DON 的摄取和悬浮颗粒物的生成具有相似的速率。

7.5　环境因子对洱海界面溶解性有机氮影响

本研究主要通过荧光、紫外手段对受光照影响下上覆水 DON 结构组分变化特征进行解析，探讨光照对 DON 含量、结构组分特征变化影响机制，揭示光照对湖泊生态系统 DON 转化作用及影响，为评估其对湖泊水质、氮循环等造成的潜在风险提供理论依据。本研究实验装置为 Sunset XLS 和太阳光模拟器，设置输出波长为：紫外光波长为 (0.35 ± 0.01)mm，可见光波长为 (0.50 ± 0.10)mm，红外光波长为 (2.00 ± 0.50)mm，进行室内太阳光模拟实验。充满洱海采集水样的石英管水平放置于黑色聚丙烯托架上，浸没于温控水浴，通过水浴和水循环装置将温度控制在 20℃。同时配置相同样品于石英管，并在其中一组加入一定量 $HgCl_2$，以消除或抑制生物影响。同样采用相同石英管包裹铝箔纸避光处理作为对照，相同条件下进行光照实验，于 0、0.5、1、3、5、8h 各时间点取样品，过 0.45μm 滤膜后，取 10mL 水样将其分装于 25mL 试管中，用 Milli-Q 超纯水定容至 25mL，进行 NH_3-N、NO_3-N、DTN 测定，DON 浓度值即为 TDN 与溶解性无机氮 (NH_3-N 与 NO_3-N 之和) 质量浓度差。图 7-23 为装置示意图。

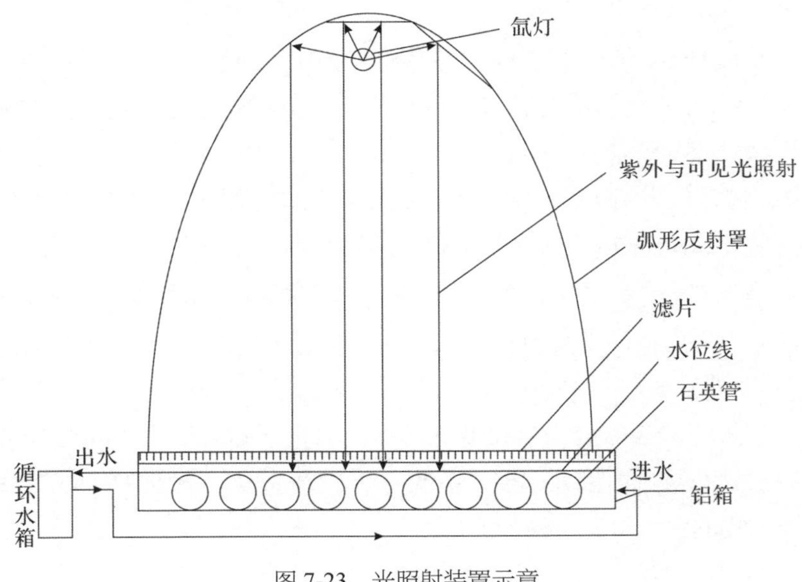

图 7-23　光照射装置示意

三维荧光光谱采用带 1cm 石英荧光池高灵敏度 Hitachi F-7000 型荧光光谱分析仪测定，激发波长 (Ex) 为 200~450nm，发射波长 (Em) 为 250~600nm，激发和发射波长狭缝宽度每隔 5nm，扫描速度为 2400 nm/min，PMT 电压为 400V，响应时间为自动。

采用荧光光谱区域体积积分分析法 (FRI) 和平行因子分析法分别对 EEM 光谱进行定量和定性分析。为消除荧光猝灭和内滤效应，原始样品稀释至波长在 254nm 处的紫外吸光度 (UV_{254}) 小于 0.1(冯伟莹等，2013)。平行因子模型是基于最小二乘法回归程序的分解算法，使用一致性检验可获得最适合组分数 C，可将由多个 EEM 数据构成的三维阵列 $\boldsymbol{X}$ 分解为三个载荷矩阵：$\boldsymbol{A}$，$\boldsymbol{B}$ 和 $\boldsymbol{C}$，且每个矩阵都具有实际物理意义。

$$x_{ijk}=\sum_{f=1}^{F}a_{if}b_{jf}c_{kf}+e_{ijk},\ i=1,2,\cdots,I;\ j=1,2,\cdots,J;\ k=1,2,\cdots,K$$

其中，x_{ijk} 表示 i 个样品在发射波长为 j、激发波长为 k 时的荧光强度；a_{if} 表示第 i 个样品的第 j 个分析成分荧光强度；b_{jf} 和 c_{kf} 为载荷，分别是第 f 个组分的第 j 个发射光谱和第 k 个激发光谱相对值；e_{ijk} 为用于最小化模型中残差的平方和 (Bro，1997)。

7.5.1　光照对洱海上覆水溶解性有机氮影响

1. 光照对洱海上覆水 DON 含量影响

模拟太阳光照研究洱海上覆水 DON 含量在不同条件下随时间变化结果，如图 7-24 所示。光照条件下，DON 含量范围为 0.06~0.41mg/L，而避光条件下，DON 含量范围为 0.014~0.53mg/L。

图 7-24c 显示，光照条件下，DON 含量变化曲线呈倒“V”型，5h 内随光照时间延长而增加，5h 后 DON 含量开始下降；避光条件下，0~0.5h DON 含量急剧增加，0.5h 后又缓慢降低，整体变化呈下降趋势。

由图 7-24f 可见，有无光照对 DON 含量影响较一致，0~1h DON 含量分别呈短暂下降趋势，而光照条件下该趋势较明显，1～5h DON 含量呈快速上升趋势，5h 后 DON 含量基本趋向平衡。

在未加汞且有光照条件下，DON 含量总体呈升高趋势，NH_4^+ 与 DON 呈显著负相关 (R^2=0.94，P<0.05)，表明光照可促使 NH_4^+ 转化为 DON，即光照条件下，水体有机质矿化使 DON 含量下降，NO_x 或者 NH_4^+ 与 DOM 反应促成了新 DON 形成，矿化与促成作用同时进行，使 DON 含量增加。与 Rajiaa Mesfioui 等研究结果不同，随光辐射时间延长，NH_4^+ 释放含量增大，可能与 DON 来源和结构组成等不同有关。

由此可见，光照可促进水体有机质矿化，但作用强度小于 NH_4^+ 与 DOM 反应。避光条件下，DON 含量先升高后降低，主要是由于初始阶段细菌及浮游动物活性较低，生物降解使 DON 含量降低。对比以上两种情况，生物前期对 DON 降解作用稍弱于光照条件下 NO_x 或 NH_4^+ 与 DOM 反应对 DON 的促成作用，后期生物活性增强使其对 DON 降解作用增大。

加汞条件下，光照和避光对照实验 DON 含量均呈升高趋势，变化基本一致，表明光照通过对微生物活性改变而间接影响 DON 含量变化。另外，NH_4^+、NO_3^- 含量几乎保持不变，说明加汞后可能部分细菌和微生物细胞残体衰败和分解使 DON 含量有所升高。

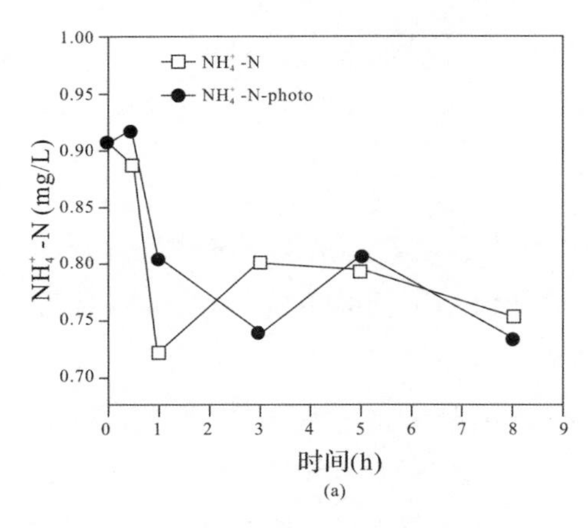

(a)

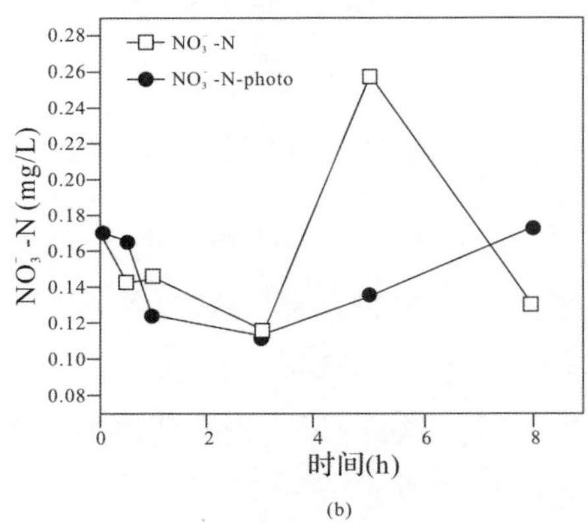

(b)

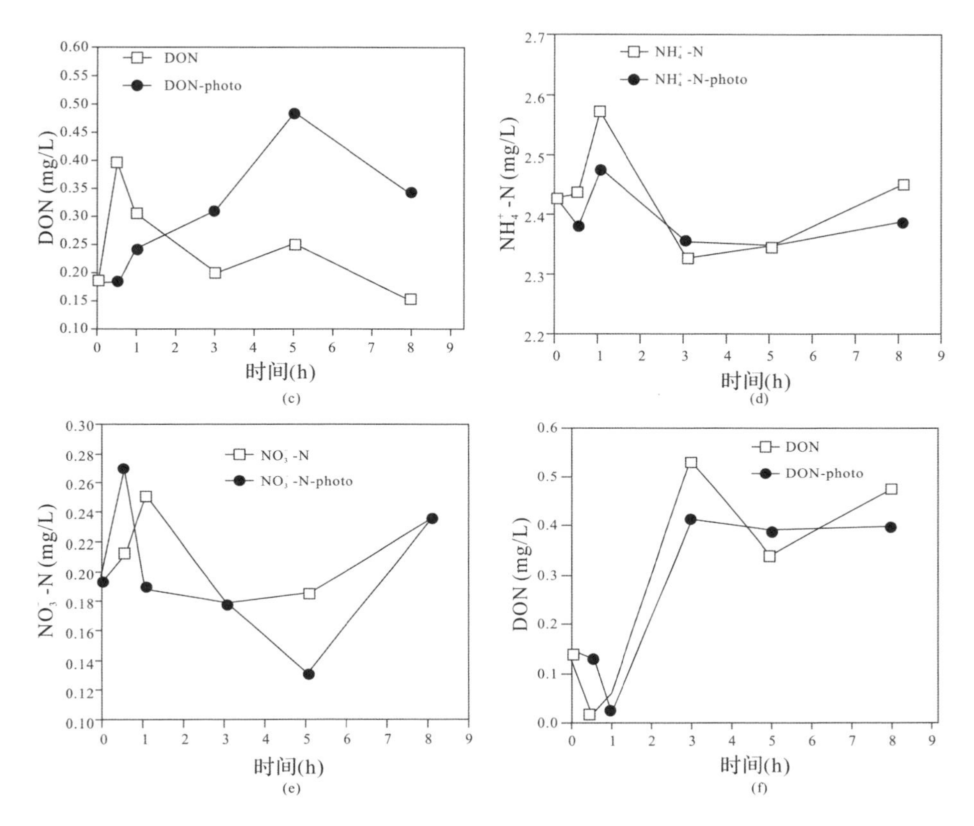

图 7-24　(a)—(c) 未加汞光暗对照试验下 NH_4^+、NO_3^-、DON 含量随时间变化；(d)—(f) 加汞光暗对照试验下 NH_4^+、NO_3^-、DON 含量随时间变化

2. 光照对洱海上覆水 DON 结构组分影响

大分子量有机物比小分子量有较高含量的芳香族和不饱和共轭双键结构。由表 7-12 可知，未加汞 ($HgCl_2$) 条件下，光照与避光 $SUVA_{254}$ 平均值分别为 1.50 和 1.01，其值随光照时间延长而降低，表明 DON 分子量随光照时间延长呈变小趋势，可能是由于光照对 DON 组分中不稳定大分子物质产生了微弱降解作用；黑暗条件下该趋势却相反，表明生物对 DON 组分变化有一定影响，部分衰老和死亡细胞破碎降解可能是分子量增大的重要来源之一。另外，SUV_{254} 随光照时间延长有所降低，但趋势并不明显，

说明光照对 DON 芳香环结构有一定降解作用，但不明显，可能是由于模拟太阳光照紫外光波段强度不足造成 (Coble，1996)。

表 7-12　洱海上覆水 DON 光照条件下紫外—可见光谱特征指数

条件		时间 (h)	紫外可见光指数			
			SUV_{254}	A_{253}/A_{203}	E_2/E_3	SR
未加汞	白瓶	0.5	0.63 ± 0.02	0.30 ± 0.01	1.87 ± 0.05	—
		1	2.32 ± 0.12	0.33 ± 0.02	3.25 ± 0.12	2.78 ± 0.11
		3	1.93 ± 0.05	0.32 ± 0.02	3.41 ± 0.14	2.50 ± 0.08
		5	1.54 ± 0.07	0.30 ± 0.01	4.14 ± 0.20	1.79 ± 0.09
		8	1.07 ± 0.03	0.29 ± 0.01	5.35 ± 0.22	1.51 ± 0.06
	黑瓶	0.5	0.69 ± 0.03	0.29 ± 0.02	6.21 ± 0.19	1.15 ± 0.07
		1	1.12 ± 0.05	0.30 ± 0.02	5.64 ± 0.24	1.46 ± 0.05
		3	0.84 ± 0.02	0.26 ± 0.01	5.35 ± 0.17	1.57 ± 0.07
		5	1.35 ± 0.06	0.31 ± 0.01	9.00 ± 0.32	0.73 ± 0.02
		8	1.07 ± 0.04	0.3 ± 0.01	7.75 ± 0.29	1.12 ± 0.01
加汞	白瓶	0.5	1.81 ± 0.08	0.34 ± 0.02	5.61 ± 0.17	1.16 ± 0.04
		1	1.85 ± 0.10	0.34 ± 0.01	2.56 ± 0.13	1.28 ± 0.03
		3	1.82 ± 0.07	0.37 ± 0.01	1.00 ± 0.03	0.90 ± 0.04
		5	1.33 ± 0.05	0.35 ± 0.01	0.29 ± 0.02	0.83 ± 0.04
		8	2.10 ± 0.11	0.33 ± 0.01	0.50 ± 0.01	0.95 ± 0.05
	黑瓶	0.5	1.93 ± 0.07	0.35 ± 0.01	6.00 ± 0.26	0.92 ± 0.02
		1	1.64 ± 0.05	0.32 ± 0.02	—	1.34 ± 0.07
		3	1.68 ± 0.06	0.32 ± 0.01	2.20 ± 0.09	1.20 ± 0.04
		5	2.00 ± 0.09	0.35 ± 0.02	1.00 ± 0.05	1.03 ± 0.05
		8	1.99 ± 0.05	0.38 ± 0.01	2.38 ± 0.14	1.20 ± 0.05

相比之下，加汞处理有无光照对 DON 芳香环结构影响差异不大，说明分子结构的芳构化程度越高，有机质矿化降解速率可能会比分子

结构缩合度速率慢。由表 7-12 可知，未加汞条件下，A_{253}/A_{203} 值在光照条件下大于无光照条件，其平均值分别为 0.308 和 0.272，表明光照可增大 DON 芳香环取代基的结构复杂程度，并且使得羰基、羧基、羟基和酯基种类有所增多；E_2/E_3 值在光照条件下小于无光照条件，但其值随光照时间增加而变大，变化范围为 1.87～5.35，相较光照条件，黑暗条件下该值较大，表明光照作用下部分小分子物质聚合为大分子物质，因为分子结构芳构化程度越高，有机质矿化降解速率较分子结构缩合速率慢；SR 值在光照条件下大于无光照条件，其值随光照时间延长而降低，变化范围为 1.51～2.78，平均值分别为 2.17 和 1.21，与 E_2/E_3 结果一致。加汞条件下，有无光照对所有参数值影响均不大，A_{253}/A_{203} 平均值分别为 0.346 和 0.344；$SUVA_{254}$ 平均值分别为 1.78 和 1.85；E_2/E_3 平均值分别为 5.848 和 5.772；SR 值变化幅度不大，平均值分别为 1.03 和 1.14。

整体来看，加汞处理 $SUVA_{254}$、A_{253}/A_{203}、E_2/E_3 及 SR 值实验组和对照组没有明显差别，可见加入汞消除微生物细菌影响后，光照并未对 DON 紫外特征产生明显影响，说明光照对 DON 的影响可能是一种间接过程，光照通过对微生物活性的改变达到影响 DON 的效果。

为了对不同处理条件下三维荧光光谱进行更清晰的判断，运用平行因子 (PARAFAC) 模型判断 DON 组分，结果如图 7-25。当因子数的核一致性大于 60% 时，就达到了拟合三维数据合适的因子数。

变量解释率是指因子方差比例，达 60% 以上，即选定因子能代表总变量。由图 7-25 可见，当因子数为 2 时，核一致性为 100%，变量解释率为 94%；因子数为 3 时，核一致性为 5.77%，变量解释率为 96%，严重偏离三线性。故可分离出两个组分，如图 7-26 所示。C1 短激发荧光峰 (220nm/330nm) 对应于传统的 T2 峰，长激发荧光峰 (275nm/330nm) 对应于 T1 峰；C2 代表类腐殖质荧光物质，主要为类富里酸物质，对应于 A 峰。

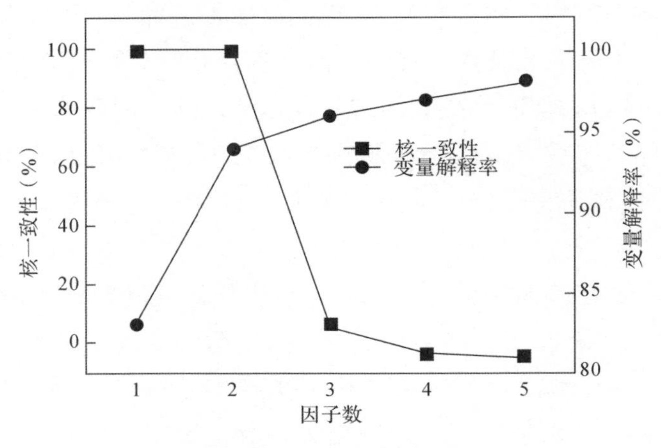

图 7-25 核一致检验图

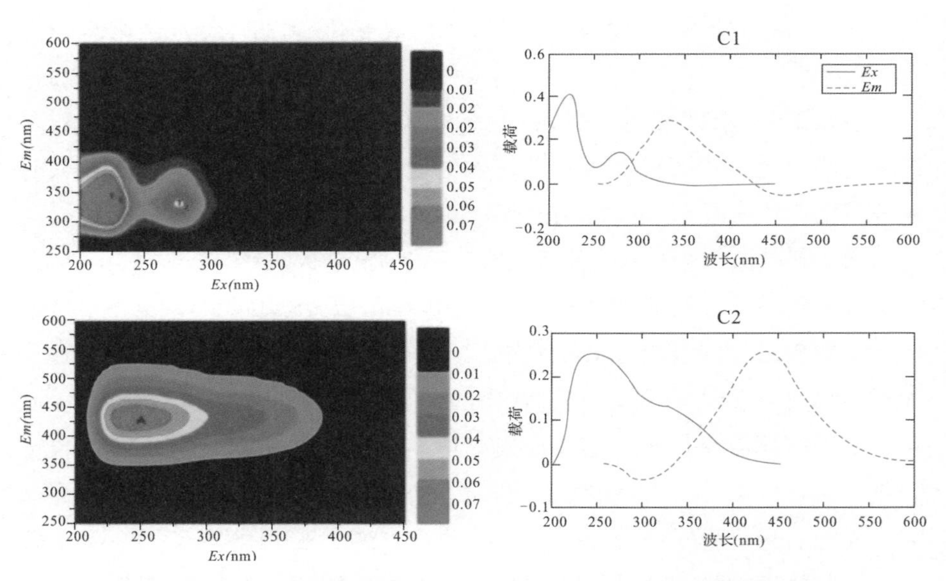

图 7-26 PARAFAC 模型鉴别出两个荧光组分及激发发射波长位置

光照处理两个组分(C1、C2)相对荧光强度随时间变化如图 7-27 所示。有无加汞条件下，C1 组分相对荧光强度均呈现先升高后降低的趋势，而后随时间延长开始下降，整个过程光照实验组 C1 组分相对荧光强度始终高于避光实验组，表明类色氨酸蛋白物质含量起初有所增加，可能是光照影响导致该样品生物活性升高，呈现 C1 组分相对荧光强度增大的结果。

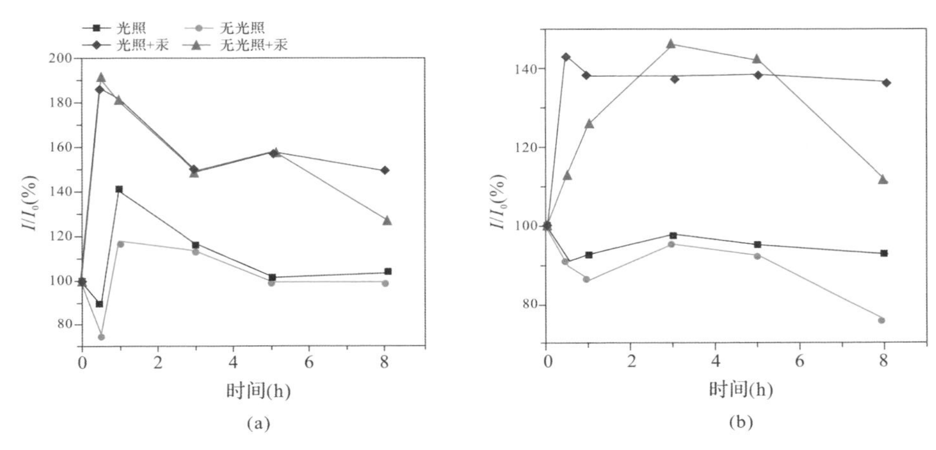

图 7-27　PARAFAC 分离出两个因子相对荧光强度随时间变化
(a) 组分 C1；(b) 组分 C2

对于 C2 组分而言，未加汞条件下，洱海上覆水 DON 相对荧光强度呈逐渐下降趋势，下降速率较慢；而加汞条件下，其相对荧光强度呈先增高后降低趋势。光照试验组荧光强度均高于避光对照组，表明初期微生物作用下，部分氨基酸等物质可被细菌优先吸收、分解或矿化，一定程度上有助于富里酸类物质的释放，进而增大其荧光强度 (图 7-28)。

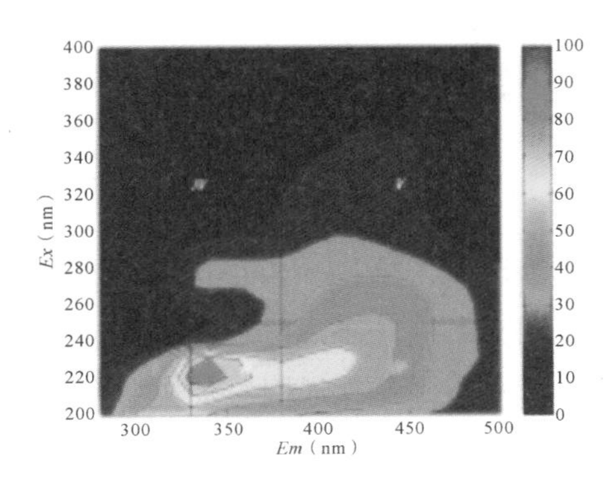

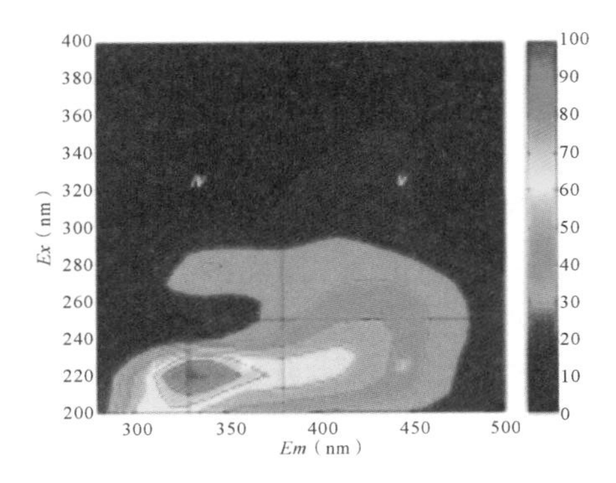

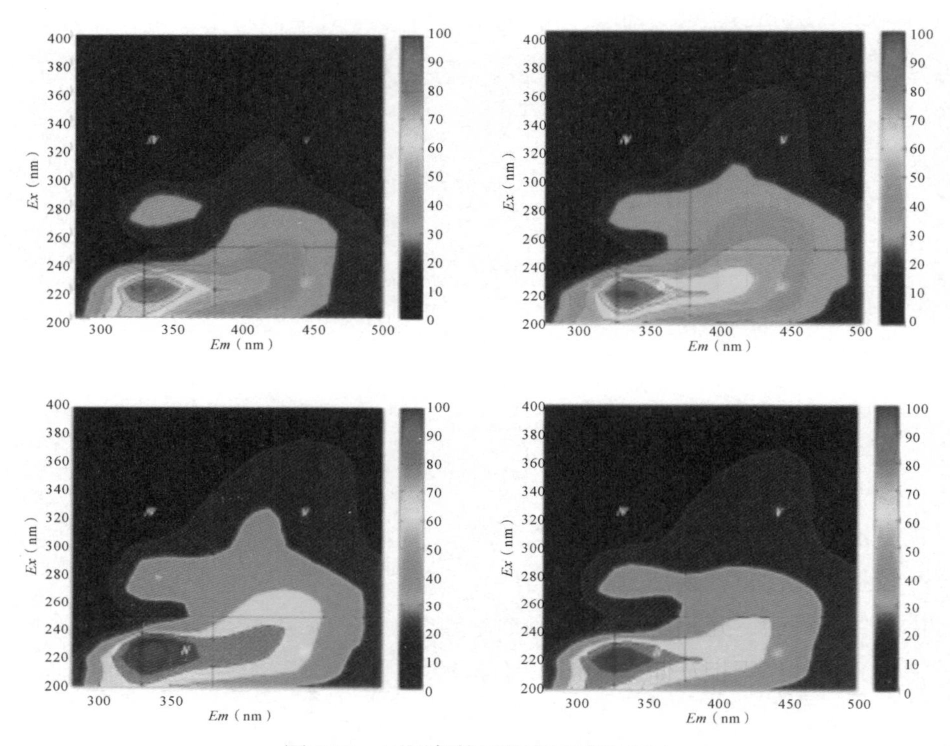

图 7-28　不同条件下荧光区域积分图

为了清晰地判断各类荧光物质的变化情况，将三维荧光光谱分为五个区，图 7-29 为有无加汞条件下两组对照试验 0h 和 8h 荧光分区图。洱海上覆水 DON 组分以腐殖质物质为主 (均值 61.21%)，溶解性微生物产物量 (13.9%) 低于类芳香族蛋白物质 (24.9%)。未加汞条件下，0h 时 $P_{\text{Ⅰ+Ⅱ},n}$ 为 21.8%，$P_{\text{Ⅲ+Ⅴ},n}$ 为 65.9%，$P_{\text{Ⅳ},n}$ 为 12.3%，光照 8h 后 $P_{\text{Ⅰ+Ⅱ},n}$ 上升为 24.2%，$P_{\text{Ⅲ+Ⅴ},n}$ 下降到 62.2%，$P_{\text{Ⅳ},n}$ 升至 13.6%。对照实验黑瓶 8h 后 $P_{\text{Ⅰ+Ⅱ},n}$ 上升为 26.6%，$P_{\text{Ⅲ+Ⅴ},n}$ 下降到 59.3%，$P_{\text{Ⅳ},n}$ 升至 14.0%。

综上可推断，光照作用下类富里酸可与类蛋白质物质相互转化，相比微生物影响，光照更显抑制性，但整体而言光照作用不太明显，可能是因为腐殖质组分降解程度增强后，含量不断降低，且腐殖质类物质组分含氮基因降解可能成为后续类蛋白组分持续增加的驱动力 (Coble, 1996)。另外，

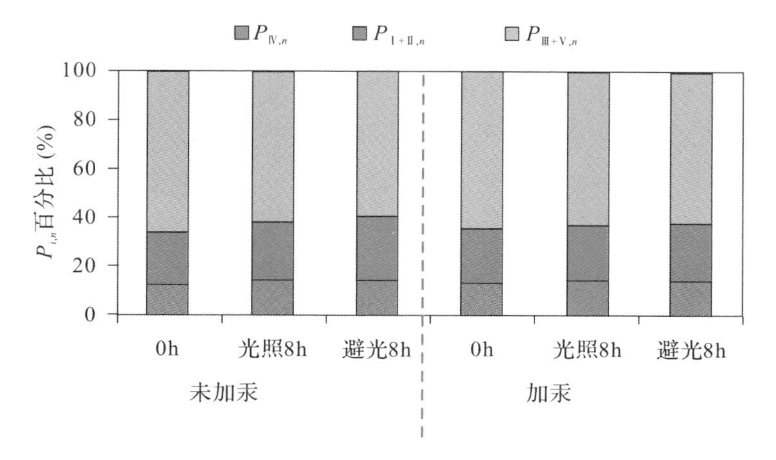

图 7-29 不同条件下洱海上覆水 DON 的 $P_{i,n}$ 百分比

类富里酸可生化性较差，很难被微生物分解为无机物质。类蛋白物质却具有较强生化性，容易被微生物利用，迅速从水体去除。由此可知，自然水体净化过程中，光照可以帮助生化作用突破瓶颈，生化作用分解和利用了产物，两种作用相互促进，共同实现水体溶解性有机物质的无机化，但各自贡献率还有待研究。

光照对微生物代谢总量起促进作用，可能是由于在洱海喜光细菌和厌光细菌的分布无明显差异，故光照对微生物生物量影响不大。然而，加汞处理各类物质间的比值相对稳定，说明尽管 DON 含量有所增加，但其结构并未发生明显改变，也表明光照对 DON 结构变化的直接影响不大，但光照可以通过对微生物活性的改变达到影响 DON 的效果。

3. 光照对洱海上覆水 DON 影响机制分析

光照对 DON 影响存在直接和间接两种作用方式，如图 7-30 所示。Ⅰ代表光照对 DON 产生直接反应，光照可以促使 NO_x 或者 NH_4^+ 与 DOM 反应形成 DON，其主要组分为蛋白类物质，较难被光降解，易被生物所降解吸收，分子量减小。Ⅱ代表光照对 DON 间接反应方式，从紫外特征表现出光照持续辐射可增强微生物活性，并通过微生物代谢，使部分小分子物质缩合生成大分子物质，DON 芳香环上羰基、羧基、羟基及酯基种类有所增加。羧基、羰基、羟基等活性功能团的增加，可促进 DON 与水体、沉积物金属离子、有机质、有毒活性污染物等发生吸附、络合与氧化还原等作用，从而影响后者化学形态、迁移转化规律、生物有效性及最终归宿。

另外，微生物残体衰败或分解释放 DON，其主要组分为类腐殖质物质，光照对 DON 结构影响较小，结构总结较稳定。根据紫外特征和荧光分区结果，光照主要是通过影响微生物和有机质间接影响 DON 组分结构，溶解性无机氮与有机氮间的转化是其重要环节 (Ⅲ)(图 7-30)。

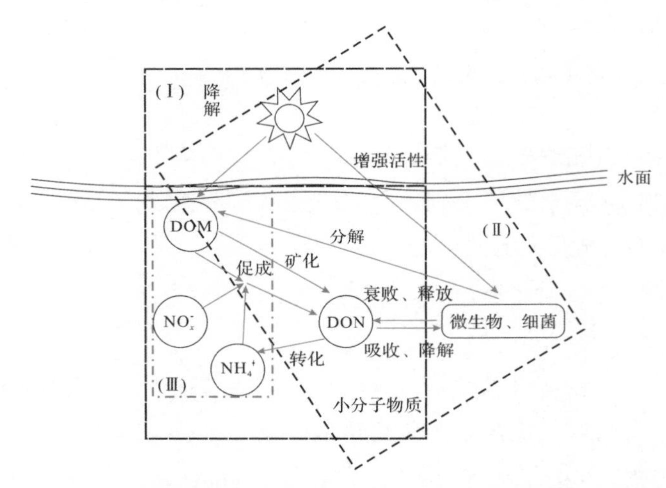

图 7-30　光照对 DON 特征影响机制概念图 (Ⅰ代表直接反应；Ⅱ代表间接反应；Ⅲ代表 DIN 与 DOM 促成 DON)

4. 光照对洱海上覆水 DON 影响的环境效应

光照能增强生物活性，并将 DON 矿化为铵盐 (NH_4^+)，光铵化随大气沉降发生，是生物可利用性氮重要来源。另外，紫外光照射下，DON 光化学产物主要为亚硝酸产物，水环境中的亚硝酸盐被反硝化细菌反硝化生成 NO_3^-。硝酸盐是藻类等生物生存必须营养物，也是引起湖泊富营养化重要氮源之一。高浓度亚硝酸盐与细菌细胞血红蛋白结合，抑制细菌生长导致其大量死亡。高亚硝酸盐和二甲胺在湖水中可加速*N*-二甲基亚硝胺的形成，而其他有机物，如富里酸也可催化亚硝酸盐通过亚硝化作用形成*N*-二甲基亚硝胺，而*N*-二甲基亚硝胺对人类身体健康影响极大，可能会造成肝、肾等器官损伤。由此可见，光照是引起淡水生物降解DON且致使其威胁人类健康的重要因素之一。研究表明DON对环境的影响受到光照和微生物的双重作用，并且生物与光照影响也相互关联，而本研究耐光解和生物降解的部分DON在紫外、荧光等方面的研究中也得到了证实。

通过紫外和荧光多手段表征DON光动力学过程的地化特征具有可行性，并对深入认识光照影响湖泊DON有重要意义，光照可促进富营养化不仅是光合作用，也可能是必需营养物的光产物作用，如DON降解、NH_4^+、NO_3^-等光产物相互影响，可使富营养化程度加重。

本研究主要从时间上考虑光照对DON影响，并未涉及光照以外的其他因素。接下来为了更深层次理解光照在富营养化过程中所发挥的潜在作用，可从光照强度和光照类型等方面研究光照对湖泊DON影响机理。

7.5.2　pH和DO对洱海沉积物溶解性有机氮释放影响

沉积物DON很大程度受环境因素影响，其中pH和DO是重要影响因子。不同DO条件能显著影响沉积物—水界面氮迁移转化，对沉积物DON释放具有重要意义。控制pH和DO条件，可研究揭示沉积物DON迁移转化规律，pH值影响微生物活性、离子交换、沉淀—溶解及化学平衡等机制，进而影响湖泊沉积物DON释放。不同pH和DO条件下，洱海沉积物DON释放量变化如图7-31所示。

实验早期(0~4d)，有氧条件或厌氧条件下DON浓度显著增加，此现象归因于上覆水和间隙水间存在的DON浓度梯度，导致DON向上覆水释放。DON释放量在培养第15天均达到最大值，是由于上覆水环境条件突然发生改变，引起沉积物DON大量释放。此后，DON浓度随培养时间延长(从第16天开始)呈现波动变化趋势。

在好氧条件下，上覆水pH值在6~10变化，洱海沉积物DON释放量呈上升趋势。pH 值由 6 升至 8 时，沉积物 DON 释放总量升高了 31%，pH 值由 8 升至 10 时，DON 释放总量升高了 20%，且 DON 平均释放量也有相同变化趋势，即 pH 6(0.248mg/L) < pH 8(0.326mg/L) < pH 10(0.391mg/L)。

在厌氧条件下，上覆水 pH 值在 6~10 变化，洱海沉积物 DON 释放量呈先下降后上升趋势。pH 值由 6 升至 8 时，沉积物 DON 释放总量降低了 15%；pH 值由 8 升至 10 时，DON 释放总量升高了 6%。

以上结果表明，好氧或厌氧状态下，高 pH 值促进沉积物 DON 释放；碱性条件下，TN 释放主要以离子交换为主，体系 OH^- 与沉积物胶体阴离子相互竞争吸附位置而使沉积物 TN 释放，即洱海应保持 pH 值为 8 左右的环境条件，可有效抑制沉积物 DON 释放。

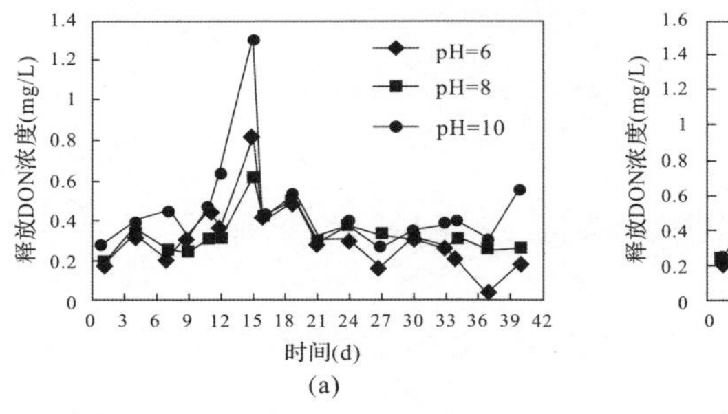

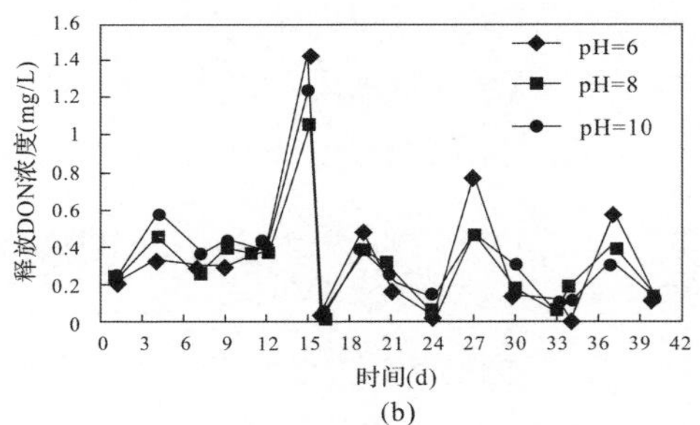

图 7-31　不同上覆水条件下洱海沉积物 DON 释放量变化。(a) 好氧；(b) 厌氧

洱海表层沉积物厌氧培养 DON 释放量 (9.640mg/L) 较好氧培养 (6.913mg/L) 高，且厌氧条件下 DON 释放强度明显大于好氧条件。因为 DO 浓度对沉积物微生物活性有重要影响，从而影响沉积物 DON 释放强度。缺乏游离氧时，沉积物兼性厌氧细菌和厌氧细菌活动增强，有机质降解矿化而产生有机氮，部分被沉积物矿物晶层固定，部分被胶体吸附，剩余部分则为平衡沉积物—水界面氮浓度而释放。

厌氧环境沉积物—水界面和表层沉积物部分有机氮在细菌参与下向氨态氮转化，再通过孔隙水由底层向上部水柱扩散或在湖流作用下向低浓度区迁移，使其成为水生植物直接氮源，促进湖泊富营养化。

因此，控制洱海上覆水好氧条件 (8mg/L<DO<10mg/L) 在一定程度可降低富营养化风险。自 1992 年以来，洱海上覆水 pH 值上升了 0.5 个单位，DO 下降了 1mg/L，如此环境条件变化有利于洱海沉积物 DON 释放。如果洱海污染治理没有得到足够重视，DON 释放将加快湖泊富营养化进程。为避免洱海由于沉积物释放 DON 引起藻类生物量快速增加，应维持好氧条件 (8mg/L<DO<10mg/L)) 和目前的 pH 值条件 (pH=8 左右)。

7.6　本章小结

洱海悬浮颗粒物含量为 3.54～4.43mg/L，平均值为 4.07mg/L，由北向南总体呈先降后升趋势，随水深增加悬浮颗粒物含量总体呈下降趋势。洱海悬浮颗粒物主要受藻类影响，其次受外源污染物输入影响，再次受风浪扰动影响。时间上，7 月主要受外源输入影响，10 月主要受藻类残体影响。洱海上覆水 PP 浓度为 0.010～0.020mg/L，由北向南呈波动变化；上覆水 PN 浓度为 0.12～0.25mg/L，平均值为 0.17mg/L，由北向南呈波动变化，29 号点达到最高值。PP 降解是 DTP 的重要来源，降解的 PP 主要来源于有机颗粒物。PN 降解后产生的 DON 生物活性较高。洱海上覆水悬浮颗粒物是水体 DON 的重要来源，自生性颗粒物 (浮游动植物残体) 对 DON 吸附作用较弱，而沉积物再悬浮颗粒物对 DON 吸附作用较强；随风浪扰动增强，悬浮颗粒物 DON 释放量降低。

洱海沉积物间隙水 DON 含量为 0.20～1.71mg/L(平均 0.77mg/L)，区域分布规律为中部 > 南部 > 北部。间隙水 DON 取代基数量较少，以脂肪链为主；腐殖化程度较低，且以亲水性组分为主；从北部到中部湖区，$P_{\mathrm{I+II}}$和 P_{IV}组分逐渐减少，而 $P_{\mathrm{III+V}}$组分则相应增加，表明沉积物间隙水 DON 类蛋白物质和微生物产物向腐殖质成分转化，DON 结构向稳定方向演变；而从中部到南部湖区出现相反结果，表现为部分类腐殖质组分 $P_{\mathrm{III+V}}$向类蛋白组分 $P_{\mathrm{I+II}}$和微生物产物 P_{IV}转化。洱海表层沉积物 DON 最大释放量为 24.387～46.949mg/kg，空间呈现北部最高，南部次之，中部最低的特点。最先释放主要成分为类蛋白，释放量最大组分是类腐殖质。厌氧条件和偏高偏低的 pH 值会促进沉积物 DON 释放。因此，保持洱海上覆水的好氧条件 (8mg/L<DO<10mg/L) 以及 pH=8 左右的环境条件，有利于控制沉积物 DON 释放风险。

洱海颗粒物—水界面北部湖区硝化速率最大 (0.0403ppm/(h·L))，中部湖区次之 (0.0256ppm/(h·L))，南部湖区 (0.0018ppm/(h·L)) 最小。北部湖区较高的硝化速率与水生植物分布导致的氧化—还原环境有关，能为硝化—反硝化细菌提供有机物。本研究培养研究悬浮颗粒物 (5g/L)，N_2O 累积浓度曲线符合逻辑斯谛模型，呈现“慢—快—慢”的节律，第三小时出现速率最大值：南部湖区 (3.1039ppm/(h·L)) ＞北部湖区 (0.7271ppm/(h·L)) ＞中部湖区 (0.1323ppm/(h·L))。此外，北部湖区颗粒物—水界面硝化—反硝化反应达到平衡，生成分子量较小、富营养化风险较大的 DON，释放类蛋白组分 $P_{\mathrm{I+II},n}$(平均 12%) 大于表层沉积物 (平均 8%)，颗粒物—水界面硝化—反硝化释放 DON 更容易引发藻类水华。

本研究 DON 的 $\log K_d$ 值 (6.12 ± 0.47) 较 DIN 的 (5.70 ± 0.48) 高，表明 DON 与 DIN 相比具有更高的颗粒反应性。当 DIN 浓度较低时，DON 可被浮游植物吸收利用，产生更大浓度的悬浮颗粒物，可能增加湖泊富营养化风险。硝化—反硝化和吸附 / 解吸反应及颗粒 / 溶解态氮与无机 / 有机氮间的转化引起悬浮颗粒物浓度呈明显季节性变化。

本研究未加汞光照条件下，洱海上覆水 DON 含量随光照时间延长呈波动上升趋势，NH_4^+ 与 DON 含量显著负相关 (R^2=0.94，$P<0.05$)，即 NH_4^+ 与 DON 间存在相互转化，且光照可能促进了 NH_4^+ 向 DON 的转化；加汞后实验组与对照组 $SUVA_{254}$(1.78、1.85)、A_{253}/A_{203}(0.346、0.344)、E_2/E_3(5.848、5.772) 及 SR(1.03、1.14) 均值差别不大；未加汞实验组较对照组 $SUVA_{254}$、A_{253}/A_{203}、E_2/E_3 值有一定差别，表明光照主要是通过微生物作用影响 DON 特征，表现为光照增强了 DON 芳香环取代基结构的复杂程度，且使羰基、羧基、羟基和酯基种类有所增多。PARAFAC 分离类蛋白质物质 (T 峰) 和类富里酸物质 (A 峰) 两类组分，微生物所发挥的作用较为明显，光照增强了微生物活性，进而影响对 DON 的转化和降解；光照

也可促进 NH_4^+ 与 DON 之间相互转化。

通过对洱海悬浮颗粒物—水界面和沉积物—水界面 DON 过程及机制的研究可见，洱海等高原湖泊悬浮颗粒物主要受藻类影响，其次受外源污染物输入影响，再次受风浪扰动影响；上覆水悬浮颗粒物是水体 DON 的重要来源；间隙水 DON 取代基数量较少，以脂肪链为主；腐殖化程度较低，且以亲水性组分为主；最先释放的 DON 主要成分为类蛋白，释放量最大组分是类腐殖质；颗粒物—水界面硝化—反硝化释放的 DON 更容易引发藻类水华；厌氧条件和偏高偏低的 pH 值会促进沉积物 DON 释放，保持洱海等高原湖泊上覆水的好氧条件 ($8mg/L<DO<10mg/L$) 及 pH=8 左右的环境条件有利于控制沉积物 DON 释放风险。光照主要是通过微生物作用影响 DON 特征，表现为光照增强了 DON 芳香环取代基结构的复杂程度，并且使羰基、羧基、羟基和酯基种类有所增多，即高原湖泊光照可增强微生物活性，在一定程度上降低 DON 的富营养化风险。

第 8 章　高原湖泊柱状沉积物溶解性有机氮演变及对流域响应

湖泊沉积物可记录流域环境演变等信息，其有机质、氮磷含量及形态变化等环境信息可在一定程度上反映流域环境变化及经济社会发展等状况 (Gunten *et al.*，1997)。湖泊沉积物 DON 赋存、释放通量等与上覆水存在一定内在联系，与流域历史演变间存在响应关系。不同深度湖泊沉积物氮磷埋藏等垂直记录可在一定程度上反映随时间推移的流域自然和人类活动 (Ni *et al.*，2015a)。因此，有关流域环境演变及人类活动等对沉积物 DON 影响方面的详细信息对于指导调整流域生产和生活方式及保护湖泊水生态系统至关重要，即建立沉积物氮磷演变与流域变化间关系对湖泊保护管理有重要指导意义。目前对不同深度沉积物 DON 特征与流域环境变化及湖泊生态系统间关系的认识极为有限。

本研究选择洱海为高原湖泊代表，逐层表征其柱状沉积物 DON 结构组分特征，研究其含量、组分、结构等历史演变特征及趋势，以期探讨高原湖泊柱状沉积物 DON 结构组分特征及与流域发展演变间响应关系，研究结果有助于评估和预测高原湖泊水环境演变及富营养化风险。

8.1　洱海柱状沉积物溶解性有机氮结构组分特征

湖泊柱状沉积物主要来自不同年代、不同来源有机或无机颗粒物等，相对稳定的沉积环境和连续的物质累积为利用沉积物地球化学指标，恢复和重建流域气候演化提供了良好地质体。沉积物氮磷累积受湖泊生态系统氮磷生物地球化学循环影响，其对年代记录具有连续性和超高分辨率，能够很好地反映与流域演变的响应关系，并可为湖泊富营养化防治提供依据。湖泊沉积物部分 DON 能被微生物等直接利用，可能对富营养化造成一定影响，故研究沉积物 DON 特征对湖泊保护具有重要意义。

本研究以沉积物 DON 与洱海流域历史演变间响应关系为主线，探究沉积物 DON 结构组分特征，以期预测高原湖泊水环境演变趋势及富营养化风险 (采样点信息见倪兆奎，2011；王圣瑞等，2015)。

8.1.1　洱海柱状沉积物溶解性有机氮全丰度分布及分子量特征

洱海柱状沉积物总氮及 DON 表层富集明显 (表 8-1)，且随沉积深度增加，总氮及 DON 含量呈下降趋势。10cm 以下沉积物含有较高氮含量，DON 积累量也较多，可能与颗粒态氮矿化累积成岩等因素有关。沉积物酸碱度随深度增加，有向酸性发展的趋势，表明沉积过程中，物质发生了一系列好氧与厌氧反应，产生了一些类似酸性副产物的物质。电势也逐渐增强，由此可预见一些物质间的得失电子反应较强烈。

表 8-1　洱海柱状沉积物理化性质

采样点深度 (cm)	TN(mg/kg)	DON(mg/kg)	pH	*Eh*
0~2	7971 ± 1039	49.82 ± 8.61	7.79	−22.30
2~4	7317 ± 936	39.98 ± 6.65	7.81	−26.30
4~8	3286 ± 1131	36.09 ± 10.86	7.64	−28.65
8~10	2165 ± 1021	26.43 ± 9.76	7.4	−21.40
10~20	2005 ± 1003	27.55 ± 9.61	7.28	−23.43
20~30	2129 ± 869	45.26 ± 15.48	7.10	−20.42

注：*Eh* 为氧化还原电位。

基于高分辨率质谱技术研究洱海柱状沉积物 DON 组分及分子量特征，洱海柱状沉积物 DON 正、负离子检测结果见图 8-1(负离子模式下谱图，各组分用不同颜色对比区别)。由图 8-1 可见，明显存在 DON 组分及谱峰强度变化。图中红色和蓝色分别代表 CHON 组份及 CHONS 组份，黑色和绿色分别代表 CHO 组份和 CHOS 组分。从响应丰度上看，表层 0~2cm 沉积物响应较好，且含硫有机氮组成份额较大；随深度增加，DON 含量逐渐增加，丰度增强，而含硫组分则逐渐减少。

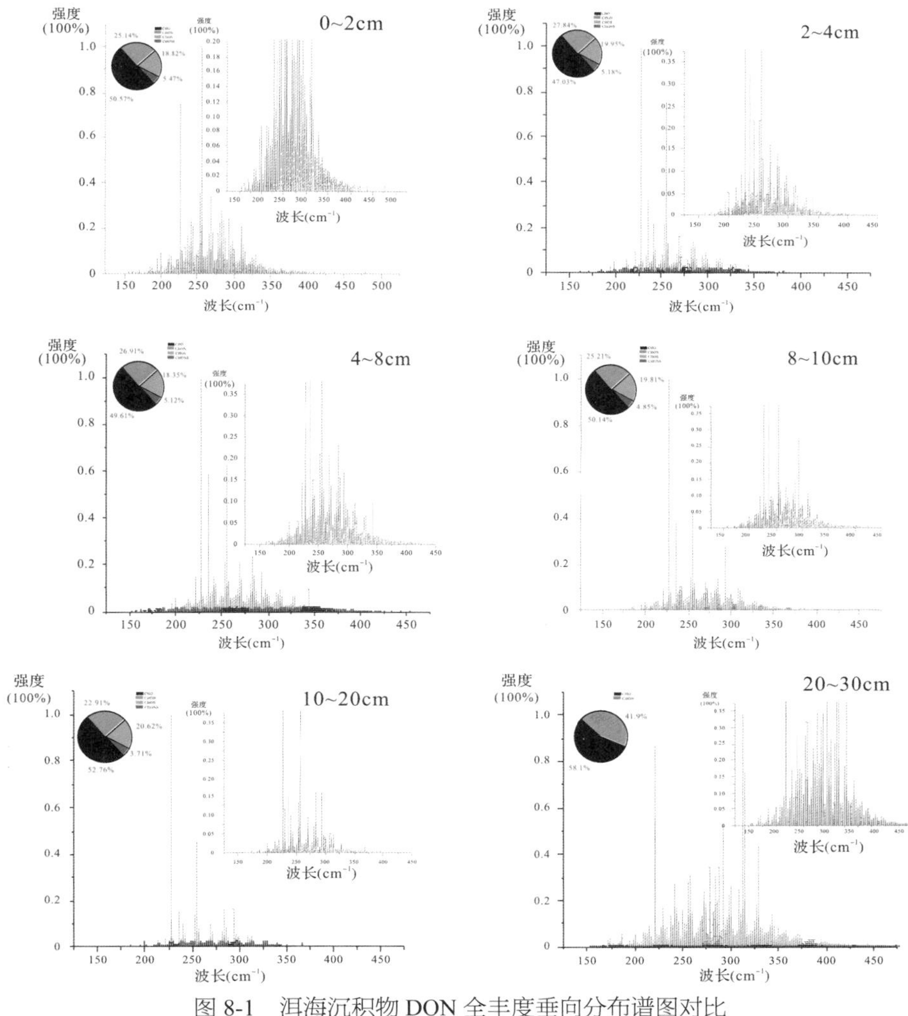

图 8-1　洱海沉积物 DON 全丰度垂向分布谱图对比

本研究选取检测精确度在 ppm ± 1 范围内数据且物质丰度在 4% 以内的物质 (以响应强度最大谱峰丰度为 100%) 进行分析 (图 8-2)。

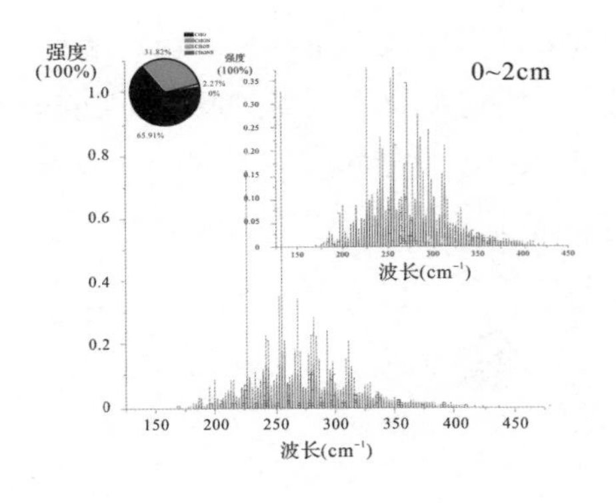

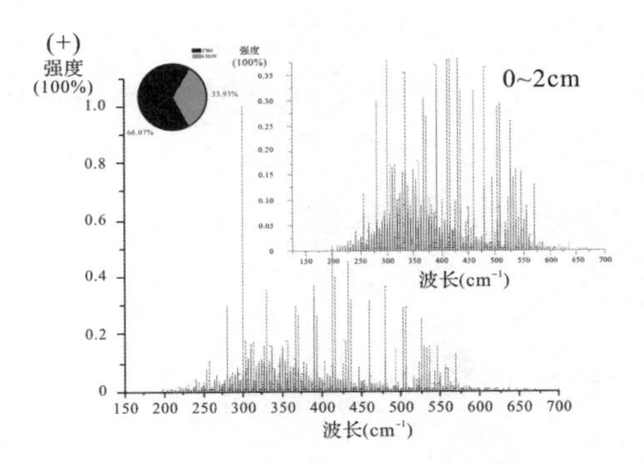

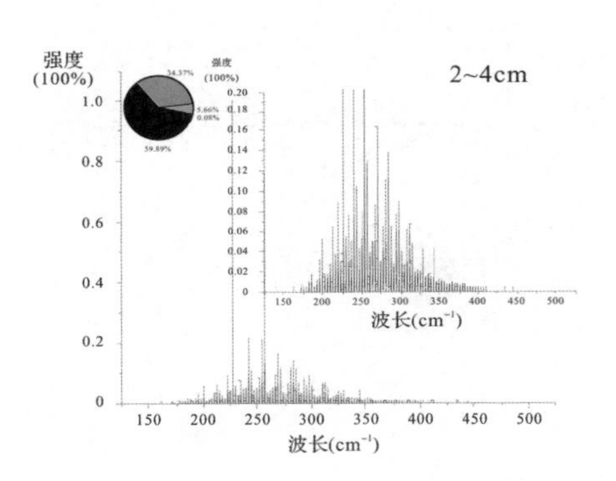

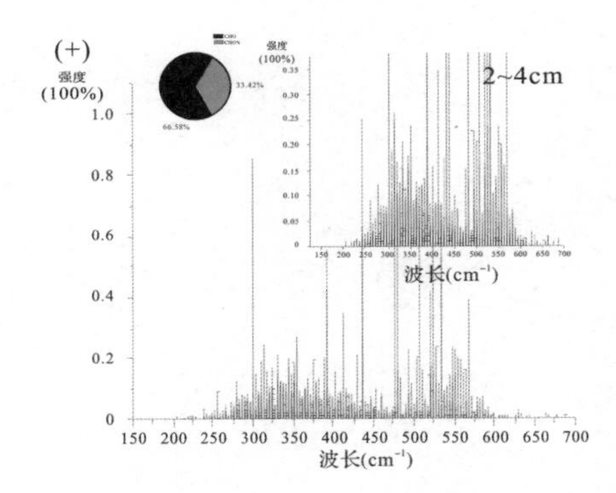

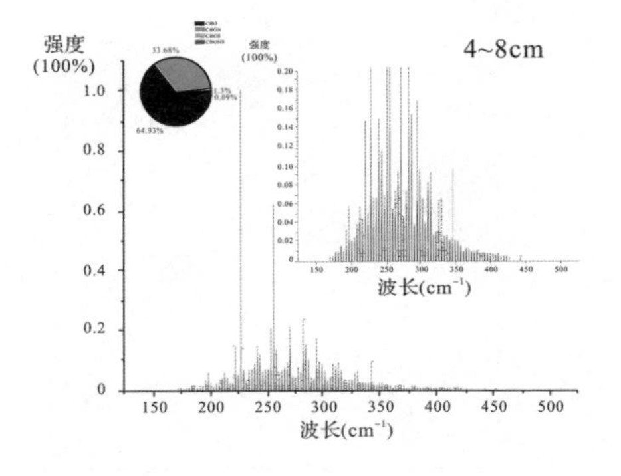

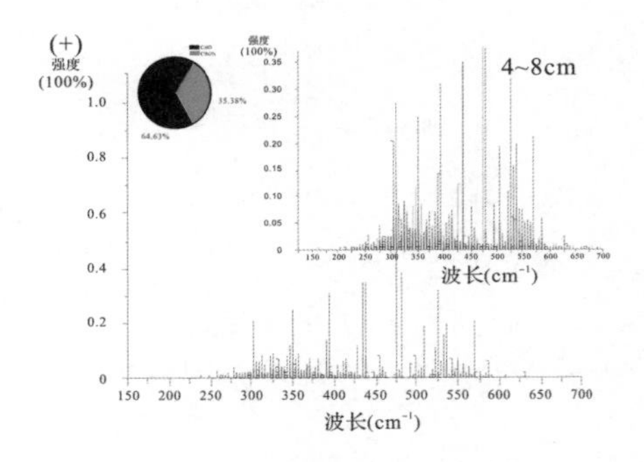

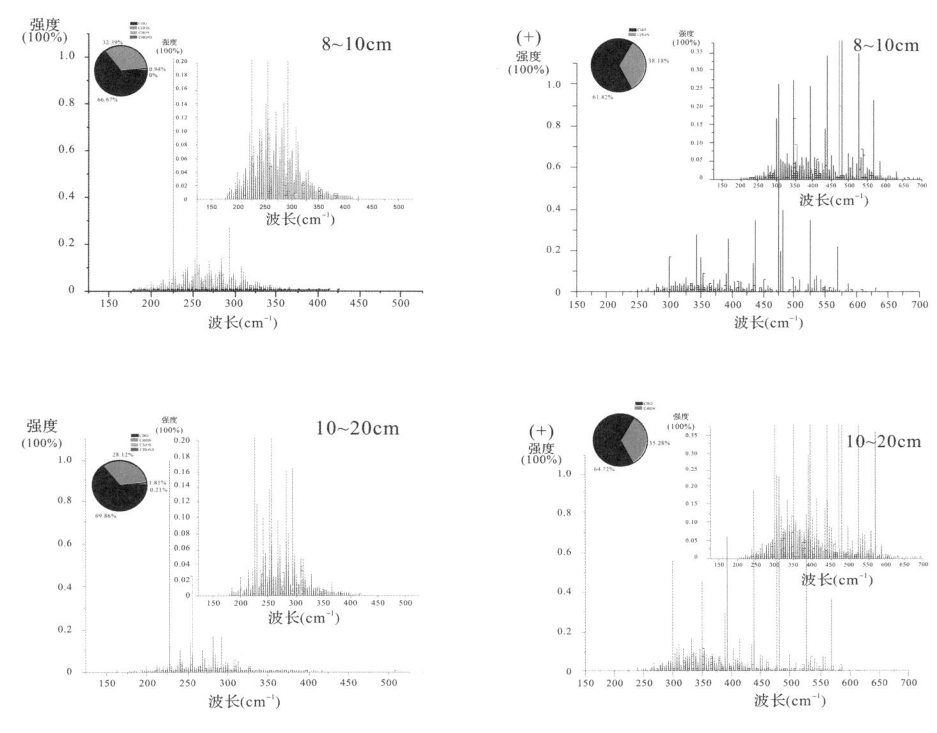

图 8-2　正、负离子洱海柱状沉积物 DON 组成谱图对比

正、负离子对比可见，正离子模式检测物质总数明显高于负离子模式；负离子模式下，检测出物质是以酸性官能团为主 (如有机硝酸盐、羧酸等物质)；正离子模式下，检测物质是以碱性官能团 (如含氮杂环类、胺类、醇类物质等物质) 为主。各组分所占百分比结果 (图 8-3) 表明，负离子模式下，2~4cm 深度各组分占比最高，而正离子条件下检测到的 DON 物质总数明显高于负离子条件。正离子模式下，8~10cm 沉积物检测物质总数最多，表明两种离子模式下检测物质差异明显。

洱海柱状沉积物含氮杂环、胺类、醇类物质居多，正离子模式下检测含氮杂环、胺、醇类物质最高可达有机硝酸盐、羧酸类物质的 1.25 倍，其中 2~4cm 和 8~10cm 深度变化差异较明显。

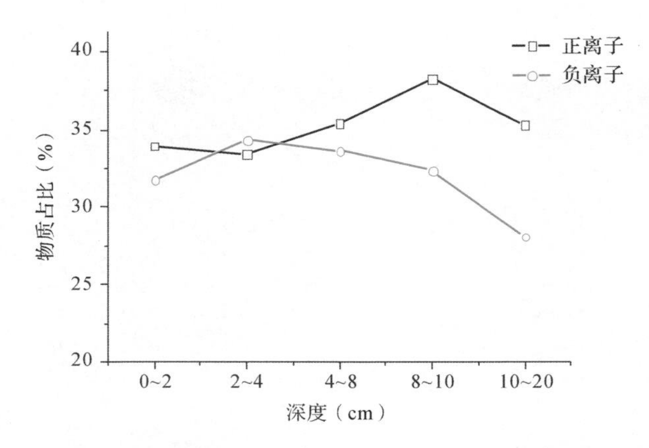

图 8-3　洱海柱状沉积物 DON 正、负离子模式下检测物质所占比重

洱海柱状沉积物随沉积深度增加，检测物质总数呈下降趋势，而 2~4cm 和 20~30cm 层 DON 物质较多 (表 8-2 和表 8-3)。随沉积深度增加，物质平均分子量有逐渐增加趋势，同样在表层 2~4cm(平均分子量 267.98) 与 20~30cm(平均分子量 315.84) 出现极值。

根据检测物质组成可见，含硫组分变化规律并不显著，表明含硫组分变化与沉积效应关系并不显著相关，而有机质与有机氮变化显著相关，随深度增加，有机碳百分比先降低后升高，20~30cm 层占比再降低，整体呈现“余弦波”变化趋势，而 DON 正好与之相反，呈现先升高再降低而后再升高的趋势，呈“正弦波”变化趋势。

表 8-2　洱海柱状沉积物负离子模式下检测物质基本性质

负离子	0~2(cm)	2~4(cm)	4~8(cm)	8~10(cm)	10~20(cm)	20~30(cm)
Nion	336	419	388	345	264	841
$(m/z)_{wa}$	271.92	267.98	272.72	272.26	271.26	315.84
DBE_{wa}	6.21	6.16	6.02	13.48	5.33	6.78
$(DBE\text{-}O)_{wa}$	1.68	2.01	1.77	1.43	1.11	1.48
$(O/C)_{wa}$	0.35	0.32	0.32	0.34	0.32	0.35

续　表

负离子	0~2(cm)	2~4(cm)	4~8(cm)	8~10(cm)	10~20(cm)	20~30(cm)
$(H/C)_{wa}$	1.34	1.35	1.38	1.39	1.47	1.36
$(CHO/CHON)_{wa}$	1.79	8.51	9.84	12.23	20.56	16.09
%CHO	65.91%	59.89%	64.93%	66.67%	69.86%	58.10%
%CHON	31.82%	34.37%	33.68%	32.39%	28.12%	41.90%
%CHOS	2.27%	5.66%	1.30%	0.94%	1.81%	0
%CHONS	0	0.08%	0.09%	0	0.21%	0

注：表中显示内容分别为检测到含氮物质分子式 (Nion)、峰值加权平均分子量的值 ($(m/z)_{wa}$)、等价双键数 (DBE_{wa})、去除氧原子的 ($(DBE\text{-}O)_{wa}$)、氧原子与碳原子之比 ($(O/C)_{wa}$)、氢原子与碳原子之比 ($(H/C)_{wa}$)、含碳氢氧物质与含碳氢氧氮物质总峰值大小之比 ($(CHO/CHON)_{wa}$) 以及各组分所占总检测物质百分比。

对比羰基碳对物质不饱和度贡献可知，羰基碳对不饱和度贡献较大；另一方面，对比除羰基碳贡献外的 DBE 百分比可知，浅层沉积物 (< 8cm) 受烯烃、芳环及环烷烃等比重影响远高于深层沉积物。

正离子检测模式结果可见，随深度增加，检测物质总数整体呈“M”型变化趋势，2~4cm 和 8~10cm 检测物质总数出现在“M”的两个顶端。整体来看，0~4cm 表层沉积物检测物质总数最多，检测物质分子量与之呈现一致规律。有机氮占总检测物质百分比在深度上表现为 8~10cm(38.18%) > 4~8cm(35.38%) > 10~20cm(35.28%) > 0~2cm(33.93%) > 2~4cm(33.42%)，中间层 (4~10cm) 高于表层与深层；随沉积深度增加，物质不饱和程度明显增强，且普遍高于负离子检测条件下的不饱和度，即深层沉积物含氮杂环类、胺类、醇类物质的不饱和度逐渐增强，且不饱和程度低于硝基类、羧酸类物质。对比去除羰基贡献不饱和度与 DBE 关系可知，含氮杂环、胺类、醇类物质的羰基贡献率占绝大部分，明显高于有机硝酸盐与羧酸类物质的贡献度。

表 8-3　洱海柱状沉积物正离子模式下检测物质基本性质

正离子	0~2(cm)	2~4(cm)	4~8(cm)	8~10(cm)	10~20(cm)
Nion	1395	2948	1133	1325	1188
$(m/z)_{wa}$	376.63	412.52	399.72	401.84	398.72
DBE_{wa}	5.46	5.42	6.40	6.69	6.03
$(DBE\text{-}O)_{wa}$	-0.3	-0.19	0.93	0.83	−0.04
$(O/C)_{wa}$	0.34	0.28	0.31	0.33	0.35
$(H/C)_{wa}$	1.63	1.63	1.59	1.57	1.62
$(CHO/CHON)_{wa}$	12.13	2.00	5.50	4.24	7.34
%CHO	66.07%	66.58%	64.63%	61.82%	64.72%
%CHON	33.93%	33.42%	35.38%	38.18%	35.28%
%CHOS	0	0	0	0	0
%CHONS	0	0	0	0	0

注：表中显示内容分别为检测到含氮物质分子式 (Nion)、峰值加权平均分子量的值 ($(m/z)_{wa}$)、等价双键数 (DBE_{wa})、去除氧原子的 $(DBE\text{-}O)_{wa}$、氧原子与碳原子之比 ($(O/C)_{wa}$)、氢原子与碳原子之比 ($(H/C)_{wa}$)、含碳氢氧物质与含碳氢氧氮物质总峰值大小之比 ($(CHO/CHNO)_{wa}$) 以及各组分所占总检测物质百分比。

由洱海柱状沉积物 DON 组成分子量分级结果 (图 8-4) 可见，检测到的 DON 组分分子量多集中在 250~400Da，其中 8cm 深度内物质分子量多集中在 250~300Da，8cm 以上物质分子量开始向大分子集中。随深度增加，物质不仅在分子量变化上呈现一定规律，在物质组成上也有一定变化，如含氮数目在表层 2~4cm 较多，4~8cm 较为稳定，8~10cm 后含氮数目开始增多，而 20~30cm 层仅含有 N1 和 N2 物质，且含两个氮原子物质与单氮物质总数接近，均随分子量增大呈近正态分布。

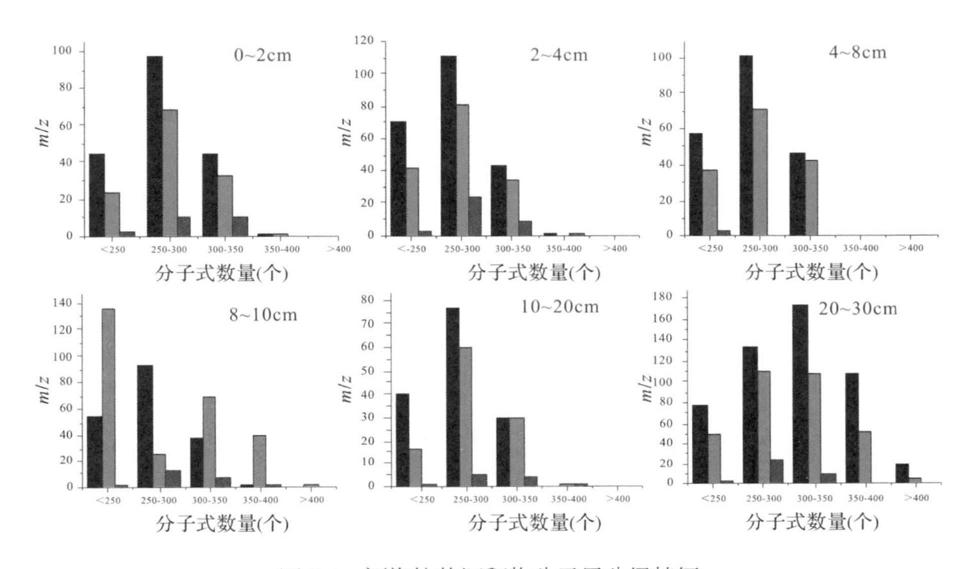

图 8-4　洱海柱状沉积物分子量分级特征

(图中从左至右三系列黑、红、蓝分别代表不同的含氮数目，即分别为氮=1、2、3)

8.1.2　洱海柱状沉积物溶解性有机氮 (I > 4%) 结构组成及演变

分区分析洱海柱状沉积物 DON(丰度化 I > 4%)，受检测峰强度影响，高丰度物质会对低丰度物质的比重进行隐藏，导致丰度比在 4% 以上的物质减少，因此，显示物质会略少。对相对丰度在 4% 以上的物质进行分区，研究相对丰度较高物质结构特征。由范氏图结果可知，随深度增加，本研究检测到的 DON 组分逐渐减少，即深层沉积物 (> 10cm) 离子检测难度加大，可能与糖类等物质较难离子化等原因有关。

对比柱状沉积物物质组成 (图 8-5) 发现，浅层沉积物富含蛋白类物质较多，同时木质素类或多羧酸脂肪环类物质 (carboxy-rich alicyclic，CRAM) 也占近 50%。随深度增加，高丰度木质素类、多羧酸脂肪环类物质逐渐减少。除此之外，部分高丰度不饱和碳氢化合物存在，且随深度增大并未受到明显影响，表明洱海沉积物存在一些不饱和度高的碳氢化合物，该部分物质不仅增强 DON 氧化性，同时对碳、氮地球化学循环发挥重要作用。浅层 (< 4cm) 沉积物 DON 物质不饱和度较高，受上覆水影响较明显，物质活性较强，可降解性也较高，促进碳氮矿化循环。

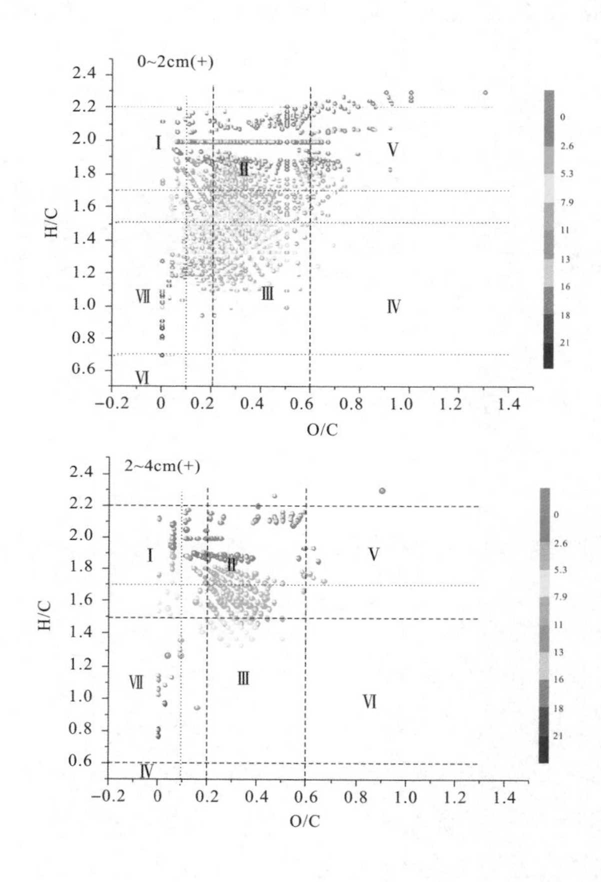

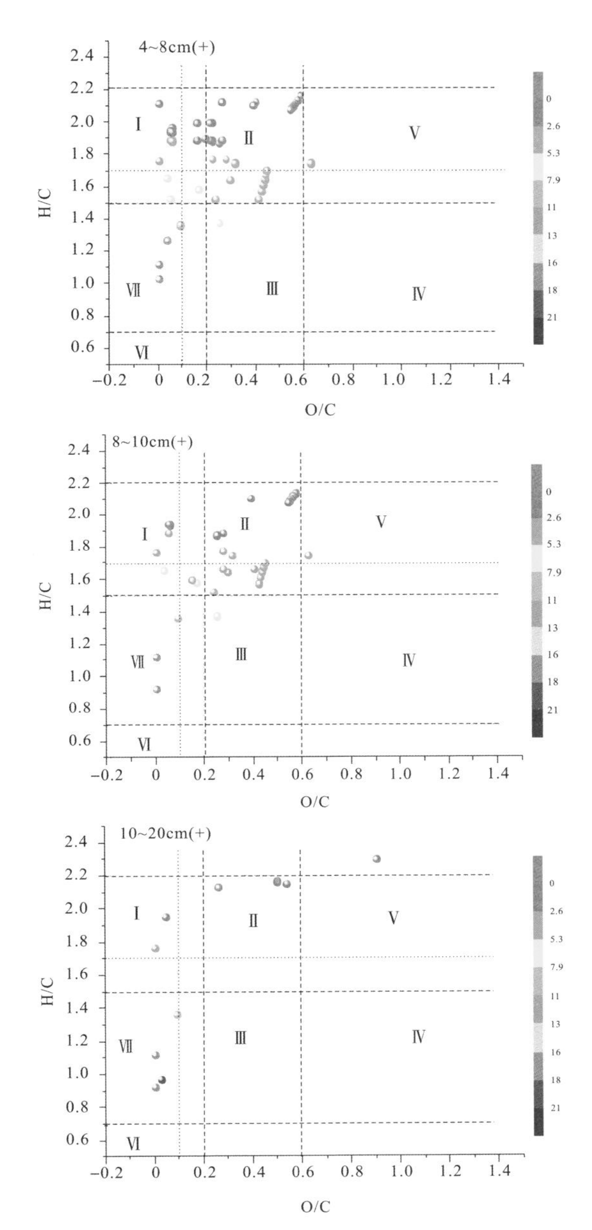

图 8-5　洱海柱状沉积物高丰度 DON 物质组成 VK 图 (I >4%)(Mesfiou *et al.*，2015)

Ⅰ：脂质；Ⅱ：蛋白质；Ⅲ：木质素或富含羧基的脂环 (CRAM)；Ⅳ：单宁；
Ⅴ：碳氢化合物；Ⅵ：浓缩烃；Ⅶ：不饱和烃

对比不同丰度下检测到的溶解性有机氮组成结构特征(图 8-6)可见，正离子模式下检测物质总数明显高于负离子模式，表明洱海沉积物DON 多含氮杂环、胺类、醇类等碱性物质。由响应丰度结果可见，随深度增加，物质逐渐向木质素类、高缩合度芳香性类物质变化，且不饱和度向较低区域变化，并趋于平衡，即向低含氧化合物变化，可能为一些类脂、脂肪环类物质，且不饱和度逐渐降低，化学性质趋于稳定。

由此可见，浅层沉积物受上覆水影响，物质迁移转化较快，不饱和度较高，且多为高缩合性物质，如芳香性物质、多羧酸脂肪环类物质等；4cm 以内沉积物还存在一些丰度较高的糖类物质。随深度增加，沉积物逐渐向脂类、缩合芳香环类物质转化，化学性质趋于稳定。

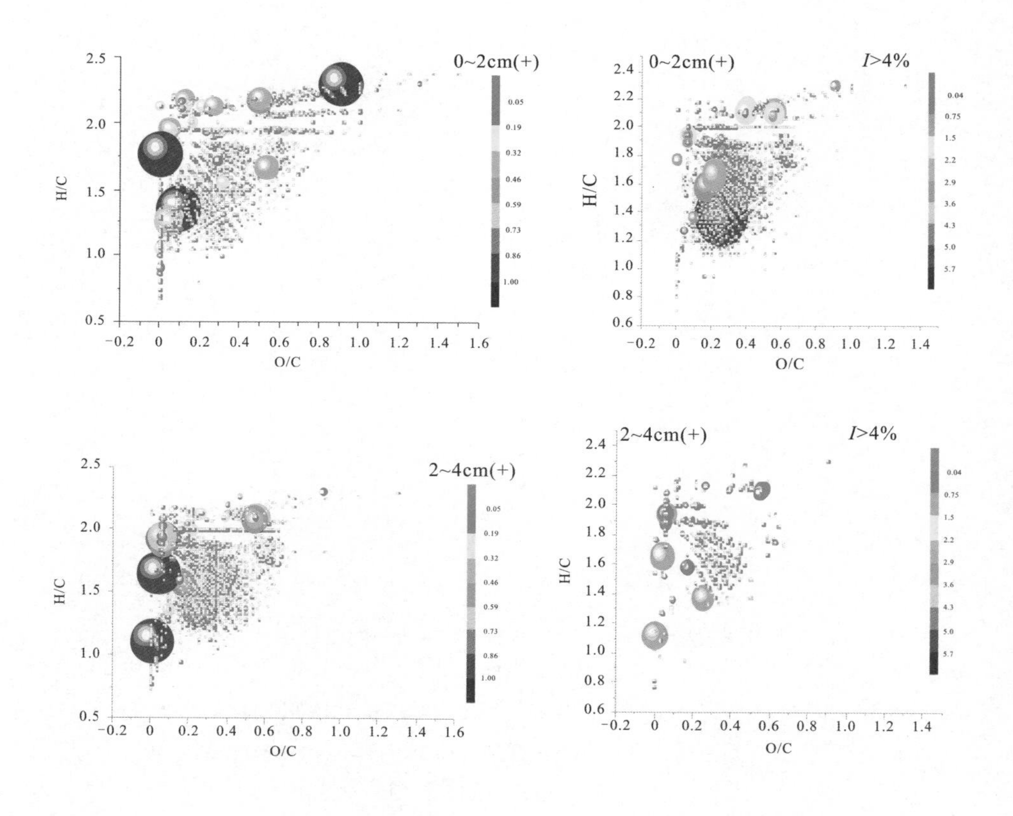

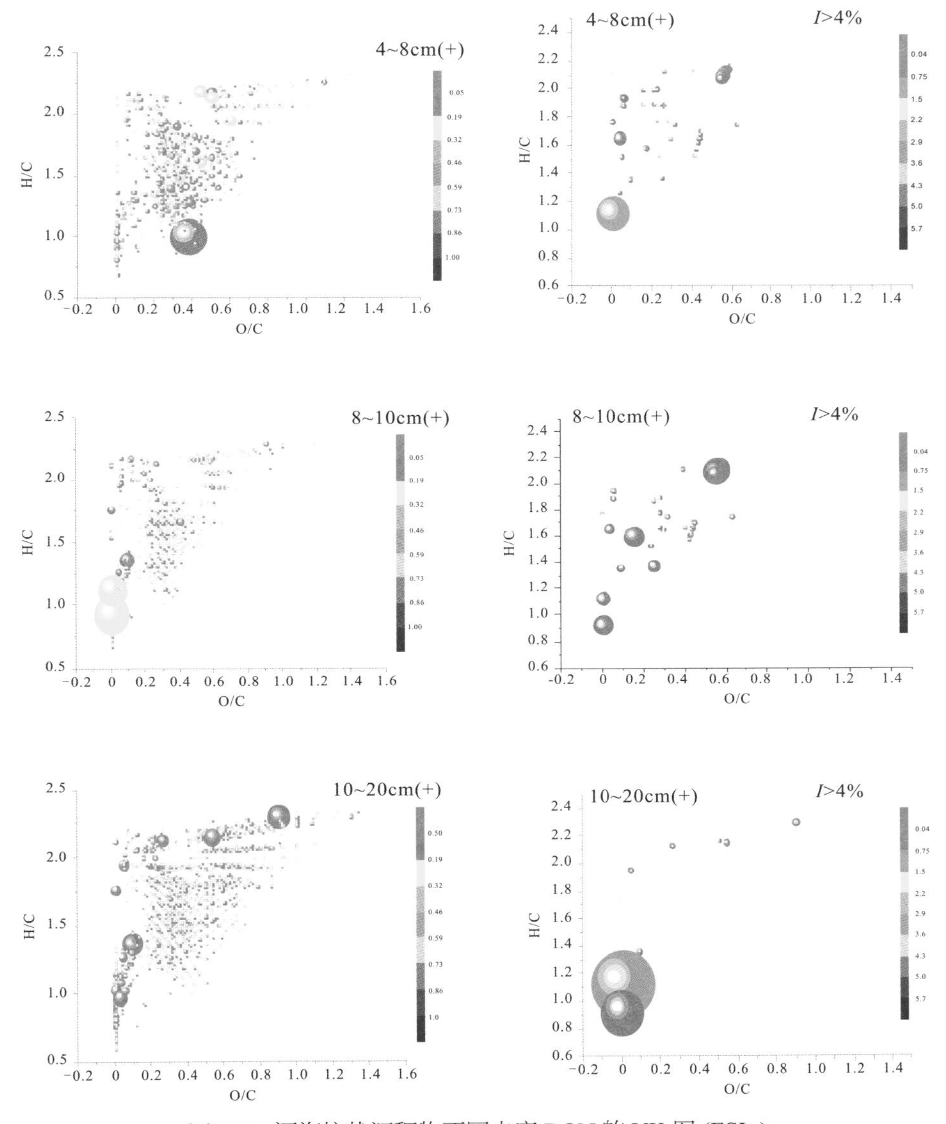

图 8-6　洱海柱状沉积物不同丰度 DON 的 VK 图 (ESI+)

DBE 点状图能很好地反映物质的不饱和度及分类情况 (图 8-7)。物质分布规律明显，呈“8”字型分布，DBE 在 10 处为分界点。浅层沉积物 (0~4cm) DBE 集中在 10 以下，多为 C15~C25；随深度增加，物质 DBE 逐渐增大，且含碳总数有一定增加，丰度略有增加。在 C35 左右物质随深度增加，DBE 保持不变，但丰度降低，表明随深度增加，物质组成发生了一系列变化，特别是深层沉积物（>10cm）所含部分物质不饱和度增强，分子量逐渐增大，可能是形成了缩合态芳香性有机物，与范氏图规律一致。

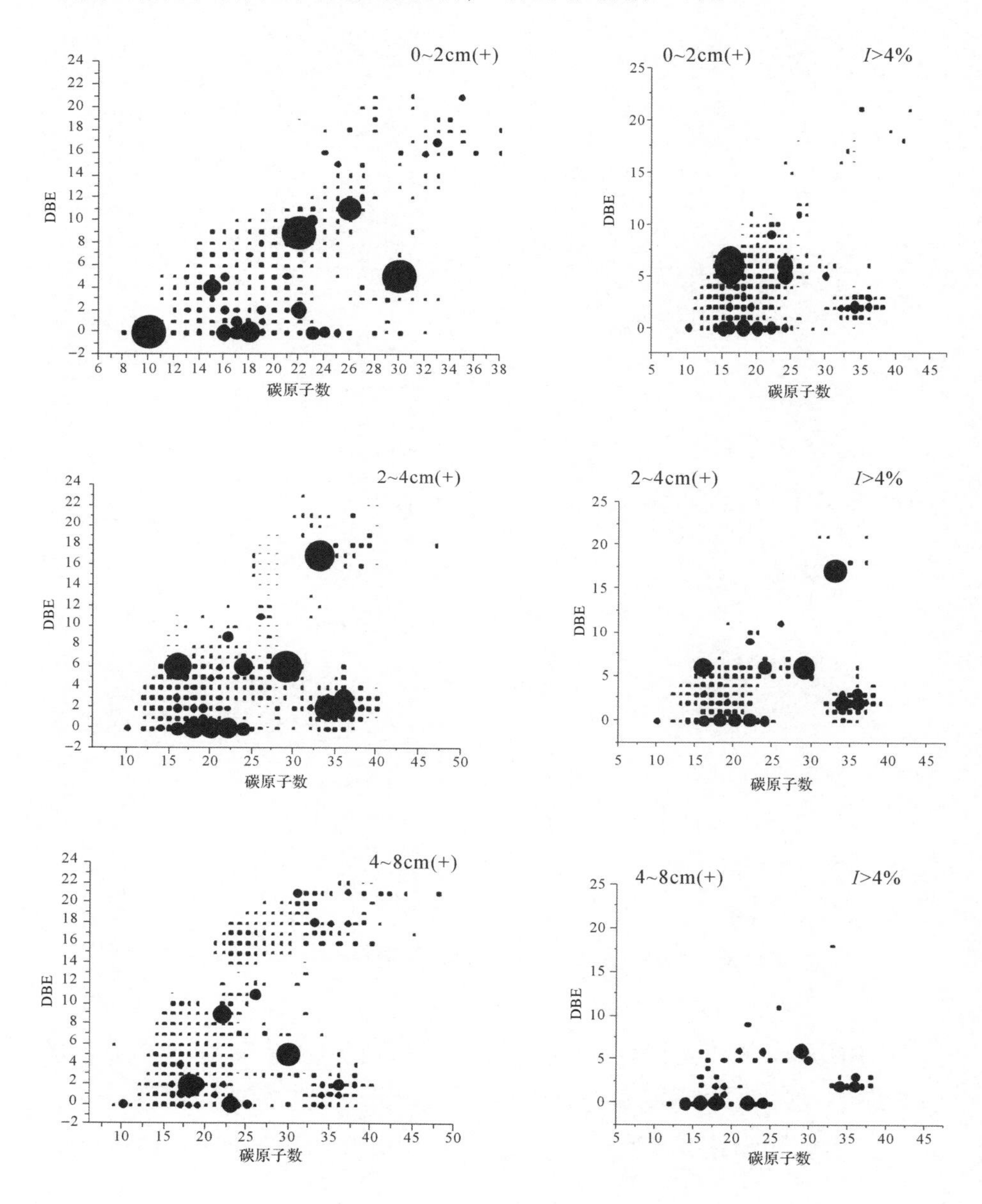

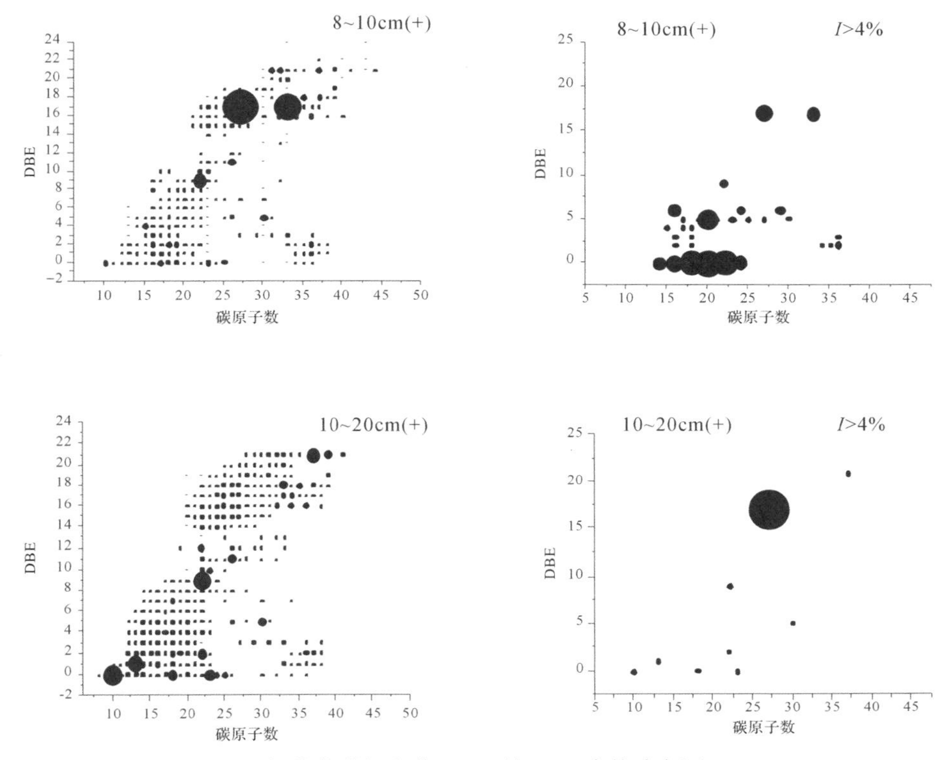

图 8-7　洱海柱状沉积物 DON 的 DBE 点状分布图 (ESI+)

注：点状大小代表相对丰度。

高丰度下正离子检测物质凸显在 0~2cm 与 8~10cm 处有所不同，即丰度变化明显。浅层沉积物物质丰度多集中在 C15~C20，不饱和度分布在 5 以下；随深度增加，DBE 逐渐增大，且含碳数目逐渐增多，物质分子量逐渐增大，氧化还原体系向聚合态矿化成岩发展。在 20~30cm 层检测到的高丰度物质较少，可能是由于大分子物质不易被离子化所致。

负离子模式对于酸性条件下羧酸类、有机硝酸盐类物质具有很好检测效果。图 8-8 为负离子模式下检测到的洱海柱状沉积物 DON 组分，左侧为 DBE 点状图，对于物质分类具有很好的指示作用；右侧为范氏图 (VK 图)，可采用之前的分析方法，对物质进行分区 (分为七个区域)。

由左侧 DBE 点状图可见，洱海柱状沉积物 DON 组成中，C11~C15

物质响应丰度较强，深层沉积物较浅层分子量偏大，与正离子模式下检测到的 DON 具有相同规律。深层 (>10cm) 沉积物具有较高的 DBE，说明物质芳香性较高，多环状结构。由右侧溶解性有机氮 VK 图可知，检测到的物质不饱和度随深度增加而逐渐增强，负离子模式下检测到的 DON 多为木质素或多羧酸脂肪环状化合物。

由此可见，随沉积物深度增加，其 DON 蛋白类、脂肪酸类物质丰度有所增强，说明物质向着环状结构发展，稳定性增加。正、负离子两种检测模式下检测到的 DON 组成具有很大差别，正离子检测到含氮杂环、醇、胺类物质较多，物质多分布在不饱和碳氢化合物及缩合态芳香环类物质，而在负离子模式下检测到物质多分布在木质素、单宁酸等区域，多为羧酸类、有机硝酸盐类等物质。

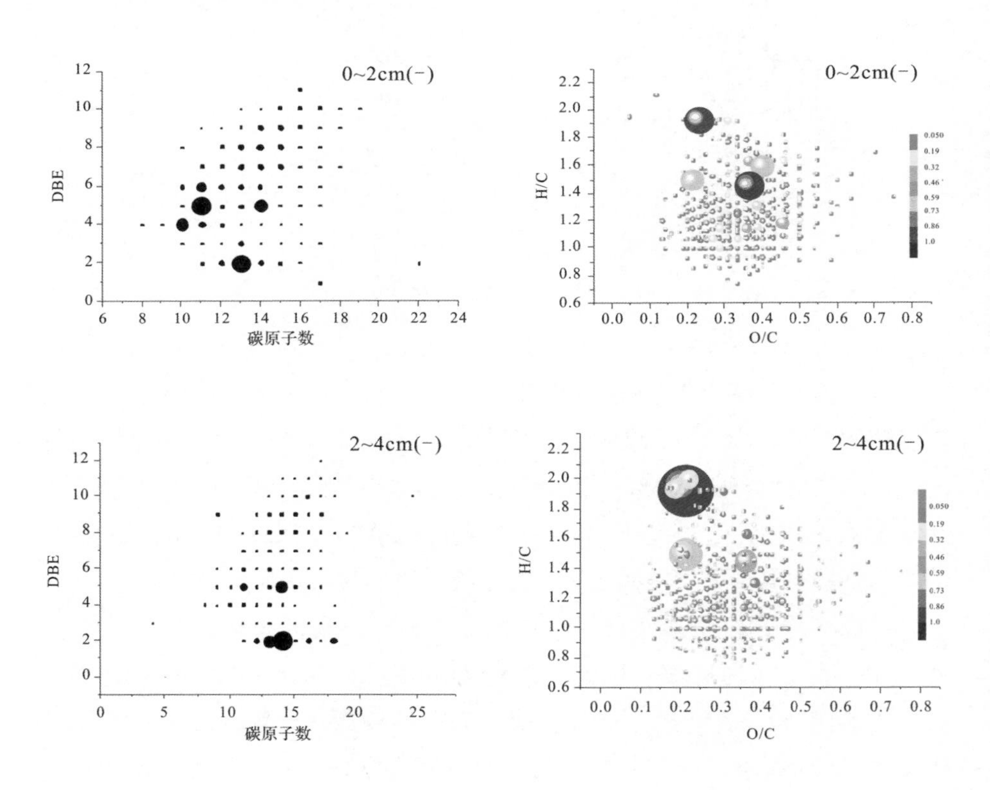

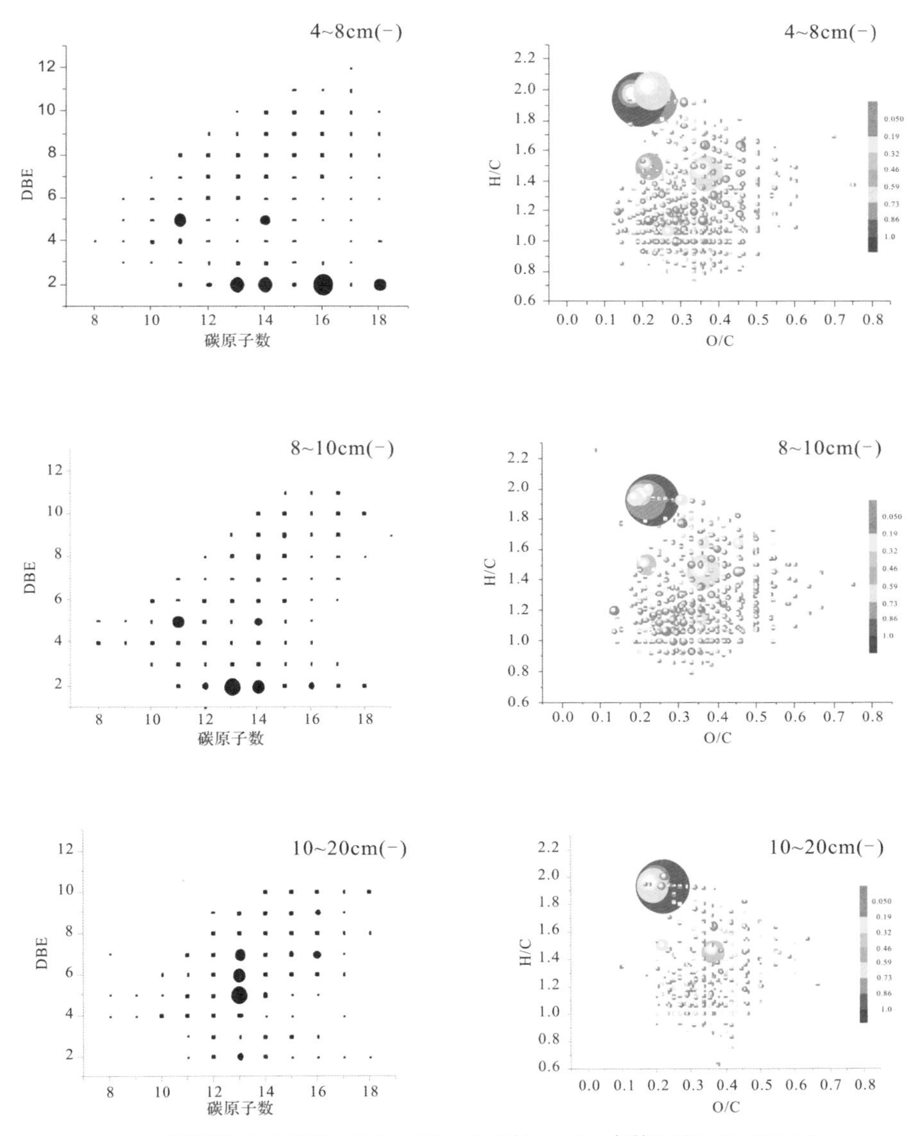

图 8-8 洱海柱状沉积物不同丰度 DON 对比 DBE 点状图和 VK 图 (ESI−)

8.1.3 洱海柱状沉积物溶解性有机氮组分演变的环境指示意义

通过对洱海柱状沉积物物质基本特征及对 DON 质谱检测分析，发现表层沉积物为营养物质富集区域，而在深层区域 (＞10cm) 一些酸性物质响应强烈，一方面表明随沉积物营养物质吸附释放反应，矿化成岩与积累到深层沉积物的物质增多；另一方面表明营养物质输入，对于物质循环与转化等过程具有重要作用，特别是对副产物的生成，如含氮杂环类、多聚态碳氢化合物及单宁酸、木质素等，具有重要作用。

生物生长、衰亡及上覆水与沉积物界面营养物质释放等对 DON 积累均具有重要影响。营养物富集超过一定负荷，对沉积物营养物循环及湖泊生态系统平衡等也会造成一定影响。沉积物 DON 组成结构复杂，且由颗粒态氮经一系列反应 (如水解、氧化分解、淋溶、细胞自溶、矿化成岩等反应) 部分释放进入上覆水，另一部分矿化累积于深层沉积物，促进形成大分子 DON 而储存于底层，增加了释放风险。

洱海表层沉积物 DON 含量较高，特别是其具有较高的不饱和度，物质组成较复杂，相比于其他湖区沉积物，具有较高富营养化风险。因此，外源输入得到控制后，应加大沉积物氮释放研究力度，特别是要加强 DON 结构、组成及生物有效性等研究，支撑有效防控。

8.2　洱海柱状沉积物溶解性有机氮结构组分对流域响应

云贵高原是我国淡水湖泊分布较集中区域之一。据统计，该湖区 80% 左右的淡水湖泊受到不同程度污染，且富营养化程度有进一步加剧趋势。由于高原湖泊普遍具有明显氮磷等营养累积特征，在外源输入逐步被控制情况下，沉积物内源释放显得尤为重要，特别是 DON 释放很可能对湖泊水质造成较大影响，且对流域变化具有较好的指示意义。

选择洱海为高原湖泊代表，研究柱状沉积 DON 组分对流域响应，从表征沉积物 DON 结构组分角度为高原湖泊流域管理提供科学基础 (研究采样点信息见倪兆奎，2011；王圣瑞等，2015)。

8.2.1　洱海柱状沉积物氮累积及演变特征

1. 洱海柱状沉积物有机氮特征

洱海柱状沉积物总氮、有机氮、氨氮和硝态氮在 20 世纪 70 年代和 90 年代出现明显拐点，92% 以上总氮由有机氮组成，有机氮和总氮随沉积物浓度变化呈现出较高一致性，均为自 20 世纪 70 年代开始呈现迅速增大趋势，有机氮含量分布与沉积物矿化分解及腐殖化程度关系密切。洱海流域 20 世纪 70 年代农业面源污染快速增加，且由于水位降低等原因，沉水植物大面积增加，沉积物腐殖质不断增加；由于洱海水深较深等原因，制约了沉积物有机氮矿化，导致有机氮大量富积，同时也反映了该阶段洱海富营养化得以快速发展。20 世纪 90 年代中期以来，洱海沉积物总氮和有机氮含量分布趋于稳定，与该时期沉水植物大量衰亡、腐殖质减少等有关 (图 8-9)。

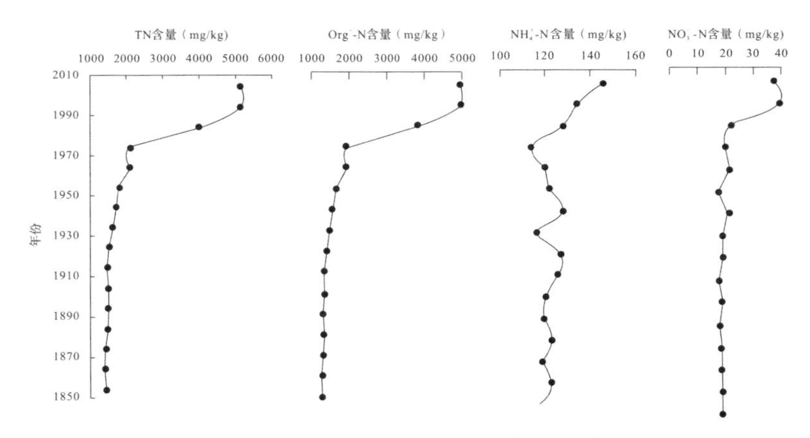

图 8-9　洱海沉积物氮形态随深度变化

2. 洱海柱状沉积物碳氮比变化

沉积物 C/N 值可直观地判断出有机质来源，大型水生植物 C/N 值一般高于低等藻类。湖泊自生藻类由于自身蛋白质含量较多，纤维素相对较少，所以 C/N 值相对较低，一般为 4～10；陆生高等植物组成则相反，C/N 值相对较高，一般高于 12。

湖泊大型水生植物 C/N 值高于低等藻类，沉积物有机碳同位素能够较完整地保存有机质来源及影响因素等信息。本研究洱海北部和南部湖区沉积物 C/N 值分布特征显示 (图 8-10)，北部湖区沉积物 DON 来源于陆源 C4 植物和湖泊藻类，陆源 C4 植物占据主要部分；中部湖区沉积物 C/N 值分布表现出有机质为大型水生植物和藻类混合特征，其中藻类贡献更为显著；湖心平台区域则表现为藻类和沉水植物的混合特征，而 DON 则是以沉水植物贡献为主 (采样点信息见倪兆奎，2011)。

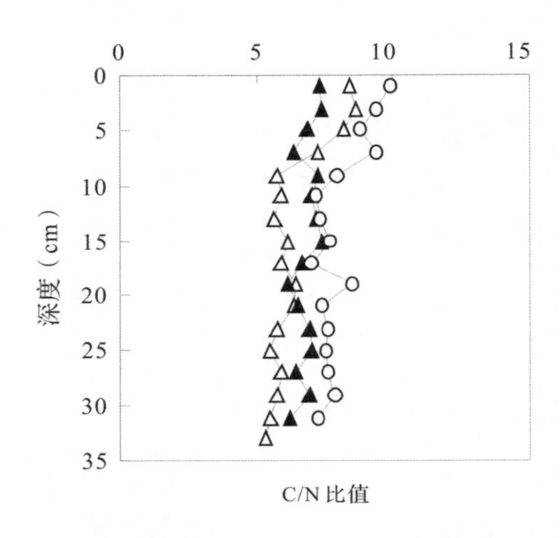

图 8-10　洱海沉积物 C/N 值随深度变化

8.2.2　洱海柱状沉积物溶解性有机氮对湖泊演变的响应

洱海水环境受流域农业面源污染影响较大，周边养殖业和农业及旅游业发展迅速，过量营养物质输入易引起湖泊水华风险加大等环境问题。人类活动影响已经很大程度改变了氮循环，DON 分布、组分和来源等很大程度上受生物和非生物因素影响，其中非生物因素包括光照、温度、营养盐浓度和水力条件等。除水文等非生物因素外，其他因素间接影响微生物活性，最终将导致 DON 形态变化。生物因素主要包括水生动植物、微生物和浮游生物等影响。人类活动也影响了沉积物 DON 分布规律，自 1970 年以来，流域经济社会不合理发展，导致了洱海水污染加重。

沉积物间隙水 DON 含量主要受上覆水和沉积物影响，表层间隙水较易受上覆水影响，而中层和底层间隙水受沉积物影响较大。20 世纪 70 年代前，洱海沉积物理化特性没有发生较大变化，环境条件较为稳定，沉积物间隙水氮磷等指标较为稳定；自 1970 年以来，洱海流域经济社会快速发展，导致水污染加重，特别是 70 年代建设了西洱河水电站，洱海水位发生较大变化，伴随入湖污染负荷增加等因素，洱海水生植物覆盖率呈下降趋势，且沉积物间隙水 DON 随年代不同，其浓度也发生了较大变化 (图 8-11)。

洱海表层沉积物总微生物量为 $(18.16\sim62.01)\times10^6$CFU/g，其中细菌含量约占一半，为 $(9.4\sim39.3)\times10^6$CFU/g，平均为 20.1×10^6CFU/g；放线菌数量较少，为 $(6.1\sim22.7)\times10^3$CFU/g。沉积物微生物总数量随深度增加，总体呈现递减趋势，沉积物 0~8cm 内微生物减少非常快速，而在 8cm 后，微生物总数无明显变化，故 8cm 成为沉积物微生物数量突变点。沉积物对年代演变具有记录功能，洱海沉积物 8cm 处所对应的演变年代为 20 世纪 70 年代。

研究发现，沉积物间隙水 DON 的芳香性指数 $SUVA_{254}$ 与放线菌呈显著负相关 (R=−0.58)，表明洱海沉积物间隙水 DON 芳香度能够反映不同区域微生物变化情况，对沉积物氮释放有一定指示意义。

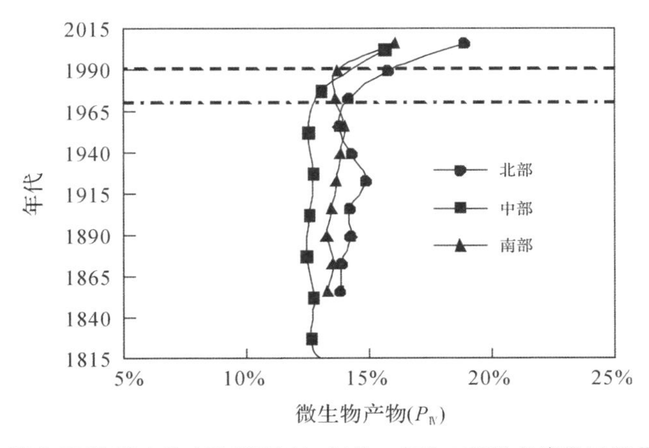

图 8-11 洱海沉积物微生物产物随深度 (年代) 变化 (采样点信息见倪兆奎，2011)

洱海沉积物间隙水DON组分的演变特征与流域人类活动密切相关(图8-12)。20世纪70年代前，洱海沉积物间隙水DON腐殖质比率稳定，北部、南部和中部湖区平均比例分别为72%、78%和75%。20世纪70年代到2010年，DON腐殖质占比明显降低，在北部、南部和中部湖区分别达到55%、61%和67%。此外，蛋白质和微生物副产物组分呈现出相反趋势，DON结构组分变化特征与流域人类活动有很好的匹配关系，表明DON的腐殖质组分难以降解，其结构组分能够记录洱海随时间的演变特征。

此外，本研究还探索了荧光指数FI与洱海演变间的响应关系，结果表明，HIX显示出与FRI的类腐殖质组分$P_{Ⅲ+Ⅴ}$类似的变化趋势。20世纪90年代后，洱海水环境发生了较大变化，大型水生植物大量衰败降解，导致沉积物营养物积累显著，沉积物间隙水DON，如蛋白质和微生物副产物化合物的不稳定和高生物可利用组分急剧增加，加大了洱海富营养化风险。

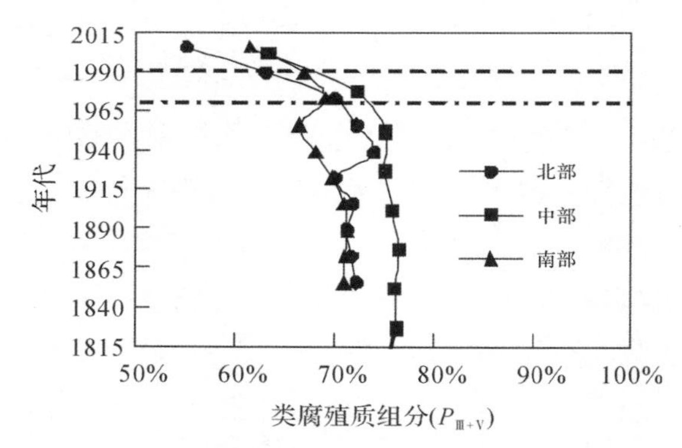

图8-12　洱海柱状沉积物DON荧光组分(荧光区域积分)与湖泊演变响应关系(采样点信息见倪兆奎，2011)

8.3　本章小结

为了全面表征洱海分层沉积物溶解性有机氮结构组分特征，采用正、负离子两种模式对DON进行检测，并对丰度大于4%的物质进行重点分析。结果表明，正负离子模式下检测物质总数有一定差异，正离子模式检测出物质总数呈增加趋势，负离子模式下检测物质总数总体逐渐减少，在

2~4cm 和 8~10cm 深度沉积物变化较大。从检测丰度角度看，正离子模式下检测物质丰度较高，且物质总数明显高于负离子模式，说明洱海柱状分层沉积物存在较多碱性含氮杂环、胺类、醇类等物质。

从 DON 组成结构分析发现，碱性含氮杂环、胺类、醇类等物质中羰基较多，对物质不饱和度贡献较大。由 VK 图及 DBE 点状图可明显看出洱海柱状沉积物 DON 物质不饱和度较高，活性较强，具有较高可降解性，可促进矿化循环；主要种类为蛋白与木质素等，且随沉积物深度增加，向高缩合度芳香环类物质及饱和碳氢化合物转化。从分子量分级分析与分层沉积物 DON 组成结果可见，本研究洱海柱状沉积物 DON 分子量多集中在 250~400Da，随深度增加，物质逐渐向大分子物质变化。浅层沉积物含氮数目为 N1~N2，4~8cm 为过渡层，8~10cm 后含氮数目开始增多，而在 20~30cm 层仅含有 N1 和 N2 物质，且含两个氮原子物质与单氮物质总数接近，均随分子量增大呈现近正态分布。

洱海沉积物间隙水 DON 组分的演变特征与流域人类活动密切相关。20 世纪 70 年代前，洱海沉积物间隙水 DON 腐殖质比率稳定，北部、南部和中部湖区平均比例分别为 72%、78% 和 75%。20 世纪 70 年代到 2010 年，DON 腐殖质占比明显降低，分别达到 55%、61% 和 67%。此外，蛋白质和微生物副产物组分呈现相反趋势，DON 结构组分变化特征与流域人类活动有很好的匹配关系，表明 DON 的腐殖质组分难以降解，其结构组分能够记录洱海随时间的演变特征。20 世纪 90 年代后，洱海水环境发生了较大变化，大型水生植物大量衰败降解，导致沉积物营养物积累显著，柱状沉积物间隙水 DON，如蛋白质和微生物副产物化合物的不稳定和高生物可利用组分急剧增加，加大了洱海富营养化风险。

洱海柱状沉积物有机氮和总氮随沉积物深度变化呈现较高一致性，均为自 20 世纪 70 年代开始迅速增大，与流域 70 年代农田面源污染快速增加，水位降低，沉水植物大面积增加，沉积物植物残体逐年增多及腐殖质不断增加等有关，也反映了该阶段洱海富营养化得以快速发展。20 世纪 90 年代中期以来，洱海沉积物总氮和有机氮含量分布趋于稳定，与该时期洱海沉水植物大量衰亡、腐殖质减少等有关。

洱海北部和南部湖区沉积物 C/N 值分布特征说明北部湖区沉积物溶解性有机氮来源于陆源 C4 植物和湖泊藻类，陆源 C4 植物占据主要部分；中部湖区沉积物 C/N 值分布表现出有机质为大型水生植物和藻类混合特征，其中藻类贡献更为显著；湖心平台区域则表现为藻类和沉水植物混合特征，DON 是以沉水植物贡献为主。人类活动影响沉积物 DON 分布规律，自 1970 年以来，流域经济社会不合理发展导致了洱海水污染加重。

基于洱海柱状沉积物 DON 与流域演变相应关系的研究显示，洱海等高原湖泊浅层(＜4cm)沉积物 DON 物质不饱和度较高，受上覆水影响明显，物质活性较强，同时也加大了物质的可降解性，促进碳氮矿化循环；其沉积物 DON 不仅含量较高，且具有较高的不饱和度结构，因而有较高的富营养化风险。应加强沉积物氮磷释放研究，特别是要加强 DON 结构、组成及生物有效性等研究，找出有效防控技术方法，降低水华风险。

另外，本研究还表明，洱海等高原湖泊柱状沉积物 DON 结构组分可很好地反演流域经济社会活动对湖泊的影响，即通过柱状沉积物 DON 结构组分研究不仅可以反演流域人类活动对高原湖泊影响及机制，在一定程度上可预测高原湖泊水环境演变趋势，而且可指导流域保护及综合调控。

第 9 章　研究展望

本团队研究建立了湖泊溶解性有机氮分子量与亲疏水性分级、测定预处理和适合紫外—可见光谱、红外光谱、三维荧光光谱和 GC-MS 等分析表征方法，并将其应用于洱海沉积物及上覆水 DON 结构组分表征和环境学意义探讨。研究发现，高原湖泊普遍存在 S1 和 S2 两种荧光组分，且所占相对丰度与高原湖泊营养水平有关，即营养水平越低，S1 和 S2 所占相对丰度越高，S1 和 S2 荧光组分及演变对研究高原湖泊具有重要意义，其相对丰度可在一定程度上指示高原湖泊营养水平。

本研究建立了一套适合湖泊沉积物的 ESI FT-ICR MS 提取与分析测定等前处理方法，首次将傅里叶变换离子回旋共振质谱 (ESI FT-ICR MS) 技术应用于湖泊沉积物 DON 结构组分表征，从分子水平研究了沉积物—水界面 DON 化学组成、来源特征及环境过程特征，为深入研究湖泊溶解性有机氮特征及环境行为提供了可以借鉴的方法和经验。

本研究揭示了累积机制和诱发机制是湖泊 DON 生物地球化学的重要机制。首先是累积机制，即过量外源入湖氮负荷是湖泊富营养化的营养基础，也是湖泊 DON 重要来源。本研究洱海流域湿沉降 DON 总量较小 (约 7%)，但其生物可利用性较高，短时高效输入可增加藻类爆发风险。其次是诱发机制，即湖泊理化条件改变诱发 DON 增加。在扰动、光照、pH 值升高、厌氧 (DO<8mg/L) 等条件下，诱发 DON 释放和转化增加。此外，基于界面过程的 DON 快速周转也是推动洱海等高原湖泊富营养化的重要机制。近年来洱海有机氮磷浓度增加，促进 DON 浓度升高，

且小分子有机颗粒物加速有机氮生物地球化学循环。

综上分析，虽然近年来国内外学者针对湖泊DON的研究开展了大量工作，但就总体而言，湖泊DON的研究尚处于起步阶段。基于目前的认识，DON在沉积物—水界面、颗粒物—水界面等不同界面的迁移转化等过程对湖泊富营养化有重要影响，且与人类活动息息相关。

DON作为湖泊氮的重要组分，特别是对云南高原湖泊而言，DON含量及其在总氮所占比重不容忽视，具有较高的不饱和度结构，而且其生物有效性也较高，对高原湖泊富营养化发挥着重要作用。今后针对高原湖泊DON的研究，应在结构组分进一步精细化表征、DON与有机质及微生物间的耦合机制、DON对藻类水华风险影响及对流域与湖泊环境质量指示等方面重点推进，深入探究其生物地球化学过程及机制。未来高原湖泊DON界面过程及环境机制等研究可重点针对如下方面展开。

1. 多手段联用深入解析DON组分结构特征

综合应用固液红外光谱、核磁共振、酶解、分子量分级、傅里叶变换离子回旋共振质谱等手段，深入解析DON结构组分及分子特征，并尝试结合数学模型，建立湖泊生态系统参数与DON间关系，形成预测模型。

2. 原位获取DON动态过程及机制

现阶段针对上覆水、沉积物、悬浮颗粒物与沉积物—水界面、颗粒物—水界面等DON研究均采用模拟方式，不能准确地掌握现实介质和界面系统氮迁移转化等过程。未来可引入微电极等技术，并实时分析氮迁移转化等动态过程，原位准确获取氮循环及与环境因子间关系；引入纯培养、宏转录组或功能基因芯片等技术，全面深入研究沉积物—水界面、颗粒物—水界面氮循环及微生物代谢途径和环境因素等关系。

3. 深入挖掘湖泊DON所蕴含的环境信息及与流域间关系

通过对沉积物柱样测年及DON含量组分分析，能够重现流域演变规律，今后可在更深层次上挖掘上覆水、沉积物及悬浮颗粒等介质与沉积物—水界面、颗粒物—水界面等不同界面系统DON所蕴含的环境信息，从不同时间尺度和空间范围，建立流域人类活动与湖泊 DON 结构组分特征演变间关系；寻找并确定 DON 特征组分，应注重研究沉积物 DON 特征组分与流域人类活动及自然环境变化间关系，以期从较长的时间尺度和较大的空间范围，深入揭示湖泊有机氮生物地球化学机理及环境指示意义。

参考文献

2010 年中国环境状况公报 [R]. 中华人民共和国环境保护部 , 2011.

白军红 , 邓伟 , 朱颜明 . 水陆交错带土壤氮素空间分异规律研究——以月亮泡水陆交错带为例 [J]. 环境科学学报 , 2002, 3:343-348.

陈永川 , 汤利 , 张德刚 , 等 . 滇池沉积物总氮的时空变化特征研究 [J]. 土壤 , 2007, 39(6):879-883.

程杰 , 张莉 , 王圣瑞 , 等 . 洱海沉积物不同分子量溶解性有机氮空间分布及光谱特征 [J]. 环境化学 , 2014, (11):1848-1856.

迟杰 , 康江丽 . 水体中悬浮颗粒物对酞酸酯的吸附和解吸特性 [J]. 环境化学 , 2006, 25(4):405-408.

代静玉 , 秦淑平 , 周江敏 . 水杉调落物分解过程中溶解性有机质的分组组成变化 [J]. 生态环境 , 2004a, 13(2):207-210.

代静玉 , 秦淑平 , 周江敏 . 土壤中溶解性有机质分组组分的结构特征研究 [J]. 土壤学报 , 2004b, 41(5):721-727.

董云仙 , 谭志卫 , 朱翔 , 等 . 程海水质变动特征与水安全预警因素识别 [J]. 安全与环境学报 , 2012, 12(4):136-140.

董云仙 , 张军莉 , 杨广萍 , 等 . 程海流域生态风险综合评估 [C]// 中国环境科学学会年会 . 2015.

樊敏玲 , 王雪梅 . 珠江口横门大气氮、磷干湿沉降的初步研究 [J]. 热带海洋学报 , 2010, 29(1):51-56.

冯伟莹 , 张生 , 焦立新 , 等 . 湖泊沉积物溶解性有机氮组分的藻类可利用性 [J]. 环境科学 , 2013, 34(6):2176-2183.

高洁 , 江韬 , 李璐璐 , 等 . 三峡库区消落带土壤中溶解性有机质 (DOM) 吸收及荧光光谱特征 [J]. 环境科学 , 2015(1):151-162.

高悦文 , 王圣瑞 , 张伟华 , 等 . 洱海沉积物中溶解性有机氮季节性变化 [J]. 环境科学研究 , 2012, 25(6):659-665.

古励，郭显强，丁昌龙，等. 藻源型溶解性有机氮的产生及不同时期藻类有机物的特性[J]. 中国环境科学，2015, 35(9):2745-2753.

郭卫东，黄建平，洪华生，等. 河口区溶解有机物三维荧光光谱的平行因子分析及其示踪特性[J]. 环境科学，2010, 31:1419-1427.

郭旭晶，席北斗，谢森，等. 乌梁素海沉积物孔隙水中溶解有机质的荧光及紫外光谱研究[J]. 环境工程学报，2012, 6(2):440-444.

胡春明，张远，于涛，等. 太湖典型湖区水体溶解有机质的光谱学特征[J]. 光谱学与光谱分析，2011, 11:3022-3025.

华飞，赵广超，张靖天，等. 山口湖沉积物中溶解性有机氮的分布特征[J]. 环境工程技术学报，2015, 5(3):129-135.

金相灿，稻森悠平，朴俊大，等. 湖泊和湿地水环境生态修复技术与管理指南[M]. 北京：科学出版社，2007:70-98.

黎文，白英臣，王立英，等. 淡水湖泊水体中溶解有机氮测定方法的对比[J]. 湖泊科学，2006, 18(1):63-68.

李斌，肖淑燕. 氮在富营养化湖泊沉积物—水界面的释放[J]. 环保科技，2014, (6):61-64.

李玲伟，刘素美，周召千，等. 渤海中南部沉积物中生源要素的分布特征[J]. 海洋科学，2010, 34:59-68.

李鸣晓，何小松，刘骏，等. 鸡粪堆肥水溶性有机物特征紫外吸收光谱研究[J]. 光谱学与光谱分析，2010(11):3081-3085.

李秋材，张莉，王圣瑞，等. 光照对湖泊上覆水DON影响机制及环境学意义[J]. 环境化学. 2017, 36(3):521-531.

李文章，张莉，王圣瑞，等. 洱海上覆水溶解性有机氮特征及其与湖泊水质关系[J]. 中国环境科学，2016, (6):1867-1876.

李文章，张莉，王圣瑞，等. 洱海沉积物水提取态有机氮特征及与其他来源溶解性有机氮的差异[J]. 环境科学，2017, 38(7):2801-2809.

林素梅，王圣瑞，金相灿，等. 湖泊表层沉积物可溶性有机氮含量及分布特性[J]. 湖泊科学，2009, 21(5):623-630.

刘鸿亮. 湖泊富营养化调查规范[M]. 北京：中国环境科学出版社，1987.

刘倩纯，余潮，张杰，等. 鄱阳湖水体水质变化特征分析[J]. 农业环境科学学报，2013, 32(6):1232-1237.

罗专溪，魏群山，王振红，等. 淡水水体溶解有机氮对有毒藻种的生物有效性[J]. 生态环境学报，2010, 19(1):45-50.

吕晓霞，翟世奎，牛丽凤. 长江口柱状沉积物中有机质C/N的研究[J]. 环境化学，2005, 24(3):255-259.

马红波，宋金明，吕晓霞，等. 渤海沉积物中氮的形态及其在循环中的作用[J]. 地球化学，2003, 32(1):48-54.

倪兆奎 . 湖泊沉积物污染历史及有机质和氮来源研究 [D]. 硕士学位论文 , 内蒙古农业大学 , 2011.

倪兆奎 , 王圣瑞 , 赵海超 , 等 . 洱海入湖河流水体悬浮颗粒物有机碳氮来源特征 [J]. 环境科学研究 , 2013, 26(3):287-329.

钱伟斌 , 张莉 , 王圣瑞 , 等 . 湖泊沉积物溶解性有机氮组分特征及其与水体营养水平的关系 [J]. 光谱学与光谱分析 , 2016, 11:3608-3614.

任保卫 , 赵卫红 , 王江涛 , 等 . 海洋微藻生长过程藻液三维荧光特征 [J]. 光谱学与光谱分析 , 2008, 28(5):1130-1134.

史红星 , 刘会娟 , 曲久辉 , 等 . 富营养化水体中微囊藻细胞碎屑对氨氮的吸附特性 [J]. 环境化学 , 2005, 24 (3):241-244.

唐陈杰 , 张路 , 杜应旸 , 等 . 鄱阳湖湿地沉积物反硝化空间差异及其影响因素研究 [J]. 环境科学学报 , 2014, 34(1):202-209.

王东启 , 陈振楼 , 许世远 , 等 . 长江口崇明东滩沉积物反硝化作用研究 [J]. 中国科学 D 辑 : 地球科学 , 2006, (6):544-551.

王淼 , 严红 , 焦利新 , 等 . 滇池沉积物氮内源负荷特征及影响因素 [J]. 中国环境科学 , 2015, 33(1):218-226.

王圣瑞 , 赵海超 , 储昭升 , 等 . 洱海富营养化过程与机理 [M]. 北京 : 科学出版社 , 2015.

王圣瑞 , 赵海超 , 李艳平 , 等 . 高原湖泊洱海溶解性有机碳氮磷迁移转化 [M]. 北京 : 科学出版社 , 2017.

王书航 , 姜霞 , 王雯雯 , 等 . 蠡湖水体悬浮物的时空变化及其影响因素 [J]. 中国环境科学 , 2014, 34(6):1548-1555.

王书航 , 王雯雯 , 姜霞 , 等 . 基于三维荧光光谱—平行因子分析技术的蠡湖 CDOM 分布特征 [J]. 中国环境科学 , 2016, (2):517-524.

王苏民 . 中国湖泊志 [M]. 北京 : 科学出版社 , 1998.

王雯雯 , 王书航 , 姜霞 , 等 . 洞庭湖沉积物不同形态氮赋存特征及其释放风险 [J]. 环境科学研究 , 2013, 26(6):598-605.

魏群山 , 王东升 , 余剑锋, 等 . 水体溶解性有机物的化学分级表征 : 原理与方法 [J]. 环境污染治理技术与设备 , 2006, 7(10):17-21.

魏中青 , 刘丛强 , 梁小兵 , 等 . 洱海沉积物中有机质和 DNA 的分布特征 [J]. 沉积学报 , 2005, 22(4):672-675.

吴丰昌 , 金相灿 , 张润宇 , 等 . 论有机氮磷在湖泊水环境中的作用和重要性 [J]. 湖泊科学 , 2010a, 22:1-7.

吴丰昌 , 等 . 天然有机质及其与污染物的相互作用 [M]. 北京 : 科学出版社 , 2010b.

吴剑 , 孔倩 , 杨柳燕 , 等 . 铜绿微囊藻生长对培养液 pH 值和氮转化的影响 [J]. 湖泊科学 , 2009, 21(1):125-129.

吴景贵 , 席时权 , 姜岩 . 红外光谱在土壤有机质研究中的应用 [J]. 光谱学与光谱分析 , 1998, (1):53-58.

吴雅丽，许海，杨桂军，等．太湖水体氮素污染状况研究进展 [J]. 湖泊科学，2014, (1):19-28.
熊汉锋，王运华．湿地碳氮磷生物地球化学转化研究进展．土壤通报，2005, 36(2):240-243.
熊礼明．土壤圈及全球磷素循环 [M]. 南京：江苏科技出版社，1992.
许可宸，张 莉，王圣瑞，等．基于菌藻对比培养方法的洱海沉积物溶解性有机氮生物有效性评价 [J]. 环境科学研究，2017, 30(6):874-883.
许可宸．高原湖泊溶解性有机氮特性及环境学意义 [D]. 硕士学位论文，北京化工大学，2018.
闫金龙，江韬，赵秀兰，等．含生物质炭城市污泥堆肥中溶解性有机质的光谱特征 [J]. 中国环境科学，2014, (2):459-465.
杨绒，严德翼，周建斌，等．黄土区不同类型土壤可溶性有机氮的含量及特性 [J]. 生态学报，2007, 27(4):1397-1403.
易文利，王圣瑞，杨苏文，等．长江中下游浅水湖泊沉积物腐殖质组分赋存特征 [J]. 湖泊科学，2011, 23(1):21-28.
虞敏达，张慧，何小松，等．河北洨河溶解性有机物光谱学特性 [J]. 环境科学，2015, 36(9):3194-3202.
张军政，杨谦，席北斗，等．垃圾填埋渗滤液溶解性有机物组分的光谱学特性研究 [J]. 光谱学与光谱分析，2008, 28(11):2583-2587.
张琍，陈晓玲，黄珏，等．鄱阳湖丰、枯水期悬浮体浓度及其粒径分布特征 [J]. 华中师范大学学报 (自科版), 2014, 48(5):743-750.
张莉，王圣瑞，赵海超，等．洱海沉积物酶活性的时空分布特征及其对富营养化指示意义 [C]// 中国环境科学学会学术年会，2015.
张鹏燕，陈岩，杨桂朋．秋季东海溶解态和颗粒态氨基酸的组成与分布 [J]. 海洋与湖沼，2015, 46(2):329-339.
张运林，秦伯强．太湖水体富营养化的演变及研究进展 [J]. 上海环境科学，2001a, 20(6):263-265.
张运林，秦伯强．太湖水环境的演变研究 [J]. 海洋湖沼通报，2001b, (2):8-15.
赵海超，王圣瑞，赵明，等．洱海水体溶解氧及其与环境因子的关系 [J]. 环境科学，2011, 32(7):1952-1959.
赵海超，王圣瑞，焦立新，等．洱海沉积物中不同形态磷的时空分布特征 [J]. 环境科学研究，2013a, 26(3):227-234.
赵海超，王圣瑞，焦立新，等．洱海沉积物中不同形态氮的时空分布特征 [J]. 环境科学研究，2013b, 26(3):235-242.
赵海超，王圣瑞，焦立新，等．洱海沉积物有机质及其组分空间分布特征 [J]. 环境科学研究，2013c, 26(3):243-249.

赵海超，王圣瑞，焦立新，等．2010 年洱海全湖氮负荷时空分布特征 [J]. 环境科学研究，2013d, 26(4):389-395.

赵海超，王圣瑞，焦立新，等．洱海上覆水不同形态氮时空分布特征 [J]. 中国环境科学，2013e, 33(5):874-880.

赵亚丽，焦立新，王圣瑞，等．洱海表层沉积物溶解性有机氮生物有效性 [J]. 环境科学研究，2013, 26(3):262-268.

周建斌，李生秀．碱性过硫酸钾氧化法测定溶液中全氮含量氧化剂的选择 [J]. 植物营养与肥料学报，1998, (3):299-304.

周建斌，陈竹君，郑险峰．土壤可溶性有机氮及其在氮素供应及转化中的作用 [J]. 土壤通报，2005, (2):244-248.

朱荣，王欢，余得昭，等．2013 年洱海水华期间微囊藻毒素和浮游植物动态变化 [J]. 湖泊科学，2015, 27(3):378-384.

Abbt-Braun G, Lankes U, Frimmel F H. Structural characterization of aquatic humic substances — The need for a multiple method approach[J]. Aquatic Sciences, 2004, 66(2):151-170.

Abdul-Rashid M K, Riley J P, Fitzsimons M F. Determination of volatile sediment and water samples[J]. Analytica Chimica Acta, 1991, 252:223-226.

Ahmad S R, Reynolds D M. Monitoring of water quality using fluorescence technique: Prospect of on-line process control[J]. Water Research, 1999, 33(9):2069-2074.

Aitkenhead-Peterson J A, McDowell W H, Neff J C. Sources, production, and regulation of allochthonous dissolved organic matter to surface waters[M]. In: Findlay S E G, Sinsabaugh R L (eds.), Aquatic Ecosystems: Interactivity of Dissolved Organic Matter. San Diego:Academic Press, 2003:25-70.

Almroth-Rosell E, Eilola K, Hordoir R. Transport of fresh and resuspended particulate organic material in the Baltic Sea — A model study[J]. Journal of Marine Systems, 2011, 87(1):1-12.

Altieri K E, Turpin B J, Seitzinger, S P. Oligomers, organosulfates, and nitrooxy organosulfates in rainwater identified by ultra-high resolution electrospray ionization FT-ICR mass spectrometry[J]. Atoms. Chem. Phys., 2009a, (9):2533-2542.

Altieri K E, Turpin B J, Seitzinger S P. Composition of dissolved organic nitrogen in continental precipitation investigated by ultra-high resolution FT-ICR mass spectrometry[J]. Environmental Science&Technology, 2009b, 43(43):6950-6955.

Amon R M W, Benner R. Bacterial utilization of different size classes of dissolved organic matter[J]. Limnol Oceanogr, 1996, 41(1):41-51.

Antia E E. Beach cusps and beach dynamics: A quantitative field appraisal[J]. Coastal Engineering, 1989, 13(3):263-272.

Antia N J, Berland B R, Bonin D J. Proposal for an abridged nitrogen turnover cycle in certain marine planktonic systems involving hypoxanthine guanine excretions by ciliates and their reutilization by phytoplankton[J]. Marine Ecology Progress Series, 1980, 2:97-103.

Antia N J, Harrison P J, Oliveira L, *et al.* The role of dissolved organic nitrogen in phytoplankton nutrition, cell biology and ecology[J]. Phycologia, 1991, 30(1):1-89.

Artinger R, Buckau G, Geyer S, *et al.* Characterization of groundwater humic substances: Influence of sedimentary organic carbon[J]. Applied Geochemistry, 2000, 15(1):97-116.

Asmala E, Autio R, Kaartokallio H, *et al.* Bioavailability of riverine dissolved organic matter in three Baltic Sea estuaries and the effect of catchment land use[J]. Biogeosciences, 2013, 10(11):6969-6986.

Bachmann R W. A guide to the restoration of nutrient-enriched shallow lakes[J]. Limnology&Oceanography, 1996, 44(3):737-737.

Badr E S A, Achterberg E P, Tappin A D, *et al.* Determination of dissolved organic nitrogen in natural waters using high-temperature catalytic oxidation[J]. Trends in Analytical, 2003, 22(11):819-827.

Badr E S A, Tappin A D, Achterberg E P. Distributions and seasonal variability of dissolved organic nitrogen in two estuaries in SW England[J]. Marine Chemistry, 2008, 110(3/4):153-164.

Baham J, Sposito G. Chemistry of water-soluble, metal-complexing ligands extracted from an anaerobically-digested sewage sludge[J]. Environ. Qual., 1983, 12(1):96-100.

Bechmann M E, Berge D. Phosphorus transfer from agricultural areas and its impact on the eutrophication of lakes-two long-term integrated studies from Norway[J]. Journal of Hydrology, 2005, 304(1-4):238-250.

Berman T, Béchiemin C, Maestrini S Y. Release of ammonium and urea from dissolved organic nitrogen in aquatic ecosystems[J]. Auqat Microb Ecol, 1999, 16:295-302.

Berman T, Bronk D A. Dissolved organic nitrogen: A dynamic participant in aquatic ecosystems[J]. Aquatic Microbial Ecology, 2003, 31(3):279-305.

Bhatia M P, Das S B, Longnecker K, *et al.* Molecular characterization of dissolved organic matter associated with the Greenland ice sheet[J]. Geochim. Cosmochim. Acta., 2010, 74:3768-3784.

Biers, E J, Zepp, R G, Moran, M A. The role of nitrogen in chromophoric and fluorescent dissolved organic matter formation[J]. Marine Chemistry, 2007, 103(1-2):46-60.

Birdwell J E, Engel A S. Characterization of dissolved organic matter in cave and spring waters using UV-Vis absorbance and fluorescence spectroscopy[J]. Organic Geochemistry, 2010, 41(3):270-280.

Boyer, E W, Howarth, R W, Galloway, J N, *et al.* Riverine nitrogen export from the continents to the coasts[J]. Glob. Biogeochem. Cycles, 2006, 20:GB1S91.

Bradley P B, Lomas M W, Bronk D A. Inorganic and organic nitrogen use by phytoplankton along chesapeake bay, measured using a flow cytometric sorting approach[J]. Estuaries and Coasts, 2010, 33(4):971-984.

Bricker S, Longstaff B, Dennison W, *et al.* Effects of nutrient enrichment in the nation's estuaries: A decade of change[M]. NOAA Coastal Ocean Decision Analysis Series No. 26. National Centers for Coastal Ocean Science, Silver Spring, MD, 2007:328.

Bro R. PARAFAC. Tutorial and applications[J]. Chemometrics & Intelligent Laboratory Systems, 1997, 38(2):149-171.

Bronk D A, Glibert P M, Ward B B. Nitrogen uptake, dissolved organic nitrogen release, and new production[J]. Science, 1994, (265):1843-1864.

Bronk D A, Lomas M W, Glibert P M, *et al.* Total dissolved nitrogen analysis: Comparisons between the persufate, UV and high temperature oxidation methods[J]. Marine Chemistry, 2000, 69:163-178.

Bronk D A, See J H, Bradley P, *et al.* DON as a source of bioavailable nitrogen for phytoplankton[J]. Biogeosciences, 2007, 4(3):283-296.

Burdige D J, Komada T. Chapter 12 — Sediment Pore Waters[J]. Biogeochemistry of Marine Dissolved Organic Matter, 2015, 5:535-577.

Burdige D J, Zheng S L. The biogeochemical cycling of dissolved organic nitrogen in estuarine sediments[J]. Limnology and Oceanography, 1998, 43(8):1796-1813.

Carlsson L, Persson J, Håkanson L. A management model to predict seasonal variability in oxygen concentration and oxygen consumption in thermally stratified coastal waters[J]. Ecological Modelling, 1999, 119(2-3):117-134.

Carrillo-Gonzalez R, Gonzalez-Chavez M C A, Aitkenhead-Peterson J A, *et al.* Extractable DOC and DON from a dry-land long-term rotation and cropping system in Texas, USA[J]. Geoderma, 2013, (197-198):79-86.

Chang H, Chen C, Wang G. Characteristics of C-, N-DBPs formation from nitrogen-enriched dissolved organic matter in raw water and treated wastewater effluent[J]. Water Research, 2013, 47(8):2729-2741.

Chen C R, Xu Z H, Zhang S L, *et al.* Soluble organic nitrogen pools in forest soils of subtropical Australia[J]. Plant and soil, 2005, 277(1-2):285-297.

Chen N W, Hong H S, Zhang L P. Wet deposition of atmospheric nitrogen in Jiulong River Watershed[J]. Environ. Sci., 2008, 29(1):38-46.

Chen W, Westerhoff P, Leenheer J A, *et al.* Fluorescence excitation-emission matrix regional integration to quantify spectra for dissolved organic matter[J]. Environ. Sci. Technol., 2003, 37(24):5701-5710.

Chen Y X, Chen H Y, Wang W, *et al*. Dissolved organic nitrogen in wet deposition in a coastal city (Keelung) of the southern East China Sea: Origin, molecular composition and flux[J]. Atmospheric Environment, 2015, 112:20-31.

Chen M, Jaffé R. Photo- and bio-reactivity patterns of dissolved organic matter from biomass and soil leachates and surface waters in a subtropical wetland[J]. Water Res., 2014, 61:181-190.

Coble P G. Characterization of marine and terrestrial DOM in seawater using excitation-emission matrix spectroscopy[J]. Marine Chemistry, 1996, 51:325-346.

Coble, P G. Marine optical biogeochemistry: The chemistry of ocean color[J]. Chemical Reviews, 2007, 107(2):402-418.

Cornell S E, Jickells T D. Water-soluble organic nitrogen in atmospheric aerosol: A comparison of UV and persulfate oxidation methods[J]. Atmospheric Environment, 1999, 33:833-840.

Cory R M, McKnight D M. Fluorescence spectroscopy reveals ubiquitous presence of oxidized and reduced quinones in dissolved organic matter[J]. Environmental Science&Technology, 2005, 39(21):8142-8149.

Cory, R M, Kaplan, L A. Biological lability of stream water fluorescent dissolved organic matter[J]. Limnol. Oceanogr., 2012, 57:1347-1360.

De H H, De B T. Applicability of light absorbance and fluorescence as measures of concentration and molecular size of dissolved organic carbon in humic Lake Tjeukemeer[J]. Water Research, 1987, 21(6):731-734.

Dodds W K, Bouska W W, Eitzmann J L, *et al*. Eutrophication of U.S. freshwaters: Analysis of potential economic damages[J]. Environmental Science & Technology, 2009, 43(1):12-9.

Dorado J, González-Vila F J, Zancada M C, *et al*. Pyrolytic descriptors responsive to changes in humic acid characteristics after long-term sustainable management of dryland farming systems in Central Spain[J]. Journal of Analytical&Applied Pyrolysis, 2003, 68(16):299-314.

Elliott E M, Brush G S. Sediment organic nitrogen isotopes in freshwater wetlands record long-term changes in watershed nitrogen source and land use[J]. Environmental Science&Technology, 2006, 40(9):2910-2916.

El-Sayed, A B, Alan, D T, Eric, P A. Distributions and seasonal variability of dissolved organic nitrogen in two estuaries in SW England[J]. Mar. Chem., 2008, 110:153-164.

Engeland T V, Soetaert K, Knuijt A, *et al*. Dissolved organic nitrogen dynamics in the North Sea: A time series analysis (1995-2005)[J]. Estuarine Coastal and Shelf Science, 2010, 89(1):31-42.

Feng S, Zhang L, Wang S R, *et al*. Characterization of dissolved organic nitrogen in wet deposition from Lake Erhai basin by using ultrahigh resolution FT-ICR mass spectrometry[J]. Chemosphere, 2016, 156:438-445.

Filep T, Rékási M. Factors controlling dissolved organic carbon (DOC), dissolved organic nitrogen (DON) and DOC/DON ratio in arable soils based on a dataset from Hungary[J]. Geoderma, 2011, 162(3-4):312-318.

Fu J, Ji M, Wang Z, *et al*. A new submerged membrane photocatalysis reactor (SMPR) for fulvic acid removal using a nano-structured photocatalyst[J]. Journal of Hazardous Materials, 2006, 131(1):238-242.

Gibb S W, Mantoura R F C, Liss P S. Analysis of ammonia and methylamines in waters by flow injection gas diffusion coupled to ion chromatography[J]. Analytica Chimica Acta, 1995, 316:291-304.

Glibert P M, Harrison J, Heil C, *et al*. Escalating worldwide use of urea — A global change contributing to coastal eutrophication[J]. Biogeochemistry, 2006, 77:441-463.

Goodale C L, Aber J D, McDowell W H. The long-term effects of disturbance on organic and inorganic nitrogen export in the White Mountains, New Hampshire[J]. Ecosystems, 2000, 3:433-450.

Gunten H R V, Sturm M, Moser R N. 200 year record of metals in lake sediments and natural background concentrations[J]. Environmental Science&Technology, 1997, 31(8):2193-2197.

Halis S, Tanush W, Eakalak K. Overlapping photodegradable and biodegradable organic nitrogen in wastewater effluents[J]. Environmental Science&Technology, 2013, 47: 7163-7170.

He X S, Xi B D, Wei Z M, *et al*. Fluorescence excitation-emission matrix spectroscopy with regional integration analysis for characterizing composition and transformation of dissolved organic matter in landfill leachates[J]. Journal of Hazardous Materials, 2011a, 190(1-3):293-299.

He X S, Xi B D, Wei Z M, *et al*. Physicochemical and spectroscopic characteristics of dissolved organic matter extracted from municipal solid waste (MSW) and their influence on the landfill biological stability[J]. Bioresour. Technol., 2011b, (2):2322-2327.

He X S, Xi B D, Wei Z M, *et al*. Spectroscopic characterization of water extractable organic matter during composting of municipal solid waste[J]. Chemosphere, 2011c, 82(4):541-548.

He X S, Xi B D, Zhang Z Y, *et al*. Composition, removal, redox, and metal complexation properties of dissolved organic nitrogen in composting leachates[J]. Journal of Hazardous Materials, 2015, 283(227):227-233.

He Z, Honeycutt C W. Enzymatichydroiysis of origin phosphorus[M]. In: He Z (ed.), Environment Chemistry of Animal Manure. NY:Nova Science Publishers, 2011:253-274.

Helms J R, Stubbins A, Ritchie J D, *et al*. Absorption spectral slopes and slope ratios as indicators of molecular weight, source, and photobleaching of chromophoric dissolved organic matter[J]. Limnology&Oceanography, 2009, 54(11):4272-4281.

Henderson R K, Baker A, Murphy K R, *et al*. Fluorescence as a potential monitoring tool for recycled water systems: A review[J]. Water Research, 2009, 43(4):863-881.

Henrichs, S M, Sugai, S F. Adsorption of amino acids and glucose by sediments of Resurrection Bay Alaska: Functional group effects[J]. Geochimica et Cosmochimica Acta, 1993, 57:823-835.

Hsu, P H, Hatcher, P G. New evidence for covalent coupling of peptides to humic acids based on 2D NMR spectroscopy: A means for preservation[J]. Geochim. Cosmochim. Acta., 2005, 69:4521-4533.

Hu Z, Duan S, Xu N, *et al*. Growth and nitrogen uptake kinetics in cultured Prorocentrum donghaiense[J]. PloS One, 2014, 9(4):e94030.

Huang S Q, Hu H R, Han Z L, *et al*. Atmospheric wet nitrogen deposition in the eastern suburb of Kunming[J]. Journal of Sichuan Agricultural University, 2014, 32(4):418-425.

Hudson N, Baker A, Reynolds D. Fluorescence analysis of dissolved organic matter in natural, waste and polluted waters — A review[J]. River Research and Applications, 2007, 23(6):631-649.

Hudson N, Baker A, Wardb D, *et al*. Can fluorescence spectrometry be used as a surrogate for the biochemical oxygen demand (BOD) test in water quality assessment: An example from South West England[J]. Sci. Total Environ., 2008, 391:149-158.

Hugh W, Hansell D A, Morgan J A. Dissolved organic carbon and nitrogen in the Western Black Sea[J]. Marine Chemistry, 2007, 105(1):140-150.

Huguet A, Vacher L, Relexans S, *et al*. Properties of fluorescent dissolved organic matter in the Gironde Estuary[J]. Organic Geochemistry, 2009, 40(6):706-719.

Huguet C, De Lange G J, Gustafsson O. Selective preservation of soil organic matter in oxidized marine sediments (Madeira Abyssal Plain)[J]. Geochimica et Cosmochimica Acta, 2008, 72(24):6061-6068.

Huo S, Xi B, Yu H, *et al*. Characteristics and transformations of dissolved organic nitrogen in municipal biological nitrogen removal wastewater treatment plants[J]. Environmental Research Letters, 2013, 8(4):044005.

Hur J, Lee D H, Shin H S. Comparison of the structural, spectroscopic and phenanthrene binding characteristics of humic acids from soils and lake sediments[J]. Org. Geochem., 2009, 40:1091-1099.

Hur J, Schlautman M A. Molecular weight fractionation of humic substances by adsorption onto minerals[J]. Journal of Colloid and Interface Science, 2003, 264(2):313-321.

Iinuma Y, Muller C, Berndt T, *et al.* Evidence for the existence of organosulfates from beta-pineneozonolysis in ambient secondary organic aerosol[J]. Environ. Sci. Technol., 2007, 41:6678-6683.

Ishii S K L, Boyer T H. Behavior of reoccurring PARAFAC components in fluorescent dissolved organic matter in natural and engineered systems: A critical review[J]. Environmental Science&Technology, 2012, 46(4):2006-2017.

Jackson G A, Williams P M. Importance of dissolved organic nitrogen and phosphorus to biological nutrient cycling[J]. Deep Sea Research Part A. Oceanographic Research Papers, 1985, 32(2):223-235.

Jansson M, Hickler T, Jonsson A, *et al.* Links between terrestrial primary production and bacterial production and respiration in lakes in a climate gradient in subarctic Sweden[J]. Ecosystems, 2008, 11(3):367-376.

Jin X, Wang S, Pang Y, *et al.* Phosphorus fractions and the effect of pH on the phosphorus release of the sediments from different trophic areas in Taihu Lake, China[J]. Environmental Pollution, 2006, 139(2):288-295.

Johnson L T, Tank J L, Robert Jr O, *et al.* Quantifying the production of dissolved organic nitrogen in headwater streams using 15N tracer additions[J]. Limnol. Oceanogr, 2013, 58: 1271-1285.

Jones D L, Willett V B. Experimental evaluation of methods to quantify dissolved organic nitrogen (DON) and dissolved organic carbon (DOC) in soil[J]. Soil Biology&Biochemistry, 2006, 38:991-999.

Jones D L, Shannon D, Murphy D V. Role of dissolved organic nitrogen (DON) in soil N cycling in grassland soils[J]. Soil Biology&Biochemistry, 2004, 36:749-756.

Jones D L, Shannon D, Fortune T J. Plant capture of free amino acids is maximized under high soil amino acid concentrations[J]. Soil Biology&Biochemistry, 2005, 37:179-181.

Jørgensen N O G. Free amino acids in lakes: Concentrations and assimilation rates in relation to phytoplankton and bacterial production[J]. Limnol. Oceanogr., 1987, 32:97-111.

Jørgensen N O G, Kroer R B, Coffin X H. Dissolved free amino acids, combined amino acids, and DNA as sources of carbon and nitrogen to marine bacteria[J]. Marine Ecology Progress Series, 1993, 98:135-148.

Jørgensen N O G, Tranvik L J, Berg G M. Occurrence and bacterial cycling of dissolved nitrogen in the Gulf of Riga, the Baltic Sea[J]. Marine Ecology Progress Series, 1999, 191:1-18.

Kalbitz K, Solinger S, Park J H, *et al.* Controls on the dynamics of dissolved organic matter in soil: A review[J]. Soil Sci., 2000, 165(4):277-304.

Kang P G, Mitchell M J. Bioavailability and size-fraction of dissolved organic carbon, nitrogen, and sulfur at the Arbutus Lake watershed, Adirondack Mountains, NY[J]. Biogeochemistry, 2013, 115(1-3):213-234.

Katye, E A, Barbara, J T, Sybil, P S. Composition of dissolved organic nitrogen in continental precipitation investigated by ultra-high resolution FT-ICR mass spectrometry[J]. Environ. Sci. Technol., 2009, 43:6950-6955.

Kellerman A M, Kothawala D N, Dittmar T, *et al.* Persistence of dissolved organic matter in lakes related to its molecular characteristics[J]. Nat. Geosci., 2015, 8:454-457.

Kieber R J, Li A, Seaton P J. Production of nitrite from the photodegradation of dissolved organic matter in natural waters[J]. Environmental Science&Technology, 1999, 33:993-998.

Kim S, Kramer R W, Hatcher P G. Graphical method for analysis of ultrahigh-resolution broadband mass spectra of natural organic matter, the van Krevelen diagram[J]. Anal. Chem., 2003, 75:5336-5344.

Knicker H, Achtnich C, Lenke H. Solid-state nitrogen-15 nuclear magnetic resonance analysis of biologically reduced 2,4,6-trinitrotoluene in a soil slurry remediation[J]. Journal of Environmental Quality, 2001, 30(2):403-410.

Koch B P, Ludwichowski K U, Kattner G, *et al.* Advanced characterization of marine dissolved organic matter by combining reversed-phase liquid chromatography and FT-ICR-MS[J]. Marine Chemistry, 2008, 111:233-241.

Koopmans D J, Bronk D A. Photochemical production of inorganic nitrogen from dissolved organic nitrogen in waters of two estuaries and adjacent surficial groundwaters[J]. Aquatic Microbial Ecology, 2002, 26:295-304.

Kramer R W, Kujawinski E B, Hatcher P G. Identification of black carbon derived structures in a volcanic ash soil humic acid by Fourier transform ion cyclotron resonance mass spectrometry[J]. Environ. Sci. Technol., 2004, 38:3387-3395.

Kroeger K D, Cole M L, Valiela I. Groundwater-transported dissolved organic nitrogen exports from coastal watersheds[J]. Limnology and Oceanography, 2006, 51(5):2248-2261.

Kujawinski E B. Probing molecular-level transformations of dissolved organic matter: insights on photochemical degradation and protozoan modification of DOM from electrospray ionization Fourier transform ion cyclotron resonance mass spectrometry[J]. Marine Chemistry, 2004, 92(1):23-37.

Lee W, Westerhoff P. Dissolved organic nitrogen measurement using dialysis pretreatment[J]. Environ. Sci. Technol., 2005, 39:879-884.

Lee W, Westerhoff P. Dissolved organic nitrogen removal during water treatment by aluminum sulfate and cationic polymer coagulation[J]. Water Res., 2006, 40(20):3767-3774.

Li Y P, Wang S R, Zhang L, *et al*. Composition and spectroscopic characteristics of dissolved organic matter extracted from the sediment of Erhai Lake in China[J]. Journal of Soils and Sediments, 2014, 14(9):1599-1611.

Li Y P, Wang S R, Zhang L. Composition, source characteristic and indication of eutrophication of dissolved organic matter in the sediments of Erhai Lake[J]. Environmental Earth Sciences, 2015, 74(5):3739-3751.

Lin P, Klump J V, Guo L D. Dynamics of dissolved and particulate phosphorus influenced by seasonal hypoxia in Green Bay, Lake Michigan[J]. Science of the Total Environment, 2016, 541:1070-1082.

Lin S M, Wang S R, Jing X C, *et al*. Contents and distribution characteristics of soluble organic nitrogen in surface sediments of lakes[J]. J. Lake Sci., 2009, 21:623-630 (in Chinese).

Liu B, Gu L, Yu X, *et al*. Dissolved organic nitrogen (DON) profile during backwashing cycle of drinking water biofiltration[J]. Science of the Total Environment, 2012, 414:508-514.

Lomstein B A, Jensen A G U, Hansen J W, *et al*. Budgets of sediment nitrogen and carbon cycling in the shallow water of Knebel Vig, Denmark[J]. Aquatic Microbial Ecology, 1998, 14(1):69-80.

Lønborg C, Søndergaard M. Microbial availability and degradation of dissolved organic carbon and nitrogen in two coastal areas[J]. Estuarine, Coastal and Shelf Science, 2009, 81(4):513-520.

Lusk M G, Toor G S. Biodegradability and molecular composition of dissolved organic nitrogen in urban stormwater runoff and outflow water from a stormwater retention pond[J]. Environmental Science&Technology, 2016a, 50(7):3391-3398.

Lusk M G, Toor G S. Dissolved organic nitrogen in urban streams: Biodegradability and molecular composition studies[J]. Water Research, 2016b, 96:225-235.

Lutz B D, Bernhardt E S, Roberts B J, *et al*. Examining the coupling of carbon and nitrogen cycles in Appalachian streams: The role of dissolved organic nitrogen[J]. Ecology, 2011, 92(3):720-732.

Magee B R, Lion K W, Lemley A T. Transport of dissolved macromolecules and their effect on the transport of phenanthrene in porous media[J]. Environ. Sci. Technol., 1991, 25(2):323-331.

Maie N, Parish K J, Watanabe A, *et al*. Chemical characteristics of dissolved organic nitrogen in an oligotrophic subtropical coastal ecosystem[J]. Geochimica et Cosmochimica Acta, 2006, 70:4491-4506.

Malmaeus J M, Håkanson L. Development of a lake eutrophication model[J]. Ecological Modelling, 2004, 171(1-2):35-63.

Mary G L, Gurpal S T. Biodegradability and molecular composition of dissolved organic nitrogen in urban stormwater runoff and outflow water from a stormwater retention pond[J]. Environ. Sci. Technol., 2016, 50:3391-3398.

Matilainen A, Gjessing E T, Lahtinen T, *et al.* An overview of the methods used in the characterization of natural organic matter (NOM) in relation to drinking water treatment[J]. Chemosphere, 2011, 83:1431-1442.

McKenna J. An enhanced cluster analysis program with bootstrap significance testing for ecological community analysis[J]. Environ. Model. Softw., 2003, 18:205-220.

McKnight D M, Boyer E W, Westerhoff P K, *et al.* Spectrofluorometric characterization of dissolved organic matter for indication of precursor organic material and aromaticity[J]. Limnology and OceanograpHy, 2001a, 46(1):38-48.

McKnight D M, Boyer E W, Westerhoff P K, *et al.* Spectrofluorometric characterization of dissolved organic matter for indication of precursor organic material and aromaticity[J]. Limnology and Oceanography, 2001b, 46(1):38-48.

Mead E, Gittelsohn J, Kratzmann M, *et al.* Biodegradable alkaline disinfectant cleaner with analyzable surfactant[J]. Journal of Human Nutrition&Dietetics, 2015, 23(Supplement s1):18-26.

Mesfiou R, Abdulla H A N, Hatcher P G. Photochemical alterations of natural and anthropogenic dissolved organic nitrogen in the York River[J]. Environmental Science&Technology, 2015, 49:159-167.

Michalzik B, Matzner E. Dynamics of dissolved organic nitrogen and carbon in a Central European Norway spruce ecosysterm[J]. European Journal of Soil Science, 1999, 50(4):579-590.

Mladenov V, Banjac B, Mirjana Milošević, *et al.* Analysis of agronomic traits and their influence on the preservation and enhancement of the agro-biodiversity in wheat[C]// International Conference on BioScience: Biotechnology and Biodiversity – Step in the Future – The Forth Joint UNS – PSU Conference. 2012.

Mounier S, Braucher R, Benaım J Y. Differentiation of organic matter's properties of the Rio Negro basin by cross-flow ultra-filtration and UV-spectrofluorescence[J]. Water Research, 1999, 33(10):2363-2373.

Muller C L, Baker A, Hutchinson R, *et al.* Analysis of rainwater dissolved organic carbon compounds using fluorescence spectrophotometry[J]. Atmos. Environ., 2008, 42(34):8036-8045.

Murphy D V, MacDonald A J, Stockdale E A, *et al.* Soluble organic nitrogen in agricultural soils[J]. Biology&Fertility of Soils, 2000, 30(5):374-387.

Murphy K R, Stedmon C A, Waite T D, *et al.* Distinguishing between terrestrial and autochthonous organic matter sources in marine environments using fluorescence spectroscopy[J]. Marine Chemistry, 2008, 108(1-2):40-58.

Naqvi S W A, Yoshinari T, Jayakumar D A, *et al.* Budgetary and biogeochemical implications of N2O isotope signatures in the Arabian Sea[J]. Nature, 1998, 394(6692):462-464.

Ni Z K, Wang S R. Economic development influences on sediment-bound nitrogen and phosphorus accumulation of lakes in China[J]. Environmental Science&Pollution Research, 2015a, 22(23):18561-18573.

Ni Z K, Wang S R. Historical accumulation and environmental risk of nitrogen and phosphorus in sediments of Erhai Lake, Southwest China[J]. Ecological Engineering, 2015b, 79:42-53.

Ni Z K, Wang S R, Zhang M M. Sediment amino acids as indicators of anthropogenic activities and potential environmental risk in Erhai Lake, Southwest China[J]. Sci. Total. Environ., 2016, 551-552:217-227.

Nishijima W, Speitel G E Jr. Fate of biodegradable dissolved organic carbon produced by ozonation on biological activated carbon[J]. Chemosphere, 2004, 56(2):113-119.

Ohno T. Fluorescence inner-filtering correction for determining the humification index of dissolved organic matter[J]. Environ. Sci. Technol., 2002, 36(4):742-746.

Osburn C L, Handsel L T, Mikan M P, *et al.* Fluorescence tracking of dissolved and particulate organic matter quality in a river-dominated estuary[J]. Environmental Science& Technology, 2012, 46(16):8628-8636.

Patra S, Raman A V, Ganguly D, *et al.* Influence of suspended particulate matter on nutrient biogeochemistry of a tropical shallow lagoon, Chilika, India[J]. Limnology, 2016, 17(3):223-238.

Pehlivanoglu E, Sedlak D L. Bioavailability of wastewater-derived organic nitrogen to the alga selenastrum capricornutum[J]. Water Res., 2004, 38(14/15):3189-3196.

Pehlivanoglu E, Sedlak D L. Wastewater-derived dissolved organic nitrogen: analytical methods, characterization, and effects — A review[J]. Critical Reviews in Environmental Science&Technology, 2006, 36(3):261-285.

Peiris R H, Budman H, Moresoli C, *et al.* Identification of humic acid-like and fulvic acid-like natural organic matter in river water using fluorescence spectroscopy[J]. Water Science&Technology, 2011, 63(10):2427-2433.

Peng L, Rincon A G, Markus K, *et al.* Elemental composition of HULIS in the Pearl River Delta Region, China: Results inferred from positive and negative electrospray high resolution mass spectrometric data[J]. Environ. Sci. Technol., 2012, 46(14):7454-7462.

Perakis S S, Hedin L O. Fluxes and fates of nitrogen in soil of an unpolluted old-growth temperate forest[J]. Ecology, 2001, 82(8):2245-2260.

Petrone K C, Richards J S, Grierson P F. Bioavailability and composition of dissolved organic carbon and nitrogen in a near coastal catchment of south-western Australia[J]. Biogeochemistry, 2009, 92(1-2):27-40.

Peuravuori J, Koivikko R, Pihlaja K. Characterization, differentiation and classification of aquatic humic matter separated with different sorbents: Synchronous scanning fluorescence spectroscopy[J]. Water Res., 2002, 36:4552-4562.

Qualls R Q, Haines B L, Geochemistry of dissolved organic nutrients in water percolating through a forest ecosystem[J]. Soil Sci. Soc. Am. J., 1991, 55:1112-1123.

Reynolds D M, Ahmad S R. Rapid and direct determination of wastewater BOD values using a fluorescence technique[J]. Water Res., 1997, 31:2012-2018.

Romero F, Oehme M. Organosulfates — A new component of humic-like substances in atmospheric aerosols? [J]. Journal of Atmospheric Chemistry, 2005, 52(3):283-294.

Saadi I, Borisover M, Armon R, *et al.* Monitoring of effluent DOM biodegradation using fluorescence, UV and DOC measurements[J]. Chemosphere, 2006, 63(3):530-539.

Schmidt F, Elvert M, Koch B P, *et al.* Molecular characterization of dissolved organic matter in pore water of continental shelf sediments[J]. Geochim. Cosmochim. Acta., 2009, 73:3337-3358.

Seitzinger S P, Sanders R W. Contribution of dissolved organic nitrogen from rivers to estuarine eutrophication[J]. Marine Ecology Progress Series, 1997, 159:1-12.

Seitzinger S P, Sanders R W, Styles R. Bioavailability of DON from natural and anthropogenic sources to estuarine plankton[J]. Limnology and Oceanography, 2002, 47 (2):353-366.

Selim Reza A H M, Jean J S, Lee M K, *et al.* Implications of organic matter on arsenic mobilization into groundwater: Evidence from northwestern (Chapai-Nawabganj), central (Manikganj) and southeastern (Chandpur) Bangladesh[J]. Water Res., 2010, 44:5556-5574.

Shao Z H, He P J, Zhang D Q, Shao L M. Characterization of water-extractable organic matter during the biostabilization of municipal solid waste[J]. J. Hazard. Mater., 2009, 164:1191-1197.

Sheng G P, Yu H Q. Characterization of extracellular polymeric substances of aerobic and anaerobic sludge using three-dimensional excitation and emission matrix fluorescence spectroscopy[J]. Water Research, 2006, 40(6):1233-1239.

Sierra M M D, Giovanela M, Parlanti E, *et al.* Fluorescence fingerprint of fulvic and humic acids from varied origins as viewed by single-scan and excitation/emission matrix techniques[J]. Chemosphere, 2005, 58:715-733.

Simsek H, Kasi M, Ohm J B, *et al.* Bioavailable and biodegradable dissolved organic nitrogen in activated sludge and trickling filter wastewater treatment plants[J]. Water Res., 2013, 47:3201-3210.

Singh S, D'Sa E J, Swenson E M. Chromophoric dissolved organic matter (CDOM) variability in Barataria Basin using excitation-emission matrix (EEM) fluorescence and parallel factor analysis (PARAFAC)[J]. Science of the Total Environment, 2010, 408(16):3211-3222.

Sleighter R L, Cory R M, Kaplan L A, *et al.* A coupled geochemical and biogeochemical approach to characterize the bioreactivity of dissolved organic matter from a headwater stream[J]. Geophys. Res. Biogeosci., 2014, 119:1520-1537.

Song X, Yu T, Zhang Y, *et al.* Distribution characterization and source analysis of dissolved organic matters in Taihu Lake using three dimensional fluorescence excitation-emission matrix[J]. Acta Scientiae Circumstantiae, 2010, 30:2321-2331.

Spencer R G M, Aron S, Hernes P J, *et al.* Photochemical degradation of dissolved organic matter and dissolved lignin phenols from the Congo River[J]. Journal of Geophysical Research Atmospheres, 2009, 114(G3):560-562.

Stepanauskas R, Edling H, Tranvik L J. Differential dissolved organic nitrogen availability and bacterial aminopeptidase activity in limnic and marine waters[J]. Microb. Ecol., 1999, 38(3):264-272.

Stepanauskas R, Leonardson L, Tranvik L J. Bioavailability of wetland-derived DON to freshwater and marine bacterioplankton[J]. Limnology and Oceanography, 1999, 44:1477-1485.

Stevenson F J. Humus Chemistry: Genesis, Composition, Reactions (2nd ed.)[M]. New York:John Wiley &Sons, 1994.

Stevenson F J, Goh K M. Infrared spectra of humic acids and related substances[J]. Geochim Cosmochim Acta, 1971, 35:471-483.

Surratt J D, Kroll J H, Kleindienst T E, *et al.* Evidence for organosulfates in secondary organic aerosol[J]. Environ. Sci. Technol., 2007, 41:517-527.

Surratt J D, Gómez-González Y, Chan A W H, *et al.* Organosulfate formation in biogenic secondary organic aerosol[J]. Journal of Physical Chemistry, 2008, 112(36):8345-8378.

Tappin A D, Millward G E, Fitzsimons M F. Distributions, cycling and recovery of amino acids in estuarine waters and sediments[J]. Environmental Chemistry Letters, 2007, 5(3):161-167.

Tedmon C A, Markager S. Resolving the variability in dissolved organic matter fluorescence in a temperate estuary and its catchment using PARAFAC analysis[J]. Limnology and Oceanography, 2005, 50(2):192-201.

Thornton S F, McManus J. Application of organic carbon and nitrogen stable isotope and C/N ratios as source indicators of organic matter provenance in estuarine systems: Evidence from the Tay Estuary, Scotland[J]. Estuarine, Coastal and Shelf Science, 1994, 38(3):219-233.

Tremblay L B, Dittmar T, Marshall A G, *et al.* Molecular characterization of dissolved organic matter in a North Brazilian mangrove porewater and mangrove-fringed estuaries by ultrahigh resolution Fourier transform-ion cyclotron resonance mass spectrometry and excitation/emission spectroscopy[J]. Mar. Chem., 2007, 105:15-29.

Vähätalo A V, Zepp R G. Photochemical mineralization of dissolved organic nitrogen to ammonium in the Baltic Sea[J]. Environmental Science&Technology, 2005, 39(18):6985-6992.

Vanderbilt K L, Lajtha K, Swanson F J. Biogeochemistry of unpolluted forested watersheds in the Oregon Cascades: temporal patterns of precipitation and stream nitrogen fluxes[J]. Biogeochemistry, 2003, 62:87-117.

Wang L Y, Wu F C, Zhang R Y, *et al.* Characterization of dissolved organic matter fractions from Lake Hongfeng, Southwestern China Plateau[J]. Journal of Environmental Sciences, 2009, 21(5):581-588.

Wang S, Jiao L, Yang S, *et al.* Organic matter compositions and DOM release from the sediments of the shallow lakes in the middle and lower reaches of Yangtze River region, China[J]. Applied Geochemistry, 2011, 26(8):1463.

Wang S R, Jin X C, Niu D L, *et al.* Potentially mineralizable nitrogen in sediments of the shallow lakes in the middle and lower reaches of the Yangtze River Area in China[J]. Applied Geochemistry, 2009, 24(9):1788-1792.

Wang S R, Jiao L X, Jin X C, *et al.* Inorganic nitrogen release kinetics and exchangeable inorganic nitrogen of the sediments from shallow lakes in the middle and lower reaches of the Yangtze River region[J]. Water and Environment Journal, 2014, 28(1):38-44.

Wang W W, Tarr M A, Bianchi T S, *et al.* Ammonium photoproduction from aquatic humic and colloidal matter[J]. Aquat. Geochem., 2000, 6:275-292.

Watanabe A, Tsutsuki K, Inoue Y, *et al.* Composition of dissolved organic nitrogen in rivers associated with wetlands[J]. Science of the Total Environment, 2014, 493:220-228.

Weishaar J L, Aiken G R, Bergamaschi B A, *et al.* Evaluation of specific ultraviolet absorbance as an indicator of the chemical composition and reactivity of dissolved organic carbon[J]. Environmental Science&Technology, 2003, 37(20):4702-4708.

Wen C, Paul W, Jerry A L, *et al.* Fluorescence excitation-emission matrix regional integration to quantify spectra for dissolved organic matter[J]. Environ. Sci. Technol., 2003, 37:5701-5710.

Wetzel A, Uchman A. Sequential colonization of muddy turbidites in the Eocene Beloveža Formation, Carpathians, Poland[J]. Palaeogeography Palaeoclimatology Palaeoecology, 2001, 168(1):171-186.

Wheeler P A, Kirchman D L. Utilization of inorganic and organic nitrogen by bacteria in marine systems[J]. Limnology and Oceanography, 1986, 31(5):998-1009.

Wiegner T N, Seitzinger S P. Seasonal bioavailability of dissolved organic carbon and nitrogen from pristine and polluted freshwater wet lands[J]. Limnol. Oceanogr., 2004, 49:1703-1712.

Wiegner T N, Seitzinger S P, Glibert P M, *et al.* Bioavailability of dissolved organic nitrogen and carbon from nine rivers in the eastern United States[J]. Aquatic Microbial Ecology, 2006, 43:277-287.

Williams C J, Yamashita Y, Wilson H F, *et al.* Unraveling the role of land use and microbial activity in shaping dissolved organic matter characteristics in stream ecosystems[J]. Limnology&Oceanography, 2010, 55(3):1159-1171.

Wolfe A P, Kaushal S S, Fulton J R, *et al.* Spectrofluorescence of sediment humic substances and historical changes of lacustrine organic matter provenance in response to atmospheric nutrient enrichment[J]. Environmental Science&Technology, 2002, 36(15):3217-3223.

Worsfold P J, Monbet P, Tappin A D, *et al.* Characterisation and quantification of organic phosphorus and organic nitrogen components in aquatic systems: A review[J]. Analytica Chimica Acta, 2008, 624(1):37-58.

Wozniak A, Bauer J, Sleighter R, *et al.* Technical note: Molecular characterization of aerosol-derived water soluble organic carbon using ultrahigh resolution electrospray ionization Fourier transform ion cyclotron resonance mass spectrometry[J]. Atmospheric Chemistry Physics, 2008, 8(17):5099-5111.

Wu Z G, Rodgers R P, Marshall A G. Two and three dimensional van Krevelen diagrams: A graphical analysis complementary to the Kendrick mass plot for sorting elemental compositions of complex organic mixtures based on ultrahigh resolution broadband Fourier transform ion cyclotron resonance mass measurements[J]. Anal. Chem., 2004, 76(9):2511-2516.

Xia X, Yang Z, Zhang X. Effect of suspended-sediment concentration in river water: Importance of suspended sediment-water interface[J]. Science and Technology, 2009, 43(10):3681-3687.

Xia X H, Liu T, Yang Z F, *et al.* Dissolved organic nitrogen transformation in river water: Effects of suspended sediment and organic nitrogen concentration[J]. J. Hydrol., 2013, 484:96-104.

Xie L Q, Xie P, Tang H J. Enhancement of dissolved phosphorus release from sediment to lake water by microcystis, blooms — An enclosure experiment in a hyper-eutrophic, subtropical Chinese lake[J]. Environmental Pollution, 2003, 122(3):391-399.

Xu Y, Schroth A W, Rizzo D M. Developing a 21st Century framework for lake-specific eutrophication assessment using quantile regression[J]. Limnology and Oceanography: Methods, 2015, 13(5):237-249.

Yamashita Y, Jaffé R. Characterizing the interactions between trace metals and dissolved organic matter using excitation-emission matrix and parallel factor analysis[J]. Environmental Science&Technology, 2008, 42(19):7374-7379.

Yang K, Zhu J, Yan Q, *et al.* Soil enzyme activities as potential indicators of soluble organic nitrogen pools in forest ecosystems of Northeast China[J]. Annals of Forest Science, 2012, 69(7):795-803.

Yao X, Zhang Y, Zhu G, *et al.* Resolving the variability of CDOM fluorescence to differentiate the sources and fate of DOM in Lake Taihu and its tributaries[J]. Chemosphere, 2011, 82(2): 145-155.

Yeh Y L, Yeh K J, Hsu L F, *et al.* Use of fluorescence quenching method to measure sorption constants of phenolic xenoestrogens onto humic fractions from sediment[J]. Journal of Hazardous Materials, 2014, 277:27-33.

Yu G H, Luo Y H, Wu M J, *et al.* PARAFAC modeling of fluorescence excitation–emission spectra for rapid assessment of compost maturity[J]. Bioresour. Technol., 2010, 101:8244-8251.

Zehr J P, Paulsen S G, Axler R P, *et al.* Dynamics of dissolved organic nitrogen in subalpine Castle Lake, California[J]. Hydrobiologia, 1988, 157(1):33-45.

Zhang L, Wang S, Jiao L, *et al.* Characteristics of phosphorus species identified by 31 P NMR in different trophic lake sediments from the Eastern Plain, China[J]. Ecological Engineering, 2013, 60:336-343.

Zhang L, Wang S R, Wu Z H. Coupling effect of pH and dissolved oxygen in water column on nitrogen release at water-sediment interface of Erhai Lake, China[J]. Estuarine Coastal&Shelf Science, 2014, 149:178-186.

Zhang L, Wang S R, Xu Y S, *et al.* Molecular characterization of lake sediment WEON by Fourier transform ion cyclotron resonance mass spectrometry and its environmental implications[J]. Water Research, 2016a, 106:196-203.

Zhang L, Wang S R, Zhao H C, *et al.* Using multiple combined analytical techniques to characterize water extractable organic nitrogen from Lake Erhai sediment[J]. Sci. Total Environ., 2016b, 542:344-353.

Zhang Y, Zhang E, Yin Y, *et al.* Characteristics and sources of chromophoric dissolved organic matter in lakes of the Yungui Plateau, China, differing in trophic state and altitude[J]. Limnology&Oceanography, 2010, 55(6):2645-2659.

Zhang Y, Du J, Zhang F, *et al.* Chemical characterization of humic substances isolated from mangrove swamp sediments: The Qinglan area of Hainan Island, China[J]. Estuarine, Coastal and Shelf Science, 2011, 93:220-227.

Zhang Y, Liu X, Wang M, *et al.* Compositional differences of chromophoric dissolved organic matter derived from phytoplankton and macrophytes[J]. Organic Geochemistry, 2013, 55(1):26-37.

Zhou L X, Wong J W. Behavior of heavy metals in soil: Effect of dissolved organic matter[M]. In: Selim M, Kingery W L (eds.), Geochemical and Hydrological Reactivity of Heavy Metals in Soil. New York:CRC Press, 2003:245-270.

索　引